测量程序算法及 Visual Basic 语言实现

宋 雷 著

山东大学出版社

图书在版编目(CIP)数据

测量程序算法及 Visual Basic 语言实现/宋雷著. —济南：山东大学
出版社，2013.11(2020.8 重印)
　　ISBN 978-7-5607-4932-7

　　Ⅰ.①测…　Ⅱ.①宋…　Ⅲ.①测量—应用程序—BASIC 语言—程
序设计　Ⅳ.①TP312

　　中国版本图书馆 CIP 数据核字(2013)第 267341 号

责任编辑	宋亚卿
封面设计	牛　钧

出版发行	山东大学出版社
社　　址	山东省济南市山大南路 20 号
邮政编码	250100
发行热线	(0531)88363008
经　　销	新华书店
印　　刷	山东和平商务有限公司
规　　格	787 毫米×980 毫米　1/16
	18.25 印张　335 千字
版　　次	2013 年 11 月第 1 版
印　　次	2020 年 8 月第 2 次印刷
定　　价	52.00 元

序　言

  《测量程序算法及 Visual Basic 语言实现》一书即将出版,作者嘱我写序言,我欣然同意了。我和宋雷博士相识多年,他对科学认真的态度、对专业研究孜孜不倦的追求是我所赞赏的。作为一名有为青年学者,其成果集结成册,也是一件令我高兴的事情。

  本书以 Visual Basic 语言为基础,从基本的原理入手,针对各项测量任务详细列出多种理论方法,注重理论和算法的描述,给出程序编写代码和具体编程步骤,使读者在熟知理论的前提下,理解测量程序的算法和技巧,编制出可应用的测量程序。作者拥有丰富的测绘工作经验,在书中不仅给出了多种理论方法,而且还对各种方法的适用性提出了见解,可为提高测绘工作者的工作效率提供极大帮助。

  本书主要介绍了常用测量程序、控制网平差程序、坐标换算程序及实际工程应用程序等。其具体内容有角度换算、坐标方位角计算、极坐标法坐标计算、放样元素计算、矩阵计算程序设计、控制网平差、坐标转换、高斯投影正算和反算、道路中桩坐标计算、GPS 高程计算、横断面自动化绘图等程序,涵盖了大地测量、工程测量、摄影测量、GPS 计算、计算机绘图等知识领域。该书包含的内容可以满足测量人员日常工作的需求,程序代码通用性强,对于工作量繁重的测量工作亦有帮助。

  由于本书逻辑清晰,便于读者理解与实际操作,因此它不仅适用于测绘专业学生进行学习,对于正在从事测绘事业的工作者也有很好的借鉴作用。相信读者在读完该书之后可以实现学习和工作效率的提高,进而推动测绘事业的发展!

东南大学教授　胡伍生

2013 年 6 月

前　言

　　测绘工作中遇到的问题是千差万别的,任何软件都不可能满足测绘工作中所有特定的需要,这就要求测绘工程技术人员在掌握测绘学科基本知识的基础上,再掌握一门程序设计语言,这对于解决工程中遇到的实际问题是非常有意义的。

　　本书将 Visual Basic 程序设计应用到测绘学科,解决工程实际中的具体问题。这样既可以提高学生对专业知识的综合应用能力,也可使他们深化理解测绘的基础知识。"纸上得来终觉浅,绝知此事要躬行",只有亲身实践过才能真正掌握理论。

　　本书的主要内容包括角度换算、坐标方位角计算、极坐标法坐标计算、放样元素计算、矩阵计算程序设计、控制网平差程序、坐标转换程序、高斯投影正算和反算程序、道路中桩坐标计算程序、GPS 高程计算程序、横断面自动化绘图程序等,涵盖了大地测量、工程测量、摄影测量、GPS 计算、计算机绘图等,并给出程序代码供大家参考。本书大部分程序由本人编写,但全选主元 Gauss-Jordan 法求逆矩阵子函数、雅可比(Jacobi)迭代法和高斯-赛德尔(Gauss-Seidel)迭代法是参考现有文献中的程序,在此向程序编制者表示感谢。本书注重理论与算法的描述,其中涉及的测量程序算法采用 Visual Basic 语言编程(也可用其他的高级语言来实现程序)。本书既可作为测绘工程专业本科生的教材,也可供测绘工程技术人员参考。

　　在编著过程中,本书得到了东南大学交通学院胡伍生教授、中国科学院上海天文台吴斌研究员和周旭华研究员、山东交通学院土木工程学院王德保教授、山东省聊城市测绘院宋黎民工程师、山东省水利勘测设计院测绘中心刘文国和张绪鹏高级工程师的支持和帮助,在此向他们表示感谢。此外,山东交通学院测绘工程专业 2007 年级、2008 年级、2009 年级和 2010 年级试用了本书的讲义,很多同学提出了很好的意见,也向他们表示感谢。

本书的出版得到了山东省优秀中青年科学家科研奖励基金"基于人工神经网络的区域似大地水准面整体拟合理论与方法研究"(BS2010SF019)项目、交通运输部应用基础研究项目"高精度 GPS 高程测量及高海拔地区交通工程应用研究"(2013319817120)和东南大学博士后科研基金(1121000179)的资助。

由于作者水平有限,时间紧张,书中不妥之处在所难免,希望得到各位同仁的指正,联系方式:songlei_s@163.com。

宋　雷

2013 年 5 月

目　录

第一章　测量程序设计概述

1.1　程序设计在现代测绘科学技术中的意义

　　由于以空间技术、计算机技术、通信技术和信息技术为特征的测绘高新技术的迅猛发展,测绘学的基础理论和研究领域、测绘工程的技术体系正在发生深刻的变化,主要体现在全球定位系统(GPS)、地理信息系统(GIS)、遥感(RS)技术的出现和发展,使传统的测绘科学产生了质的飞跃。测量正发生着"质"的变革,它已从传统的作业方式发展到了全信息化的流程模式,从单一的地球表面扩展到了空间星体,从静态发展到了动态。测绘与其他学科之间的界限产生了模糊化、交叉化、渗透化,测绘学科已进入到"数字化"的信息时代,高新技术在测绘领域已经进入了实用阶段,测绘科学与技术已逐步实现了由传统测绘向数字化测绘的转化和跨越。

　　"3S"技术(GPS、RS、GIS)在测绘学中的出现和应用,使测绘学从理论到方式都发生了根本的变化。空间技术以及各类对地观测卫星使人类有了对地球整体进行探测的工具,好像可以把地球摆在实验室进行观察研究一样。GPS的出现改变了传统的定位方式。传统的摄影测量数据采集技术已由遥感卫星或数字摄影获得的影像所代替,测绘人员在室内借助高速高容量计算机和专用配套设备对遥感影像或信号记录数据进行地表(甚至地壳浅层)几何和物理信息的提取和变换,得出数字化地理信息产品,由此制作各类可供社会使用的专用地图等测绘产品。测绘生产也由传统的纸上或类似介质的地图编制、生产和更新发展到地理空间信息数据的采集、处理和管理。

　　在测绘工程的各领域,计算机应用越来越广泛,已经深入应用到计算、绘图、测绘信息存储与检索等各方面,测绘手段、测绘成果的表现形式、测绘成果的应用等方面都发生了质的变化。以 GPS 定位为例,其基本原理是以高速运动的卫星瞬间位置作为已知的起算数据,采用空间距离后方交会的方法,确定待测点的位置。在 GPS 观测量中包含了卫星和接收机的钟差、大气传播延迟、多路径效应等误差,在定位计算时还要受到卫星广播星历误差的影响,所有这些误差在精密定位时,都需要进行计算修正。GPS 基线向量的解算和控制网的平差也是一个复杂的计算过程,所有的这些计算过程均离不开相应的计算软件。

目前,虽然测绘软件非常丰富,涉及数据处理、数字化绘图、遥感影像分析与处理、全数字摄影测量系统、地理信息系统(GIS)、GPS 定位等测绘工作的各个方面,已基本能满足我们实际测绘生产的需要,但由于实际测量工作是千差万别的,任何软件都不可能满足测绘工作中的所有特定需要,这就要求测绘工程技术人员在掌握测绘学科基本知识的基础上,再掌握一门程序设计语言,并具备根据测绘工程中的具体需要设计相关应用程序的技能,这对于解决工程中遇到的实际问题是非常有意义的。

"纸上得来终觉浅,绝知此事要躬行",理论必须付之于实践,只有亲身实践过才能真正掌握理论。测绘程序设计课程将计算机程序设计应用到测绘学科,结合工程实际解决具体问题,可以提高专业知识的综合应用能力。对于测绘工程专业人员来说,编写专业软件也是一个深化理解测绘基础知识的过程。

1.2　程序设计步骤和规范

1.2.1　程序设计步骤

程序设计的基本步骤包括分析问题、算法设计、程序编码、程序测试、编写程序文档等。

1.2.1.1　分析问题

对接受的任务要进行认真的分析,研究所给定的条件,分析最后应达到的目标,找出解决问题的规律,选择解题的方法,完成实际问题。重点要描述已知信息和未知信息,其中已知信息包括公共信息和输入的信息,未知信息是求解的问题的结果。

1.2.1.2　算法设计

算法就是为了解决一个特定的问题而采取的确定的、有限的、按照一定次序进行的、缺一不可的执行步骤。任何一个问题的结论都是按照指定的顺序执行一系列计算过程的结果。如果没有认真研究实际的问题,就提出一些不成熟的算法,并以此编写程序,就可能出现错误或疏忽。算法作为对问题处理过程的精确描述,应该具备如下特性:

(1)有穷性:指解决问题应在"合理的限度之内",即一个算法应包含有限次的操作步骤,不能是无限地进行(死循环)。因此,在算法中必须指定一个结束的条件。

(2)唯一性:算法中的每一个步骤都必须是确定的,只有一个含义,不允许存在二义性。

(3)有零个或多个输入:计算机为解决某类问题,要求从外界获取必要的原始数据。当然,计算机解决问题时的数据也有可能是在算法内设定的,这时则不需要从外界获取数据。

(4)有一个或多个输出:利用计算机的目的就是为了求得对某个事务处理的结果,这个结果必须被反映出来,这就是输出结果。没有输出的算法是没有实际意义的。

(5)正确性:算法的每一个步骤都必须能够在计算机上被有效地执行,并得到正确的结果。算法中所有的运算都必须是计算机能够实现的基本运算。

不是所有的算法都适合在计算机上执行,能够在计算机上执行的算法就是计算机算法。计算机算法可以分成两大类:数值运算算法(如水准网平差计算、坐标转换等)和非数值运算算法(如地理信息系统、测量数据库等)。

解决一个具体问题时通常有多种算法供选用,要知道哪一种算法是最好的,这就需要对算法执行效率进行分析。算法的复杂性是算法效率的度量,是评价算法优劣的重要依据。一个算法复杂性的高低体现在运行该算法所需要的计算机资源的多少,所需的资源越多,就说该算法的复杂性越高;反之,所需的资源越低,则该算法的复杂性越低。算法的复杂性包括时间效率和空间效率两个方面,分别称为"时间复杂性"(Time Complexity)和"空间复杂性"(Space Complexity)。时间复杂性描述了算法在计算机上执行时占用计算机时间资源的情况,空间复杂性描述了算法在计算机上执行时需要的空间资源的量。当给定的问题有多种算法时,选择其中复杂性最低者,是选用算法遵循的一个重要准则。因此,算法的复杂性分析对算法的设计或选用有着重要的指导意义和实用价值。复杂性理论和可计算性理论不同,可计算性理论的重心在于问题能否解决,而复杂性理论专注于设计有效的算法。

1.2.1.3　程序编码

程序编码是按照程序设计要求和计算方法,选择恰当的程序设计语言,编写出满足要求的程序代码,其实质是将算法翻译成特定的程序。程序编码应注意提高程序的可靠性、可读性、可修改性、可维护性、一致性,保证程序代码的质量,建立通用的函数库、控件库,使开发人员之间的工作成果可以共享。在不降低程序的可读性的情况下,尽量提高代码的执行效率。

1.2.1.4　程序测试

程序测试的目的是在代码完成后,通过运行程序来发现程序代码或软件系统中的错误。运行可执行程序,能得到运行结果并不意味着程序正确,要对结果进行分析,看它是否合理。不合理时要对程序进行调试,即通过不断执行程序发现和排除程序中的故障并得到正确结果。

1.2.1.5　编写程序文档

由于许多程序是提供给别人使用的,如同正式的产品应当提供产品说明书一样,正式提供给用户使用的程序,必须向用户提供程序说明书,内容应包括:程序名称、程序功能、运行环境、程序的装入和启动、需要输入的数据以及使用注意事项等。

1.2.2　程序设计规范

在程序设计过程中,要达到提高程序的可靠性、可读性、可修改性、可维护性、一致性的要求,应遵守以下规范:①程序设计要力求编码简洁,结构清晰;②避免太多的分支结构及太过于技巧性的程序,确保源代码的可读性;③尽量使用标准函数和局部变量;④为增加程序可读性,复杂源程序文件应有说明性头文件;⑤要进行注释并保持注释与代码完全一致;⑥利用缩进来显示程序的逻辑结构;⑦循环、分支层次不要嵌套太多等,避免不必要的分支;⑧界面设计尽量美观、统一。

程序设计中的命名规范一般包括:①使变量的用途明确;②使每个变量的数据类型和可见范围清晰、明了;③使代码中的过程易于理解;④使程序易于调试;⑤使变量的存储和处理更为有效;⑥函数过程命名应该能表达出它们的用途(或意义)。

程序设计中的注释规范一般包括:①叙述清楚代码的作用(是做什么);②清楚说明代码所要表达的思想和逻辑;③表明代码中的重要转折点;④减少代码阅读者在大脑中模拟代码的运行过程。

注释应该说明代码的目的,而不是去叙述怎么完成目标的结构,要讲清做什么,而不是怎么去做。

规范注释的程序示例如下：

```
Option Explicit
Public Search，Where          '声明全局变量
Private Sub Command1_Click()
  Common1. InitDir＝App. Path
  Common1. Filter＝"TXT（＊. txt）|＊. txt"      '设置缺省的文件扩展名
  Common1. DefaultExt＝". txt"      '对话框标题栏所显示的字符串
  Common1. DialogTitle＝"打开 TXT 文档"      '打开
  Common1. ShowOpen      '将文档载入到 Richtextbox 控件中
  Rich1. FileName＝Common1. FileName
End Sub
Private Sub Command2_Click()
  On Error Resume Next
  Static Start As Integer      '声明静态变量
  If Where＜Len（Rich1. Text）Then      '获取需要查找的字符串
      Search＝Text1. Text
      Where＝InStr（Start ＋ 1，Rich1. Text，Search）      '查找字符串
      If Where＝0 Then
      MsgBox "已经完成对文章的搜索!"，vbOKOnly，"提示信息"
      End If
      Rich1. SelStart＝Where－1      '设置选定的起始位置
      Rich1. SelLength＝Len（Search）      '设置选定的长度
      Rich1. SelColor＝＆HFF＆
      Start＝Where
    End If
  End Sub
```

本例主要是使用 InStr 函数来实现字符串的查找。首先在程序中定义 Search，Where 两个全局变量，分别用来指定被搜索的字符串和取得 InStr 函数的返回值，再定义 Start 静态变量，用来指定每次搜索的起点，然后用 InStr 函数查找要搜索的内容。程序代码简洁，应用注释说明代码作用，易于理解。

1.3　测量程序设计语言选择

1.3.1　编程语言排名

虽然说编程的原理是相通的,但毕竟每一种编程语言平台都有各自的特点,在精力和时间有限的条件下,选择一个尽可能通用的、主流的编程平台非常关键。表 1-1 列出了 2020 年 7 月编程语言的排名及其与前几年排名的比较。

表 1-1　　　　　　　　**2020 年 7 月编程语言排名及近几年排名变化**

编程语言	2020 年 7 月排名	2017 年 6 月排名	2013 年 3 月排名	2020 年 7 月用户比
C	1	2	2	16.45％
Java	2	1	1	15.10％
Python	3	4	8	9.09％
C++	4	3	4	6.21％
C#	5	5	5	5.25％
Visual Basic	6	6	7	5.23％
Javascript	7	7	11	2.48％
PHP	8	8	6	2.41％
R	9	14	26	1.90％
Swift	10	12	无	1.43％

从表中的比较来看,最近几年微软的 Visual Basic 程序设计语言一直在前 10 位且比较稳定,这说明 Visual Basic 仍然具有广大的用户群。当然,排行榜只是反映某个编程语言的热门程度,并不能说明一门编程语言的好坏。需要特别注意的是,该排名并不反映国内编程语言的现状,相对国内,它往往显得比较超前,但它代表的趋势很有参考意义。

在各种编程语言层出不穷并不断推出新版本的同时,程序开发者也在不断学习新的开发语言,到底哪种语言能带给自己收获,大家都很迷茫。编程语言没有绝对的好坏,能够使自己得心应手地完成工作,且适合自己的编程语言就是最好的。

1.3.2　Visual Basic 编程语言的特点

Visual Basic 是 Microsoft 公司推出的一个集成开发环境,简单易学、功能强大、软件费用支出低。Visual Basic 继承了 Basic 语言易学易用的特点,特别适合初学者学习 Windows 系统编程。Visual Basic 之所以受到广大编程爱好者以及专业程序员的青睐,还因为它具有以下一些特点:

1.3.2.1　可视化的集成开发环境

Visual 指的是开发图形用户界面(GUI)的方法是可视化的,在使用过去的一些语言,如 C 语言、Basic 语言编写程序时,最令程序员烦恼的是编写友好的用户界面,使用 Visual Basic 编写应用程序,则不需编写大量代码去描述界面元素的外观和位置,而只要把预先建立的对象添加到屏幕上即可。从 Basic 语言发展到 Visual Basic,也就是将一门单纯的计算机语言发展成为一个集应用程序开发、测试、查错功能于一体的集成开发环境。

1.3.2.2　面向对象的程序设计

面向对象的程序设计是伴随 Windows 图形界面的诞生而产生的一种新的程序设计思想,与传统程序设计有着较大的区别。Visual Basic 就采用了面向对象的程序设计思想。所谓"对象",就是一个可操作的实体,如窗体以及窗体中的按钮、文本框等控件。每个对象都能响应多个不同的事件,每个事件均能驱动一段代码(事件过程),该段代码决定了对象的功能,这种机制称为事件驱动,事件由用户的操作触发。例如,单击一个按钮,则触发按钮的 Click(单击)事件,处于该事件过程中的代码就会被执行。若用户未进行任何操作(未触发事件),则程序将处于等待状态。整个应用程序就是由彼此独立的事件过程构成的,因此,使用 Visual Basic 创建应用程序,就是为各个对象编写事件过程。

1.3.2.3　交互式的开发环境

Visual Basic 集成开发环境是一个交互式的开发环境。传统的应用程序开发过程分为 3 个明显的步骤:编码、编译和测试代码,而 Visual Basic 与传统的语言不同,它使用交互式方法开发应用程序,使 3 个步骤之间不再有明显的界限。

在大多数语言里,如果编写代码时发生了错误,则在开始编译应用程序时该错误就会被编译器捕获,此时必须查找并改正该错误,然后再次进行编译。对每一个发现的错误都要重复这样的过程。Visual Basic 在编程者输入代码时便进行解释,及时捕获并突出显示大多数语法或拼写错误,看起来就像一位专家在检查代码的输入。除及时捕获错误以外,Visual Basic 也在输入代码时部分地编译该代码。当准备运行和测试应用程序时,只需极短时间即可完成编译。如果编译器发现了错误,则将错误突出显示于代码中,这时可以更正错误并继续编译,而不需从头开始。

由于 Visual Basic 的交互特性,代码运行的效果可以在开发时就进行测试,而不必等到编译完成以后。

1.3.2.4　高度的可扩充性

Visual Basic 是一种高度可扩充的语言,除自身强大的功能外,还为用户扩充其功能提供了各种途径,主要体现在以下三方面:

(1)支持第三方软件商为其开发的可视化控制对象:Visual Basic 除自带许多功能强大、实用的可视化控件以外,还支持第三方软件商为扩充其功能而开发的可视化控件,这些可视化控件对应的文件扩展名为 OCX。只要拥有控件的 OCX 文件,就可将其加入到 Visual Basic 系统中,从而增强 Visual Basic 的编程能力。

(2)支持访问动态链接库(Dynamic Link Library,DLL):Visual Basic 在对硬件的控制和低级操作等方面显得力不从心,为此,它提供了访问动态链接库的功能,可以利用其他语言,如 Visual C++语言,将需要实现的功能编译成动态链接库(DLL),然后提供给 Visual Basic 调用。

(3)支持访问应用程序接口(Application Program Interface,API):应用程序接口是 Windows 环境中可供任何 Windows 应用程序访问和调用的一组函数集合。在微软的 Windows 操作系统中,包含了 1000 多个功能强大、经过严格测试的 API 函数,供程序开发人员编程时直接调用。Visual Basic 提供了访问和调用这些 API 函数的能力,充分利用这些 API 函数,可大大增强 Visual Basic 的编程能力,并可实现一些用 Visual Basic 语言本身不能实现的特殊功能。

1.4　Visual Basic 语言的发展

1.4.1　Visual Basic 语言发展概述

依照计算机语言的规定撰写的程序,称为原始程序(Source Program)。原始程序中的各个语句必须逐一翻译为机器语言,计算机才能执行。Basic 属于高级程序语言的一种,在计算机发展史上应用最为广泛。Visual Basic 以原来的Basic 语言为基础,经过更进一步的发展,至今已包含数百个陈述式、函数及关键词,其中有很多都和 Windows GUI 有直接关系。专业人员可以使用 Visual Basic 制作出任何其他 Windows 程序语言所能做到的功能,而初学者则只要掌握几个基本要领,就可以建立实用的应用程序了。

Visual Basic 的历史可追溯到 1991 年,微软公司推出了 Visual Basic 1.0 版,这在当时引起了很大的轰动。这个连接编程语言和用户界面的进步被称为 Tripod(有些时候叫作 Ruby),最初的设计是由阿兰·库珀(Alan Cooper)完成的。许多专家把 Visual Basic 的出现当作软件开发史上的一个具有划时代意义的事件。其实,以我们现在的目光来看,Visual Basic 1.0 的功能实在是太弱了;但在当时,它是第一个"可视"的编程软件。

由于 Windows 3.1 的推出,Windows 已经充分获得了用户的认可,Windows的开发也进入一个新的时代。由于 Visual Basic 1.0 的功能过于简单,相对于 Windows 3.1 的强大功能没有发挥出来,所以,微软在 1992 年推出了 Visual Basic 2.0,这个版本最大的改进就是加入了对象型变量,而且有了最原始的"继承"概念。

Visual Basic 2.0 推出没几个月,微软就发布了新版本的 Visual Basic 3.0,它增加了 ODBC 2.0 的支持、Jet 数据引擎的支持和新版本 OLE 的支持。Visual Basic 3.0 最吸引人的地方是它对数据库的支持大大增强了,Grid 控件和数据控件能够创建出色的数据窗口应用程序,而 Jet 引擎让 Visual Basic 能对最新的 Access 数据库快速地访问。

Visual Basic 4.0 版本包含了 16 位和 32 位两个版本,16 位的版本就像是 Visual Basic 3.0 的升级版,而 32 位的版本则是一场新的革命。Visual Basic 4.0 对以前版本的支持并不好,因此,其在中国的普及程度非常低。

1997 年,微软推出了 Visual Basic 5.0,这个版本的重要性几乎和 4.0 一样。COM(当时叫 ActiveX)已经相当成熟,Visual Basic 5.0 对它提供了最强的支持。不过,国内当时还没有意识到 COM 的重要性。

Visual Basic 6.0 是微软于 1998 年推出的可视化编程工具,是目前世界上使用最广泛的程序开发工具之一。如果你是一个对编程所知不多,而又迫切希望掌握一种快捷、实用的编程语言的初学者,Visual Basic 6.0 几乎是最好的选择,即使考虑到 Visual Basic 程序本身编译和运行效率较低的不足,但是由于它具有快捷的开发速度、简单易学的语法、便利的开发环境,故仍不失为一款优秀的编程工具。

2002 年,Visual Basic.NET 2002 问世,2003 年,Visual Basic.NET 2003 问世,2005 年,Visual Basic 2005 问世,同时推出 Visual Basic 2005 的免费简化版本 Visual Basic 2005 Express Edition 给 Visual Basic 的初学者及学生使用。

Visual Basic 2005 的"显著"优点是可以直接编写出 XP 风格的按钮,以及其他的控件,但是其编写的小程序占用近 10MB 的内存。2007 年 12 月,微软推出了 Visual Studio 2008 Beta 2,在代码输入上可比 Visual Basic 2005 快很多,在非特殊的情况下,Visual Basic 2008 会自动开启、自动完成关键字,而且支持最新的 Microsoft. NET Framework 3.5 Beta 2。Visual Basic 2010 是 Visual Basic 软件的新版本,它包含了一些新的功能。

Visual Basic 虽经历了很多次的改进,但其自诞生以来,一直受到欢迎,原因在于它仍然可以使用 Basic 的方式编写程序。当然,和 Basic 相比,Visual Basic 的软件包已经有了很大的增强,这些改进一般是补充性的,使 Visual Basic 能更简单、快捷地用于设计、编写和调试出优秀的面向对象的应用程序。

1.4.2　Visual Basic 6.0 的三个版本

Visual Basic 6.0 有三种版本,分别是学习版、专业版和企业版,可以满足不同的开发需要。

1.4.2.1　学习版

学习版使编程人员轻松开发 Windows 和 Windows NT(r)的应用程序。该版本包括所有的内部控件以及网格、选项卡和数据绑定控件。学习版提供的文档有 Learn VB Now CD 和包含全部联机文档的 Microsoft Developer Network CD。

1.4.2.2　专业版

专业版为专业编程人员提供了一整套功能完备的开发工具。该版本包括学习版的全部功能以及 ActiveX 控件、Internet Information Server Application、Designer、集成的 Visual Database Tools 和 Data Environment、Active Data Objects和 Dynamic HTML Page Designer。专业版提供的文档有 Visual Studio Professional Features 手册和包含全部联机文档的 Microsoft Developer Network CD。

1.4.2.3　企业版

企业版使得专业编程人员能够开发功能强大的组内分布式应用程序。该版本包括专业版的全部功能以及 Back Office 工具,例如 SQL Server、Microsoft Transaction Server、Internet Information Server、Visual Source Safe、SNA Server 等。企业版提供的文档有 Visual Studio Enterprise Features 手册以及包含全部联机文档的 Microsoft Developer Network CD。

习题

1. Visual Basic 6.0 的特点有哪些？

2. 论述程序设计在测绘科学技术中的意义及如何学好测量程序设计课程。

第二章　Visual Basic 应用程序设计

2.1　Visual Basic 的安装和启动

2.1.1　Visual Basic 的安装

不同版本的 Visual Basic 对计算机的配置要求不同,在安装 Visual Basic 之前,必须确认计算机满足相应的硬件和软件配置。安装 Visual Basic 6.0 要求 90MHz 或更高的微处理器,Microsoft Windows 支持的 VGA 或分辨率更高的监视器,CD-ROM 驱动器,大于 147MB 的磁盘空间(完全安装)等。Visual Basic 6.0 提供了两种安装类型,分别是典型安装和自定义安装。不同的安装类型,安装的程序组件不同,需要的硬盘空间也不同。典型安装是指仅安装程序中一些最常用的选项,其中包括程序的主要内容,初学者最好使用典型安装;自定义安装是指安装的组件完全由用户自己选择,但如果定制不当(如没有选择运行程序所必需的组件),可能导致程序无法正常运行。

2.1.2　Visual Basic 的启动

在 Visual Basic 安装成功后,安装程序自动在"开始"菜单中建立 Visual Basic 6.0 的程序组和程序项。单击屏幕左下角的"开始"按钮,指向"程序"选项,再指向"Microsoft Visual Basic 6.0 中文版"程序组,单击"Microsoft Visual Basic 6.0 中文版"选项即可启动 Visual Basic 6.0 中文版。

另一种启动 Visual Basic 6.0 的方法是通过"我的电脑"或"资料管理器"进入到 Visual Basic 6.0 所在的文件夹,在此文件夹中双击 Vb6. exe 文件这种方法一般在使用前种方法启动失败后使用。

在 Visual Basic 6.0 启动后,屏幕上将显示如图 2-1 所示的"新建工程"对话框。"新建工程"对话框显示了可以在 Visual Basic 6.0 中使用的工程类型,其中"标准 EXE"用来建立标准的 EXE 工程,本书只讨论这种工程类型。选择"标准EXE"工程类型,单击"打开"按钮,即进入 Visual Basic 6.0 集成环境,如图 2-2所示。

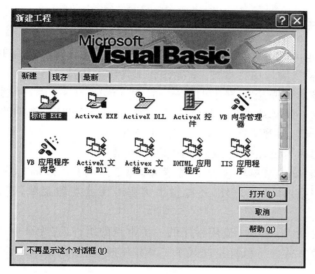

图 2-1　"新建工程"对话框

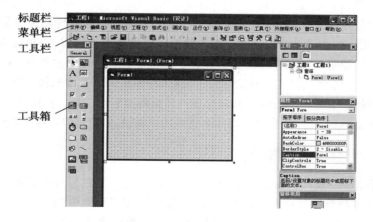

图 2-2　Visual Basic 6.0 集成环境

2.2　Visual Basic 的用户界面

Visual Basic 的用户界面包括主窗口、窗体设计器、属性窗口和工程资源管理器等。

2.2.1　主窗口

Visual Basic 的主窗口也称设计窗口。启动 Visual Basic 后,主窗口位于集成环境的顶部,该窗口由标题栏、菜单栏和工具栏等组成。

标题栏显示的是应用程序的名字,启动 Visual Basic 后,标题栏的信息为"工程 1-Microsoft Visual Basic[设计]",方括号中的"设计"表明当前的工作状态是"设计阶段",随着工作状态的改变,也可能会是"运行"或者"Break"模式,这三个阶段分别称为设计模式、运行模式和中断模式。

Visual Basic 的菜单栏包含 13 个菜单,除了提供有标准的"文件""编辑""视图""窗口"和"帮助"菜单之外,还提供了编程专用的功能菜单,例如"工程""格式""调试"等。

工具栏也是 Windows 应用程序的一个常见的组件,它为菜单栏中的常用命令提供了快捷方式。将鼠标指向某个工具按钮时,会自动显示出该按钮的名称。

2.2.2　工具箱窗口

用户界面的左边是工具箱,在 Visual Basic 的工具箱中提供了 20 个标准控件供用户使用。除此之外,还可以在工具箱中添加另外的控件以满足编程的需要,控件文件的扩展名为".ocx"。工具箱除了最常用的控件以外,根据设计程序界面的需要也可以向其中添加新的控件。添加新控件可以通过选择"工程"菜单中的"部件"命令或通过在工具箱中右击鼠标,在弹出的菜单中选择"部件"命令来完成。控件是构造 Windows 应用程序用户界面的图形化工具。在设计时,通过将这些控件添加到窗体中,即可在窗体上建立用户界面,然后再编写程序代码。

2.2.3　"窗体设计"窗口

在启动 Visual Basic 后,"窗体设计"窗口就会出现在用户界面的中央。如果在界面中没有出现该窗口,则可以通过执行"视图"菜单中的"对象窗口"命令来打开它。"窗体设计"窗口是设计应用程序界面的地方,它也是 Visual Basic 中最重要的一个窗口。在"窗体设计"窗口的左上角有一个窗体,这个窗体就是应用程序最终面向用户的窗体。在设计应用程序时,窗体就像一块画布,用户可在其中添加控件、图片以及菜单等组件来设计用户界面。在窗口的标题栏上还显示了当前工程的名称以及其中窗体的名称(见图 2-2),其中"工程 1"是工程的名,Form 1 是窗体名。

2.2.4　"属性"窗口

属性是指窗体和控件等对象的特征,如大小、标题、颜色、位置等。通过"属性"窗口,用户可快速地设置对象的属性。在属性列表中设置了窗体或控件的属性后,在"窗体设计"窗口中即可看到效果。执行"视图"菜单中的"属性窗口"命令或单击工具栏中的"属性窗口"按钮均可打开"属性"窗口。与工具箱一样,"属性"窗口通常浮动在主窗口中,双击它的标题栏,或将鼠标指针移动到它的标题栏下,向主窗口的边界拖动窗口,可以使"属性"窗口横向连接到主窗口上,再次双击"属性"窗口的标题栏,或使用鼠标向主窗口中心方向拖动窗口,可使窗口恢复到浮动状态。

2.2.5　"代码"窗口

"代码"窗口是输入应用程序代码的编辑器,如图 2-3 所示。应用程序的每个窗体或代码模块都有一个单独的"代码"窗口。在标题栏上显示有工程的名称和窗体的名称,从中可以看出该"代码"窗口属于哪个工程的哪个窗体。只有在编写程序代码时,才需要使用到"代码"窗口。在 Visual Basic 启动后,"代码"窗口并不出现在界面中,可以双击窗体或窗体上的控件,执行"视图"菜单中的"代码窗口"命令,单击工程资料管理器中的"查看代码"按钮打开。

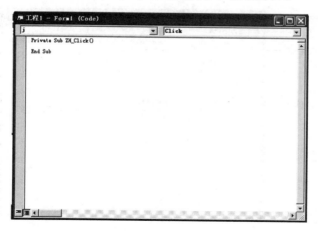

图 2-3　"代码"窗口

"代码"窗口的标题栏下面有两个列表框,左边的列表框是对象框,右边的列表框是事件框。这里的对象框与"属性"窗口中的对象框是一样的,单击该列表框,则在弹出的下拉列表中将列出当前窗口中所有对象的名称。用户可以在"属性"窗口中的"名称"属性中为对象指定名称。对于窗体对象,由于每个"代码"窗口对应唯一的窗体,因此,在对象框中,"窗体"这个对象用 Form 标识,而不是使用用户在"属性"窗口中为窗体指定的名称来标识。在事件框中列出了所选对象所能响应的事件。在默认情况下,代码编辑区中显示出用户编写的所有过程。在查看某过程中的代码时,为了避免其他过程的干扰,可单击"代码"窗口左下角的"过程查看"按钮,只显示当前插入点所在的过程。单击"全模块查看"按钮,则代码编辑区恢复显示出用户编写的所有过程。

2.2.6　工程资源管理器

工程资源管理器是用来管理工程的,它的功能就像 Windows 中的资源管理器一样,执行"视图"菜单中的"工程资源管理器"命令或单击工具栏中的"工程资源管理器"按钮均可打开工程资源管理器。在工程资源管理器中,列出了当前用户所创建的所有工程,并且以树状的形式显示每个工程的组成。

在启动 Visual Basic 后,工程资源管理器如图 2-4 所示。由图可以看出,当前新建(或打开)了两个工程,其中工程 1 包含有一个窗体,工程 2 包含有一个窗体和一个模块。单击工程名前的"-"号节点或"+"号节点可以折叠或展开工程。两个工程又组成一个工程组。在工程资源管理器中,显示有工程名、工程文件名、窗体名和窗体文件名,请注意区别它们。

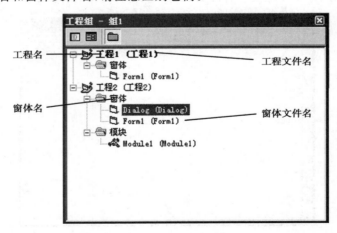

图 2-4　工程资源管理器

2.2.7　其他窗口

在程序调试过程中,对调试者最为重要的信息是运行过程中各变量和表达式的值的变化情况。这些信息能够为调试者提供分析依据,从而利于他们作出正确的判断。为此,Visual Basic 提供了三个调试窗口,分别是立即窗口、本地窗口和监视窗口。在逐语句执行代码时,可以通过它们来监视变量或表达式的值。

2.2.7.1　立即窗口

在程序进入中断模式后,一般会自动弹出立即窗口。如果界面上没有显示出立即窗口,可以执行"视图"菜单中的"立即窗口"命令来打开它。单击调试工具栏中的"立即窗口"按钮也可以打开立即窗口。

Visual Basic 把立即窗口看作一个名称为"Debug"的对象,Print 是它的一个很重要的方法。在程序代码中添加语句"Debug. print 变量或属性"就能够将变量或属性的值显示在立即窗口中了,从而达到监视变量与属性值的目的。更灵活的监视变量或属性值的方法是:在程序进入中断模式后,在立即窗口中直接使用 Print 语句来输出变量或属性的值。

在中断模式下,利用立即窗口不仅能输出变量或属性的值,还能改变它们的值。在调试程序时,常常使用立即窗口给某变量赋予不同的值,然后配合 Print 语句的使用就可以观察到该变量值对其他变量值的影响。

2.2.7.2　本地窗口

利用本地窗口不但可以查看当前过程中所有变量的取值,而且还可以查看该窗体及其上所有控件的属性取值。

在中断模式下,执行"视图"菜单中的"本地窗口"命令,或单击调试工具栏中的"本地窗口"按钮可以打开本地窗口,其中显示了当前过程中的所有变量及其取值。

在本地窗口的表达式列表中显示的"Me"是指本窗体,单击其左边的"＋"号节点可以展开它,其中列出了本窗体及其上所有控件的属性取值。

在本地窗口中还可以更改变量与属性的取值,选中某属性或变量,然后单击它们的取值,即可更改其值了。

需要注意的是,在本地窗口中更改属性的值只是在本次运行时有效,并不是真正改变了对象的属性设置。

在本地窗口最上一栏显示的是当前的过程,单击右边的显示有"…"符号的按钮,可打开"调用堆栈"对话框。在调试包含复杂的嵌套过程调用的应用程序时，"调用堆栈"对话框有助于了解过程调用的嵌套关系。在"调用堆栈"对话框中列出了当前过程正在调用的所有其他过程。当前过程位于最底部，它调用的某过程位于其上；该过程调用的另一过程又位于该过程的上面。因此，位于最上面的是最后调用的过程。

2.2.7.3　监视窗口

监视窗口用来显示监视表达式的值。在使用该窗口前，需要事先添加要监视的表达式。为监视窗口添加监视表达式的方法有两种：

一是使用"添加监视"对话框。执行"调试"菜单中的"添加监视"命令，则弹出"添加监视"对话框，在"表达式"框中输入要监视的表达式，在"上下文"区中选择被监视的表达式所在的过程和模块。在"监视类型"区中选择一种表达式的监视类型，如果选择"监视表达式"单选按钮，则监视窗口显示表达式的值；如果选择"当监视值为真时中断"单选按钮，则在程序运行中，当表达式的值为真（不为0）时程序就进入到中断模式；如果选择"当监视值改变时中断"单选按钮，则在程序运行中，一旦表达式的值改变，程序就进入到中断模式。设置各选项，单击"确定"按钮即可为程序添加一个监视表达式。重复上述操作，可以添加多个监视表达式。

二是使用"快速监视"对话框。在"代码"窗口中选定要监视的表达式，执行"调试"菜单中的"快速监视"命令，或单击调试工具栏中的"快速调试"按钮，打开"快速监视"对话框。单击"添加"按钮即可将所选的表达式设置为监视表达式。

在添加了监视表达式后，它们会出现在监视窗口中。还可以更改或删除已添加的监视表达式。在监视窗口中选中某表达式，执行"调试"菜单中的"编辑监视"命令，则弹出"编辑监视"对话框，从中可以更改监视表达式及其各项设置，单击"删除"按钮可删除该监视表达式。

2.3　预定义对象

2.3.1　对象

在面向对象的程序设计中，"对象"是面向对象程序设计的核心，对象的概念就是对现实世界中对象的模型化。如果把问题抽象一下，会发现现实生活中的对象有两个共同的特点：第一，它们都有自己的状态，例如一个球有自己的质地、颜色、大小；第二，它们都具有自己的行为，比如一个球可以滚动、停止或旋转。程序设计中的"对象"是代码和数据的组合，同样具有自己的状态和行为，只不过在这里对象的状态用数据来表示,称为对象的属性;而对象的行为用对象中的代码来实现,称为对象的方法,不同的对象有不同的方法。

　　用 Visual Basic 进行应用程序设计,实际上是与一组标准对象进行交互的过程。Visual Basic 6.0 中的对象分两类:一类是由系统设计好的,称为预定义对象;另一类是用户建立的自己的对象。Visual Basic 的预定义对象有窗体、控件、打印机等,这些对象由系统设计好提供给用户使用。

2.3.2　控件

　　设计应用程序界面的最重要的一项内容就是在窗体中布置控件。向窗体中添加控件的方法很简单:首先,在工具箱中单击所要添加的控件;然后,移动鼠标到窗体上,光标的形状变为十字形,在要放置控件的位置处按下鼠标左键并拖动鼠标,就出现一个矩形区域,拖动到一定大小后释放鼠标,则所选控件就被放置在窗体上指定的位置。鼠标拖动出的方框的大小决定了控件的大小。如图 2-5 所示是在窗体中添加了一个文本框和两个按钮共三个控件。

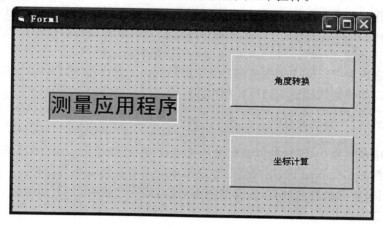

图 2-5　窗体中添加了三个控件

　　放置在窗体中的控件的大小和位置可以随时改变。双击工具箱中的控件,也可以将它添加到窗体中,但控件总是以特定的大小添加到窗体的中心位置。窗体中的网格是为方便布置控件而提供的参考线,在程序运行时窗体上并不显示这些网格,用户也可以自行设置有关网格的显示分辨率。

　　Visual Basic 6.0 的控件分为三类:一是标准控件,这些控件由 Visual Basic 6.0 系统文件提供,出现在工具箱中;二是 ActiveX 控件,是扩展名为“.ocx”的独立控件,包括专业版和企业版提供的控件和第三方提供的控件;三是可添加到工具箱的对象,如 AutoCad、Microsoft Word 和 Microsoft Excel 等。下面对常用控件进行简单介绍。

2.3.2.1　文本控件

与文本有关的标准控件有两个,即标签和文本框。标签的默认名称(Name)和标题(Caption)为 LableX(X 为 1,2,3),文本框的默认名称和标题为 TextX。在标签中只能显示文本,不能进行编辑;在文本框中既可显示文本,也可输入文本。

2.3.2.2　图形控件

Visual Basic 6.0 的图形控件有 4 种,即图片框、图像框、直线和形状。其中图片框和图像框是 Visual Basic 用来显示图形的两种基本控件,用于在窗体的指定位置显示图形。图片框的默认名称和标题为 PictureX,图像框的默认名称和标题为 ImageX。图片框和图像框以基本相同的方式出现在窗体上,都可以装入多种格式的图形文件,它们的主要区别是图像框不可以作父控件而且不能通过 Print 方法接收文本。图片框和图像框在设计阶段和运行阶段都可以装入图形文件,在运行阶段可以用 LoadPicture 函数把图形文件装入。例如,在窗体建立一个名称为 Picture1 的图片框,用语句“Picture1. Picture＝("d:\1309.jpg")”可以把一个图形文件装入该图片框中。

2.3.2.3　按钮控件

在应用程序中,按钮控件常常被用来启动、中断或结束一个进程,其默认名称和标题为 CommandX,用户可以通过简单地单击按钮来执行操作。只要用户单击按钮,就会触发它的 Click 事件过程,通过编写按钮的 Click 事件过程,就可以指定它的功能了。

2.3.2.4　选择控件

单选项控件用来接收用户作出的选择,它通常以单选项组的形式出现,用户每次只能在一组单选项中选中其中的一个,其默认名称为 OptionX。单选按钮一般用框架进行分组。

复选框控件和单选项控件看起来功能相似,都是用来接收用户作出的选择,但它们却有一个重要区别:用户每次只能在单选项组中选中一个单选项,但可选定任意数目的复选框,复选框默认名称为 CheckX。

2.3.2.5　列表控件

列表控件包括列表框和组合框。列表框（ListBox）把较多的项目在一个列表中显示出来，可以使用户进行选择等操作。列表框控件为用户提供了列表选项的功能，用于使用户在多个项目中进行选择。组合框（ComboBox）将文本框和列表框的功能结合在一起，用户既可以在组合框中输入文本，也可以直接从列表中选定项目。当用户所需要的选项不在列表中时，则可以在组合框中自行输入。而当希望将选项限制在列表之内时，应使用列表框。

2.3.3　对象的属性

属性是指对象的各种性质，如对象的位置、颜色、大小等。不同的对象所具有的属性有的是相同的，有的是不同的。改变对象的属性就可改变对象的特性。可以通过两种方法来设置对象的属性：一是在设计阶段，通过“属性”窗口设置对象属性的值，对不同的属性，设置方式有所差异；二是在运行阶段，在程序中由代码设置对象属性的值，其一般形式为：对象名.属性名＝属性值，如 Form1.Width＝7000，将窗体宽度设置为 7000。

2.3.4　对象的事件

事件是指由系统事先设定的、能被对象识别和响应的动作。例如，在应用程序中单击一个按钮，则程序会执行相应的操作，在 Visual Basic 中，就称按钮响应了鼠标的单击事件（Click）。Visual Basic 程序没有传统意义上的主程序，每个事件过程是由相应的“事件”触发执行，通用过程则是由各事件过程来调用。各事件的发生顺序完全由用户的操作决定，人们不再需要考虑程序的执行顺序，只需针对对象的事件编写出相应的事件过程即可，称这些应用程序为事件驱动应用程序。在事件驱动应用程序中，由对象来识别事件。事件可以由一个用户动作产生，也可以由程序代码或系统产生，其实就是为每个对象，如窗体、控件、菜单等编写事件代码。因此，Visual Basic 是面向对象的编程语言。触发对象事件的最常见的方式是通过鼠标或键盘操作。我们将通过鼠标触发的事件称为鼠标事件，将通过键盘触发的事件称为键盘事件。Visual Basic 的事件过程的一般形式为：

Private Sub 对象名_事件名（　　）

（事件内容）

End sub

其中，“Private Sub 对象名_事件名（　　）”是事件过程的开头，End Sub 是事件过程的结尾。"对象名"就是用户在"属性"窗口中为对象的"名称"属性设置的值,"事件名"则是该对象所能响应的事件的名称。

2.3.5　对象的方法

除了属性以外,对象还有方法。属性是指对象的特性,而方法则是对象要执行的动作。不同的对象所具有的方法也是不同的。例如,窗体对象有一个 Cls 方法,该方法的功能是清除窗体上显示的文本或图形等内容。调用该方法的语句为:窗体名. Cls。有些方法还带有参数,参数是对方法所执行动作的进一步描述。在调用这类方法时要在方法名的后面写上参数。如果方法有多个参数,就用逗号将它们分开。例如,窗体对象的 Circle 方法就有多个参数,该方法的功能是在窗体上画圆。使用该方法需要指定圆的位置、半径和颜色等参数,如 Forml. Circle(1600,1800),1200,vbBlue 表示在窗体中以(1600,1800)为圆心,以 1200 为半径,画蓝色的圆。

2.4　菜单程序设计

2.4.1　菜单设计的一般约定

多数 Windows 应用程序都有一个菜单栏,它总是处在窗体标题栏的下面,并包含一个或多个菜单标题。单击每个菜单标题都会弹出一个下拉菜单,在下拉菜单中包含有菜单项、分隔条和子菜单标题。菜单的基本作用有两个:一是提供人机对话的界面;二是控制各种功能模块的运行。下拉式菜单是典型的窗口式菜单,一般有一个主菜单,主菜单包含若干选项,每个选项可下拉出下一级菜单,有的菜单项可以直接执行,有的菜单项执行时则会弹出一个对话框。所有的 Windows 应用程序都遵循以下 3 个约定:

一是菜单名称后有一个省略号的,均表示在单击该选项后会弹出一个相应的对话框,在用户作出相应的回答后,该项功能就以用户所给予的信息去执行。例如,单击"打开"选项,则弹出"打开"对话框,用户可从中选择要打开的文件。

二是菜单名称后有一个小三角的,则表示它是一个子菜单标题,子菜单标题并不能直接执行,仅仅扮演一个"容器"的角色。当鼠标指针移动到子菜单标题上时,会自动弹出子菜单。例如,将指针移动到"发送"选项,就会弹出子菜单。

三是菜单名称后不包含上述两种符号者,表明该菜单项所代表的命令可直接执行。例如,单击"关闭"选项,则将关闭当前打开的文档。

由于所有的 Windows 应用程序都遵循上述约定,因此,在创建菜单时,也应该遵循这些约定。例如，如果某菜单项的执行结果是弹出一个对话框，则应该在该菜单项后加上省略符（…）。此外，要使应用程序简单好用，还应该将菜单项按其功能分组。例如，与文件有关的命令"新建""打开"和"另存为"都列入"文件"菜单。

同一菜单中不同类型的选项之间还使用分隔条分隔开来，分隔条作为菜单项间的一个水平行显示在菜单上。在包含较多菜单项的菜单上，经常使用分隔条将各项划分成一些逻辑组。"文件"菜单使用分隔条将其菜单项分成 6 组。

2.4.2　菜单编辑器

菜单编辑器是 Visual Basic 提供的一个用于设计菜单的工具，它使看似复杂的菜单创建变得非常简单。使用菜单编辑器可以创建出新的菜单或编辑已有的菜单。打开"工具"菜单，执行"菜单编辑器"命令，将出现如图 2-6 所示的"菜单编辑器"对话框。

图 2-6　"菜单编辑器"对话框

也可以通过单击工具栏上的"菜单编辑器"按钮来打开该对话框。其中各主要选项的含义如下：

标题：该文本框用来输入菜单名（相当于控件的 Caption 属性），这些名字出现在菜单栏或菜单之中。如果想在菜单中建立分隔条，则应在该文本框中输入一个连字符"-"。为了能够通过键盘访问菜单项，可在一个字母前插入 & 符号。例如，"新建(&N)"，在运行时，该字母带有下划线（& 符号是不可见的），如果要在菜单中显示 & 符号，则应在标题中连续输入两个 & 符号。

名称：该文本框用来输入菜单名称（相当于控件的 Name 属性）。在代码中就是以该名称来访问菜单项的，它不会出现在菜单中，这与其他控件的名称是一样的。

索引：可指定一个数字值来确定控件在控件数组中的位置。该位置与控件的屏幕位置无关。

快捷键：可在该列表框中为命令选择快捷键。

帮助上下文 ID：是一个文本框，框中的数值用来在帮助文件（用 HelpFile 属性设置）中查找相应的帮助主题。

复选：允许在菜单项的左边设置复选标记，通常用它来指出切换选项的开关状态。

有效：由此选项可决定是否让菜单项对事件做出响应，而如果希望该项失效并以浅灰色显示出来，则可取消对该复选框的选中。

可见：该选项决定是否将菜单项显示在菜单上。

显示窗口列表：在 MDI 应用程序中，确定菜单控件是否包含一个打开的 MDI 子窗体列表。

右箭头：每次单击都把选定的菜单向右移一个等级，一共可以创建四个子菜单等级。

左箭头：每次单击都把选定的菜单向左移一个等级，一共可以创建四个子菜单等级。

上箭头：每次单击都把选定的菜单项在同级菜单内向上移动一个位置。

下箭头：每次单击都把选定的菜单项在同级菜单内向下移动一个位置。

下一个：将选定项移动到下一行。

插入：在列表框的当前选定项上方插入一行。

2.4.3　创建菜单实例

以一个实例来介绍使用菜单编辑器创建菜单的具体过程，本例是为窗体创建一个有三个菜单的菜单栏：一个是"常用测量程序"菜单，一个是"控制网平差程序"菜单，另一个是"坐标转换"菜单，如图 2-7 所示。其中，"常用测量程序"菜单包含 4 个菜单项，分别是"角度转换""近似坐标计算""坐标方位角计算"和"放样元素计算"，并且有一个分隔条；"控制网平差程序"菜单包含 2 个选项，分别是"水准网平差"和"导线平差"；"坐标转换"菜单仅列菜单标题。

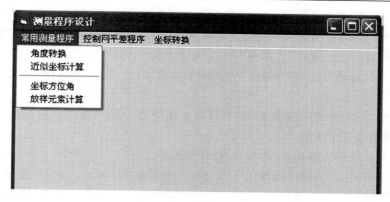

图 2-7　创建菜单实例

使用菜单编辑器创建该菜单栏的步骤如下：

(1)单击工具栏上的"菜单编辑器"按钮，打开"菜单编辑器"对话框。确保"窗体"窗口为当前活动窗口，否则"菜单编辑器"按钮无效。如果工程中包含多个窗体，则为当前活动的窗体创建菜单。

(2)在"标题"文本框中，输入"常用测量程序(&F)"。其中 F 被设置为该菜单项的访问键，在菜单中，这一字符会被自动加上一条下划线。

(3)在"名称"文本框中输入"CY"，其他各选项使用默认设置，在菜单控件列表框中将显示刚刚创建的"常用测量程序"菜单控件。

(4)单击"下一个"按钮，则菜单控件列表框中的光标条将移动到下一行。对应的"标题"文本框与"名称"文本框为空的，可从中输入另一个菜单控件。

(5)在"标题"文本框中输入"角度转换(&N)"，再在"名称"文本框中输入"ZH"，并在"快捷键"列表框中选择快捷键为 Ctrl＋N，则"角度转换(&N)"与"常用测量程序(&F)"并排显示在菜单控件列表框中。

注意：快捷键将自动出现在菜单上，因此，不需要在菜单编辑器的"标题"文本框中输入 Ctrl＋N。

(6)单击"右箭头"按钮，则菜单控件"角度转换"向右缩进了一段距离，并且在其前加入了四个点。这表明它成为了"常用测量程序"菜单中的一个选项。四个点表示一个内缩符号，菜单编辑器就是通过标题的内缩来判断菜单的层次的。

(7)单击"下一个"按钮，内缩符号仍然存在，表明所创建的菜单控件仍然是"常用测量程序"菜单中的选项。依次为"常用测量程序"菜单创建"近似坐标计算"、分隔条、"坐标方位角计算"和"放样元素计算"等选项。

这样，"常用测量程序"菜单就创建完毕。下面开始创建"控制网平差程序"和"坐标转换"菜单。

（8）单击"下一个"按钮，则菜单控件列表中的光标条向下移动一格。由于"控制网平差程序"菜单是一个独立的菜单标题，而不是"常用测量程序"菜单中的一个选项，因此，单击"左箭头"按钮，取消内缩。

（9）在"标题"文本框中输入"控制网平差程序(&E)"，在"名称"文本框中输入"PC"。

（10）与创建"常用测量程序"菜单中各选项的方法一样，为"控制网平差程序"菜单创建 2 个选项。

（11）以同样方法建立"坐标转换"菜单标题。

（12）到此，就为窗体创建了一个包含三个菜单的菜单栏。单击"确定"按钮，关闭"菜单编辑器"对话框，创建的菜单标题将显示在窗体上。在设计时，单击一个菜单标题可在其下拉菜单中显示所有选项。

从以上的菜单创建过程中可以看出，菜单控件在菜单控件列表框中的位置决定了该控件是菜单标题、菜单项、子菜单标题，还是子菜单项；位于列表框中左侧平齐的菜单控件作为菜单标题显示在菜单栏中；列表框中被缩进过的菜单控件，当单击其前导的菜单标题时才会在该菜单上显示；一个缩进过的菜单控件，如果后面还紧跟着再次缩进的一些菜单控件，它就成为一个子菜单的标题；在子菜单标题以下缩进的各个菜单控件，就成为该子菜单的菜单项。

在菜单创建完毕后，用户可以随时打开"菜单编辑器"对话框来增加或修改菜单控件。在"菜单编辑器"对话框的菜单控件列表框中列出了当前窗体的所有菜单控件。使用鼠标单击某菜单控件使之以高亮度显示，即可修改它的标题、名称以及快捷键等属性；也可使用"左箭头"按钮或"右箭头"按钮来调整它的类型。使用上箭头或下箭头可调整它的位置。使用"插入"按钮则可以在菜单中添加新的菜单控件。

除了可以在"菜单编辑器"对话框中设置菜单控件的属性外，也可以像设置其他控件属性一样，通过"属性"窗口来设置菜单控件的属性。单击"属性"窗口上方的对象列表框，在其下拉列表中包含有当前窗体的所有菜单控件，从中选择要设置属性的菜单控件。在"属性"窗口中列出的属性与"菜单编辑器"对话框中的选项是对应的，如 Caption 属性对应"标题"选项，用户也可以在此设置菜单的标题。

每个菜单项都是一个菜单控件，菜单控件只能响应 Click 事件。虽然分隔条是当作菜单控件来创建的，它却不能响应 Click 事件，而且也不能被选取。

2.4.4　编写代码

在为窗体创建了菜单后，虽然单击菜单标题会弹出菜单列表，将鼠标指针指向子菜单标题时也会出现子菜单,但单击菜单项时却没有任何反应。这是因为还未为它们编写代码,还未赋予它们内容。因此,为菜单编写代码就是编写它们的 Click 事件过程。为创建的菜单编写代码,使之成为一个完整的应用程序。

打开窗体上的"常用测量程序"菜单,弹出该菜单的下拉菜单,单击"角度转换"选项,打开"代码"窗口(见图 2-3),该菜单的 Click 事件过程的框架自动出现在代码编辑区中为"角度转换"选项的 Click 事件过程添加代码。

2.5　Visual Basic 应用程序结构

在设计阶段,Visual Basic 将创建的应用程序、Active 文档等通称为一个工程。简单应用程序,就是一个工程,该工程只包含一个窗体。但对于一些较复杂的应用程序,工程中一般都包括一个或若干个窗体、模块等文件。这就涉及工程与文件的新建、保存、移除等多种操作,这些操作贯穿到创建应用程序的整个过程。

2.5.1　创建和打开工程

在启动 Visual Basic 6.0 时,系统会弹出"新建工程"对话框,在其中选择一种工程类型,单击"打开"按钮后,就创建了一个新的工程,且该工程中只包括一个窗体。该工程的默认名为"工程 1",窗体默认名为"Form1"。在保存工程时,用户可为工程以及工程中的窗体、模块等指定名称。

使用"文件"菜单中的"新建工程"命令也可以新建工程,执行该命令后,弹出"新建工程"对话框,在其中选择一种工程类型,单击"确定"按钮即可。使用该命令来新建工程,原有的工程将被移除,如果原有的工程没有保存,则系统还会弹出对话框提示用户保存工程。

在 Visual Basic 6.0 中也可以同时建立多个工程。执行"文件"菜单中的"添加工程"命令,打开"添加工程"对话框,该对话框有 3 个选项卡:"新建"选项卡用来添加一个新的工程,"现存"与"最新"选项卡则用来添加一个已存在的工程。打开"现存"选项卡,该选项卡与打开文件对话框类似,用户可从中选择要添加的工程。打开"最新"选项卡,该选项卡中列出了若干个最近编辑过的工程。在工程列表中选中一个工程,单击"打开"按钮即可将其添加到 Visual Basic 中。

2.5.2　保存和移除工程

在创建工程后,只有将其保存到硬盘上,才能在下次继续使用该工程。Visual Basic的代码存储在模块中。模块有三种类型:窗体模块(.frm)、标准模块(.bas)和类模块(.cls)。

简单的应用程序可以只有一个窗体,应用程序的所有代码都驻留在窗体模块中。而当应用程序庞大复杂时,就要另加窗体,最终可能会发现在几个窗体中都有要执行的公共代码。因为不希望在两个窗体中有重复代码,所以要创建一个独立模块,它包含实现公共代码的过程。这个独立模块就是标准模块。此后可以建立一个包含共享过程的模块库。在 Visual Basic 中,类模块(文件扩展名为".cls")是面向对象编程的基础,可在类模块中编写代码建立新对象。这些新对象可以包含自定义的属性和方法。实际上,窗体正是这样一种类模块,在其上可安放控件、可显示窗体窗口。

在保存工程时,这些模块文件也将一同保存。除以上三种模块文件外,Visual Basic 的应用程序还包括工程文件(.vbp)、工程组文件(.vbg)和资源文件(.rc)等其他类型文件。

执行"文件"菜单中的"保存工程"命令,将打开"文件另存为"对话框。在"文件名"文本框中输入窗体或模块的名称,单击"保存"按钮。如果工程中包含有多个窗体或模块等,则"文件另存为"对话框仍然存在,要求用户保存下一个文件,直到工程中所有的文件保存完毕。最后,将出现"工程另存为"对话框,在"文件名"文本框中输入工程的名称,单击"保存"按钮。这样,就完成了对一个工程的保存。

工程中的各文件以及工程本身既可以保存在同一位置,也可以保存在不同的位置。在工程本身的文件中包含有它的窗体等文件的路径、名称等信息,在打开工程时,工程文件会以这些信息去寻找它的窗体等文件。如果窗体等文件的路径或名称改变了,则会出现加载错误。由于一个工程的各个部分是紧密联系的,任何一个部分出现错误都会导致整个工程发生错误,因此,为了便于管理,建议尽量将一个工程中的各文件保存在同一位置。

一个工程创建完成后,如果想关闭该工程而不退出 Visual Basic 环境,则可以使用"文件"菜单中的"移除工程"命令将该工程移除。如果当前只有一个工程,直接执行"文件"菜单中的"移除工程"命令即可将其移除;如果当前有多个工程,需要事先在工程资源管理器中选择要移除的工程,然后执行"移除工程"命令即可将指定的工程移除。也可通过工程资源管理器来保存或移除工程:将鼠标移动到要保存或移除的工程名上,单击右键,在弹出的快捷菜单中执行"移除工程"命令。移除工程只是将工程从 Visual Basic 开发环境中移除出去,而不是将其从硬盘中删除。

习题

1. 熟悉 Visual Basic 中常用控件的基本操作,利用控件设计如图 2-8 所示的界面。

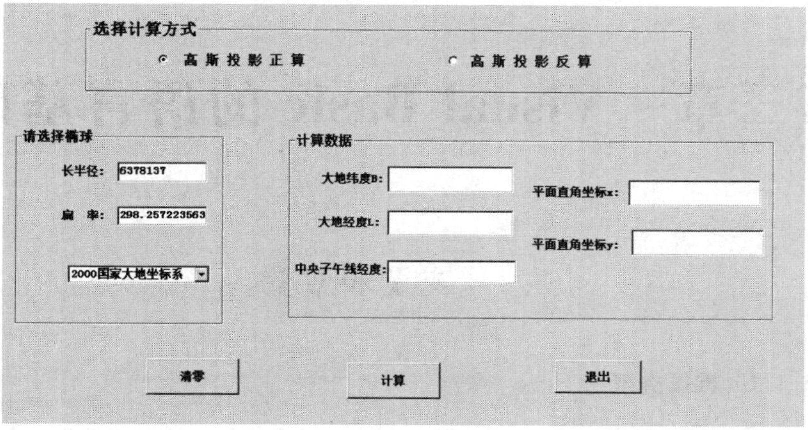

图 2-8

2. 熟练掌握菜单编辑器的应用,利用菜单编辑器创建如图 2-9 所示的菜单,并保存工程文件。

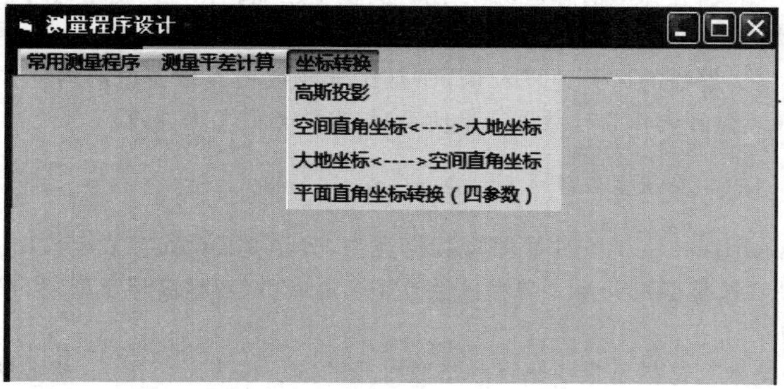

图 2-9

第三章　Visual Basic 的语言基础

3.1　变量和常量

3.1.1　数据类型

计算机能够处理的数值、文字、声音、图形、图像等信息均称为数据。数据类型不同，则在内存中的存储结构不同，占用的空间也不同。所有的变量都具有数据类型，以决定它能够存储哪种类型的数据。例如，某个变量的数据类型为整型（存放整数），但是如果在代码中将一个字符串赋给它，则运行程序时会出现类型不匹配的错误，并弹出消息框，提示用户类型不匹配。在声明变量时可指定变量的数据类型。如果知道变量总是存放整数，就应当将它声明为 Integer 类型或 Long 类型。整数的运算速度较快，而且比其他数据类型占据的内存要少。在 For…Next 循环内作为计数器变量使用时，整数类型尤为高效。

3.1.1.1　数值型数据类型

Visual Basic 支持 6 种数值型数据类型，分别是 Byte（字节型）、Integer（整型）、Long（长整型）、Single（单精度浮点型）、Double（双精度浮点型）和 Currency（货币型）。

（1）整数型是指不带小数点和指数符号的数。按表示范围分，整数型可分为整型、长整型。整型数在内存中占两个字节（16 位），十进制整型数的取值范围为：－32768 ～ ＋32767。长整型数在内存中占 4 个字节（32 位），十进制长整型数的取值范围为：－2147483648 ～ ＋2147483647。

（2）实数型（浮点数或实型数）是指带有小数部分的数（注意：数 12 和数12.0

对计算机来说是不同的,前者是整数,占 2 个字节,后者是浮点数,占 4 个字节)。在 Visual Basic 中,浮点数分为两种:单精度浮点数(Single)和双精度浮点数(Double)。

单精度数(Single,类型符"!")在内存中占 4 个字节(32 位),7 位有效数字,取值范围为:负数 $-3.402823E+38 \sim -1.401298E-45$;正数 $1.401298E-45 \sim 3.402823E+38$,这里用 E 或者 e 表示 10 的次方(E/e 大小写都可以)。比如:$1.401298E-45$ 表示 1.401298 的 10 的负 45 次方。

双精度数(Double,类型符"♯")在内存中占用 8 个字节(64 位),可以精确到 15 或 16 位十进制数,即有 15 或 16 位有效数字。其取值范围为:负数 $-1.797693134862316D+308 \sim -4.94065D-324$;正数 $4.94065D-324 \sim 1.797693134862316D+308$。比如:17.88D5 是一个双精度数,表示 17.88 乘以 10 的 5 次方,这里用 D 来表示 10 的次方。测量工作中,平面坐标一般是多于 7 位的十进制数,应定义为双精度数据类型。

3.1.1.2　字符串型数据类型

如果变量包含字符而不具有数值含义,就可将其声明为字符串型。字符串是用双引号括起来的若干个字符。字符串中的字符可以是计算机系统允许使用的任意字符。例如:数字水准测量中的后尺读数"Rb 1.2781"、后尺距离"HD 58.206"等都是合法的字符串。字符串的长度是指字符串中字符的个数,不含任何字符的字符串为空字符串。字符串在内存中是按字符连续存储的,每个字符占用一个字节。如果字符串表示数值,则可将字符串转变为数值类型;也可将数值类型转变为字符串类型。

3.1.1.3　日期型数据类型

日期型变量用来存储日期或时间。日期常数必须用"♯"号括起来。例如,如果变量 Mydate 是一个日期型变量,可以使用下面几种方式为该变量赋值:

Mydate＝♯4/19/1977♯

Mydate＝♯April 19,1977

♯Mydate＝♯19 Apr 77♯

上面几个语句的作用完全相同,都是将日期常数 1977 年 4 月 19 赋给日期变量 Mydate。在"代码"窗口中输入上述任一语句,Visual Basic 都将自动将其转换为第一条语句的格式,即 Mydate＝♯4/19/1977♯。

3.1.1.4　布尔型数据类型

若变量的值只是"true/false""yes/no""on/off"等信息，则可将它声明为布尔类型，布尔类型的缺省值为 False。

3.1.1.5　变体型数据类型

数据类型为变体型的变量可以存储所有系统定义类型的数据。变体型数据类型可在不同场合代表不同的数据类型。如果把数据赋予变体变量，则不必在这些数据的类型间进行转换，Vsiual Basic 会自动完成任何必要的转换。

3.1.1.6　对象型数据类型

对象型数据在内存中占用 4 个字节，用以引用应用程序中的对象。每个支持自动化的应用程序都至少提供一种对象类型。例如，一个字处理应用程序可能会提供 Application 对象、Document 对象。对象类型的变量在使用前应先用 Dim 语句来声明。

除以上数据类型外，还有自定义类型、枚举类型等其他数据类型。

3.1.2　变量的定义和命名

在使用变量前，一般要先声明变量名及其类型，以决定系统为变量分配的存储单元。在 Visual Basic 中，也可以不事先声明而直接使用变量，这种方式称为隐式声明。在程序编制过程中，隐式声明容易带来一些难以查找的错误，如果知道变量确实总是存储特定类型的数据，最好还是先声明变量的数据类型，这样 Visual Basic 会以更高的效率处理这个数据。为了避免写错变量名引起的麻烦，可以在"代码"窗口的声明段中加入语句"Option Explicit"，这样，在代码中只要遇到一个未经显式声明的变量，Visual Basic 都会弹出错误警告。也可以将系统定制为总要求显式声明变量，这样在任何新建的模块中都将自动插入 Option Explicit 语句。

3.1.2.1　变量命名

变量命名必须遵循以下命名规则：

（1）名称的第一个字符必须是字母或汉字。

（2）不能在名称中使用空格、句点(.)、感叹号(!)、@、&、$、# 等已有特殊含义的字符。

（3）不能超过 255 个字符；不要与已有的关键字同名。

（4）在自定义名称时，除了必须遵循 Visual Basic 的命名规则外，还要尽量使名字能反映它所代表的编程元素的意义。

3.1.2.2　使用 Dim 语句声明变量

使用 Dim 语句声明变量的一般形式为：Dim 变量名 As 数据类型，也可以使用数据类型的类型符来替代 As 子句，但变量名与类型符之间不能有空格。例如：

Dim Nuber As Integer　　　　　（Dim Number％）

Dim Count As Single　　　　　（Dim Count！）

Dim Name As String　　　　　（Dim Name＄）

一条 Dim 语句也可以声明多个变量，每个变量都需要有自己的声明类型，并且各变量之间以逗号隔开。例如，可以将上面的 3 条语句改写成一条语句：

Dim Number As Integer，Count As Single，Name As String

如果忽略了 Dim 语句中的 As 子句，则 Visual Basic 将变量的类型认为是变体型。

3.1.3　变量的作用域

一个变量声明后，并不是在任何地方都能使用它。每个变量都有它的作用域。变量的作用域决定了哪些子过程和函数过程可使用该变量。变量的声明方式和声明位置决定了它的作用域，变量的作用域可分为 3 个层次：局部变量、模块级变量和全局变量。

3.1.3.1　局部变量

局部变量是指在过程内部使用 Dim 语句或 Static 语句声明的变量。在过程内不加声明而直接使用的变量也是局部变量。一个应用程序包含若干个模块，模块中又包含若干个过程。对于局部变量，只能在声明它的过程中使用，本模块的其他过程以及其他模块均不可访问。在不同的过程中可以声明相同名称的变量，它们相互独立，互不干扰。

3.1.3.2　模块级变量

模块级变量是指在模块的任何过程之外，即在模块的声明部分使用 Dim 语句或 Private 语句声明的变量，可被本模块的任何过程访问。

3.1.3.3　全局变量

全局变量是指在模块的任何过程之外，即在模块的"通用声明"段使用 Public 语句声明的变量，可被本模块的任何过程访问。

3.1.4　常量

在程序执行过程中数值始终不改变的量称为常量。例如,在大地测量计算中,程序中可能多次使用圆周率(3.141592653…),如果将这个值使用一个常量 pi 来表示,在程序中就可以使用常量 pi 来替代常数 3.141592653…而不必一遍遍地输入这个数据。同样,对于确定的地球椭球,地球长半径、扁率、地球自转角速度和万有引力常数等都可定义为常量。定义常量的形式如下:

Const〈常量名〉［As 类型］＝常量值 例如:

Const pi As Double＝3.14159265358979

或 Const pi♯＝3.14159265358979

常量的命名规则和变量一样,声明中不能使用函数,一旦声明了常量,在此后的语句中就不能改变它的数值,这是个安全特性,也是声明常量的一个好处。

3.2　文件操作

每个程序通常都有数据输入、数据处理和数据输出三个过程。Visual Basic 的输入和输出有着十分丰富的内容和形式。数据较少时,可以通过人机互动的方式利用文本框等输入数据。在测量数据处理工作中,由于数据量较大,常常需要将数据以文件的形式存储与读取。按照文件的存取方式及其组成结构可以将文件分成顺序文件和随机文件。Visual Basic 程序可以直接从数据文件读取数据,也可以将计算结果写入相应的文件。程序与数据文件之间的这种读写操作称为文件的访问。在程序中访问顺序文件通常有 3 个步骤,分别为打开、读取或写入、关闭。在打开和保存文件时,可以设计文件对话框进行操作,也可以直接指定文件路径进行操作。本章不对 Visual Basic 细节的技巧作过多讨论,只讨论直接指定文件路径进行操作的方法。文件对话框操作在以后的章节中进行介绍。

3.2.1　打开文件

在对顺序文件进行操作之前,必须使用 Open 语句打开或者建立文件才可以使用,同时要告诉操作系统对文件进行什么操作。Open 语句的一般形式如下:

Open〈文件名〉For〈访问模式〉［Access(操作类型)］［锁定］As［♯］〈文件号〉［Len＝〈记录长度〉］

如:Open "d:/levellin.dat" For random Access Read Load Write As ♯2

其中各参数的含义如下:

文件名:指要访问的顺序文件的名称以及文件所在的路径。

文件的访问模式是指要对文件进行什么操作,有以下 5 种模式:

Output:对文件进行顺序写操作,即将数据写入文件。

Input:对文件进行顺序读操作,即将数据从文件中读入内存。

Append:将数据追加到文件末尾。

Random:指定随机存取方式。

Binary：指定二进制方式文件。

操作类型用来规定对被打开文件所能进行的操作,有以下 3 种类型:

Read:只读;Weite:只写;Read Write:读写都可以,这种类型只对随机文件、二进制文件和用 Append 方式打开的文件有效。

锁定:用来规定是否允许其他进程对本次打开的文件进行访问,只在多用户和多进程环境下使用,有以下 4 种情况:

Lock Shared:共享,即允许其他进程对本次打开的文件进行读写操作。这也是默认设置。

Lock Read:禁止其他进程对本次打开的文件进行读操作。

Lock Write:禁止其他进程对本次打开的文件进行写操作。

Lock Read Write:禁止其他进程对本次打开的文件进行读写操作。

文件号:为被打开的文件指定一个文件号,在以后访问该文件时,以文件号来代表文件。文件号的取值为 1～511 之间的整数。每个文件号对应唯一的一个文件,不能将已使用的文件号再指定给其他文件。

记录长度:用来指定数据缓冲区的大小,为随机存取文件设置记录长度,其取值范围为小于或等于 3767 的整数。

譬如,测量的水准数据文件 levellin. dat 存放在硬盘"d:\data\"目录中,打开文件的格式如下:

Open "d:\data\levellin. dat" For Input As ♯2

提示:如果以 Output 访问模式打开一个不存在的文件,则 Visual Basic 会自动创建一个相应的文件。

3.2.2　文件读操作

读操作是指将文件中的数据读取到变量中。如果文件以 Input 模式打开,就可以使用 Input 语句、Line Input 语句或 Input 函数对文件进行读操作。

3.2.2.1　Input 语句

语法:Input ♯〈文件号〉,〈变量列表〉

变量用来存放从文件中读取的数据,各变量以逗号隔开,变量的类型应该与文件中所存储的数据类型一致。在读取数据后,各数据项分别存放在所对应的变量中。如文件"d:\data. txt\levellin. dat"中一个测段完整的水准记录成果格式为:BM1, BM2, 1537.00, 3.327,则在进行相关变量定义之后,使用语句:Input ♯2,A1 $,A2 $,L,H。该语句的作用是,取字符串"BM1"和"BM2"分别赋值给 A1 $ 和 A2 $;1537.00 赋值给测段距离 L, 3.3270 赋值给高差 H。

3.2.2.2　Line Input 语句

语法:Line Input♯〈文件号〉,〈变量〉

该语句以行来读取数据,并存放在变量中,它不把逗号当作数据项的分界符,而把回车符当作数据项的分界符。变量必须是字符串型或变体型。在上例中,使用 Line Input 语句为:Line Input ♯2,A1 $,语句的作用是将"GPS1,GPS2,1537.00,3.327"赋值给 A1 $。

3.2.2.3　Input 函数

语法:Input $(n,♯〈文件号〉)

Input $ 函数可以从文件中读取指定个数的字符,其中字符中包括空格、逗号、双引号和回车符等。参数 n 用来指定要读取的字符个数。

3.2.3　文件写操作

如果顺序文件以 Output 模式或 Append 模式打开,就可以使用 Write 或 Print 语句向该文件写入数据。首先打开文件,然后执行以下语句:

Open "d:\data\Result. dat" For Output As ♯3

该代码被执行后,会在"d:\data\"目录下新建一个 Result. dat 文件,使用 Windows 自带的记事本可以查看该文件的内容及格式。如果 Result. dat 文件已存在,则其原来的内容将被新的内容覆盖掉。这是因为打开文件的模式为 Output,如果以 Append 模式打开文件,则新内容会追加到原内容之后。打开文件之后,使用 Print 语句和 Write 语句将结果数据以文件的形式保存到磁盘上。

Print ♯〈文件号〉,[输出列表]

Write ♯〈文件号〉,[输出列表]

Print 与 Write 略有区别:一是 Write ♯语句向文件写数据时,数据以紧凑格式存放,能自动在数据项之间插入逗号;二是 Write ♯语句写入的正数前无空格。

3.2.4　关闭文件

在对打开的文件进行各种操作后,还必须将其关闭,否则会造成数据的丢失。

实际上,对顺序文件进行写操作时,将数据写入的是缓冲区,只有关闭文件时才将缓冲区中的数据全部写入文件。使用 Close 语句可关闭文件,其形式如下:

　　Close[〈♯文件号〉][,〈♯文件号〉]…

文件号是指使用 Open 语句打开文件时为文件指定的文件号。如果在 Close 语句中忽略文件号,则会关闭所有已打开的文件。

3.2.5　文件操作函数

3.2.5.1　FreeFile()函数

返回一个 Integer,代表下一个可供 Open 语句使用的文件号,可获得尚未被占用的文件号中的头一个,参数范围可以是 0 或 1,也可以省略。

语法:FreeFile[(rangenumber)]

注:方括号以内的数值可以省略。

FreeFile(0)、FreeFile 或 FreeFile()表示返回 1~255 之间未使用的文件号;FreeFile(1)表示返回 256~511 之间未使用的文件号。

3.2.5.2　EOF()函数

EOF 是 End Of File 的缩写,表示"文件结束"。当读取到达顺序文件的结束时,返回 True,否则返回 False。

语法:EOF (filenumber)

必要的 filenumber 参数是有效的文件号。从输入流读取数据,如果到达文件末尾(遇到文件结束符),EOF 函数值为非零值(表示真),否则为零(表示假)。使用 EOF 是为了避免因试图在文件结尾处进行输入而产生的错误。

3.2.5.3　LOF()函数

以字节方式返回被打开文件的长度。

语法:LOF (filenumber)

如:LOF (1) 返回♯1 文件的长度,返回 0 表示空文件。

3.3　常用函数

Visual Basic 提供大量内部函数,这些函数大致分为数学函数、字符串函数、转换函数、时间/日期函数和随机函数。

3.3.1　数学函数

数学函数用来完成基本的数学计算,其中一些函数的名称与数学中相应函数的名称相同。例如,在三角函数中,函数 Sin(　)表示正弦函数。表 3-1 列出了常用的数学函数。

表 3-1　　　　　　　　　　　　　　常用的数学函数

函数	功能	示例	结果	说明
Abs(x)	绝对值	Abs(−50.3)	50.3	
Exp(x)	自然指数	Exp(2)	e * e	e(自然对数的底)的某次方
Fix(x)	取整(取参数的整数部分)	Fix(−99.8)	−99	
Int(x)	取整(取小于或等于参数的最大整数)	Int(−99.8) Int(99.8)	−100 99	
Log(x)	常用对数	Log(1)	0	求自然对数值
Rnd	随机产生 0~1 的单精度值	Int(6 * Rnd)+1	1~6	要产生一个从 Min 到 Max 的整数,应使用公式 Int((Max −Min＋1) * Rnd ＋Min)
Round(x,n)	按小数位数四舍五入	Round(3.14159,3)	3.142	第 2 个参数为小数位数
Sgn(x)	取参数的符号值	Sgn(8.8) Sgn(−8.8) Sgn(0)	1 −1 0	参数大于 0,返回 1 参数小于 0,返回−1 参数等于 0,返回 0
Sin(x)	正弦	Sin(3.14159265/2)	1	
Cos(x)	余弦	Cos(3.14159265)	−1	三角函数以"弧度"为单位
Atn(x)	计算反正切	Atn(1)	0.7854	
Tan(x)	计算正切	Tan(3.14159265/4)	1	
Sqr(x)	算术平方根	Sqr(9)	3	

3.3.2 字符串函数

字符串函数用来完成对字符串的操作与处理，如获得字符串的长度、除去字符串中的空格以及截取字符串等。表 3-2 列出了常用的字符串函数。

表 3-2　　　　　　　　　　　常用的字符串函数

函数	功能	示例	结果	说明
Len(x)	求字符串的长度（字符个数）	Len("GPS2")	4	
Mid(x,n1,n2)	从 x 字符串左边第 n1 个位置开始向右取 n2 个字符	Mid("GPS2－GPS1",2,2)	"PS"	
Left(x,n)	从 x 字符串左边开始取 n 个字符	Left("GPS2－GPS1",3)	"GPS"	
Right(x,n)	从 x 字符串右边开始取 n 个字符	Right("GPS2－GPS1",3)	"PS1"	
UCase(x)	将 x 字符串中所有小写字母转换为大写	UCase("gps2－GPS1")	"GPS2-GPS1"	
LCase(x)	将 x 字符串中所有大写字母转换为小写	LCase("GPS2－GPS1")	"gps2-gps1"	
Trim(x)	去掉 x 字符串两边的空格	Trim("GPS2")	"GPS2"	
Ltrim(x)	去掉 x 字符串左边的空格	Ltrim("GPS2")	"GPS2"	
Rtrim(x)	去掉 x 字符串右边的空格	Rtrim("GPS2")	"GPS2"	
Instr(x1,x2,M)	返回字符串 x2 在字符串 x1 中的位置，M＝1 不区分大小写，省略则区分	Instr("baBBAC","BA")	4	找不到则返回 0
Space(n)	返回 n 个空格	Space(3)	"　"	

3.3.3 数据类型转换函数

每个函数都可以强制将一个表达式转换成某种特定数据类型。表 3-3 列出了常用的数据类型转换函数。

表 3-3 常用的数据类型转换函数

函数	功能	示例	结果	说明
Str(x)	将数值转换为字符串	Str(45.2)	"45.2"	
Val(x)	将字符串中的数字转换成数值	Val("2.3ab") Val("a23")	2.3 0	
Asc(x)	求字符 ASCII 值	Asc("a")	97	
Chr(x)	将数值（ASCII 码）转换为字符	Chr(65)	"A"	
CBool(x)	将数字字符串或数值转换成布尔型	CBool(1) CBool("0")	True False	等于 0 为 False, 不等于 0 为 True
CDate(x)	将有效的日期字符串转换成日期	CDate（＃1990, 2, 23 ＃）	"1990- 2-23"	
CSng(x)	将数值转换成单精度型	CSng(23.5125468)	23.51255	
CDbl(x)	将数值转换成双精度型	CDbl(23.5125468)	23.5125468	

3.3.4 日期和时间函数

日期和时间函数见表 3-4。

表 3-4　　　　　　　　　　　　　日期和时间函数

函数	功能	示例	结果	说明
Date	返回系统日期	Date	2010-9-1	（yyyy-mm-dd）
Time	返回系统时间	Time	15:45:28	（hh:mm:ss）
Now	返回系统日期和时间	Now	2010-9-1 15:45:28	（yyyy-mm-dd hh:mm:ss）
Year(c)	返回指定日期的年份	Year("2010-9-1")或 Year(♯9/1/2010♯)	2010	
Month(c)	返回指定日期的月份	Month("2010-9-1")	9	
Day(c)	返回指定日期的日子	Day("2010-9-1")	1	
Weekday()	返回指定日期的星期几	Weekday("2010-9-1")	4	星期日为1
Hour()	返回指定时间的时数	Hour("15:45:28")	15	
Minute()	返回指定时间的分数	Minute(Now)	45	假定系统时间为 15:45:28

3.4　控制结构

　　Visual Basic 采用的是事件驱动机制，即在程序运行时过程的执行顺序是不确定的，它的执行流程完全由事件的触发顺序来决定。但在一个过程的内部，仍然用到结构化程序的方法，使用流程控制语句来控制程序的执行流程。结构化程序设计有 3 种基本结构：顺序结构、选择结构与循环结构。

3.4.1　顺序结构

　　如果没有流程控制语句，则各条语句将按照各自在程序中的出现位置，依次执行，即顺序结构。顺序结构是按照程序或者程序段书写顺序执行的语句结构。顺序结构是最基本的一种结构，它表明了事情发生的先后情况。在编写应用程序的时候，也存在着明显的先后次序。

3.4.2　选择结构

选择结构是指根据所给的条件,选择执行的分支。它的特点是在若干个分支中必选且只选其一。Visual Basic 中提供了四种形式的条件语句,分别是 If…Then、If…Then…Else、If…Then Else If 和 Select Case。在使用时,可以根据不同的条件,选择合适的条件语句。

3.4.2.1　If…Then 语句(单分支结构)

语句形式如下:
If〈表达式〉Then
〈语句块〉
End if
其中,〈表达式〉一般是关系表达式或逻辑表达式,也可以是算术表达式;〈语句块〉是指一条或多条要执行的语句。如果表达式的值不为零(True),即条件为真,则执行 Then 后面的语句块;如果表达式的值为零(False),即条件为假,则不执行 Then 后面的语句块,而直接开始执行 End If 后的语句。该条件语句只有一个分支,因此称为单分支结构。

如果语句块中只有一条语句,也可以写成一种较简单的形式:
If〈表达式〉Then〈语句块〉

3.4.2.2　If…Then…Else 语句(双分支结构)

语句形式如下:
If〈表达式〉Then
〈语句块 1〉
Else
〈语句块 2〉
End If
如果〈表达式〉的值不为零(True),即条件为真,则执行 Then 后面的语句块;否则,执行 Else 后面的语句块;该条件语句有两个分支,因此称为双分支结构。

3.4.2.3　If…Then…Else If 语句(多分支结构)

语句形式如下:
If〈表达式 1〉Then

〈语句块 1〉

Else If〈表达式 2〉Then

〈语句块 2〉

……

Else

〈语句块 n〉

End If

该语句可以有多个分支,称为多分支结构。多分支结构是这样执行的:先测试〈表达式 1〉,如果值不为 0(True),即条件为真,则执行 Then 后面的〈语句块 1〉;如果〈表达式 1〉的值为 0(False),继续测试〈表达式 2〉的值,如果值不为 0(True),执行 Then 后面的〈语句块 2〉……就这样依次测试下去。只要遇到一个表达式的值不为 0,就执行它对应的语句块,然后执行 End If 后面的语句,而其他语句块都不执行。如果所有表达式的值均为 0,即条件都不成立,则执行 Else 后面的〈语句块 n〉。

3.4.2.4　Select Case 语句(情况语句)

情况语句 Select Case 与 If…Then…Else If 语句块的功能相似,其一般形式如下:

Select Case〈变量〉

Case〈值列表 1〉

〈语句块 1〉

Case〈值列表 2〉

〈语句块 2〉

……

Case〈值列表 n−1〉

[Case Else

〈语句块 n〉]

End Select

Select Case 语句也是用来实现多分支选择的。其中的〈变量〉可以是数值型或字符串型。每个 Case 子句指定的值的类型必须与〈变量〉的类型相同。当变量的值与某个 Case 子句指定的值匹配时,就执行该 Case 子句中的语句块,然后执行 End Select 后面的语句。因此,即使变量同时与多个 Case 子句指定的值相匹配,也只是执行第一个与变量匹配的 Case 子句中的语句块。这一点与 If…Then…Else If 语句相同。Case Else 子句是可选的,如果变量的值与任何一个 Case 子句提供的值都不匹配,则执行 Case Else 子句后面的〈语句块 n〉。

3.4.3　循环结构

重复执行某一程序块称作循环。Visual Basic 提供了多种不同风格的循环结构语句,包括 Do…Loop、While…Wend、For…Next、For Each…Next 等,其中最常用的是 For…Next 语句和 Do…Loop 语句。

3.4.3.1　For 循环语句

For 循环又称"计数循环",常用于循环次数预知的场合。语句格式如下:
For〈循环变量〉=〈初值〉To〈终值〉[Step〈步长〉]
[〈语句块〉]
Next [〈循环变量〉]
说明:

(1)参数〈循环变量〉、〈初值〉、〈终值〉和〈步长〉都是数值型。

(2)〈语句块〉内是一系列 Visual Basic 合法的语句,构成循环体。

(3)步长为可选参数,如果没有指定,则默认值为 1。步长可以为正,也可以为负。若为正,则初值应小于或等于终值;若为负,则初值应大于或等于终值,这样才能保证执行循环体内的语句;若为 0,循环永远不能结束(即出现死循环)。

(4)该语句的执行过程如图 3-1 所示。

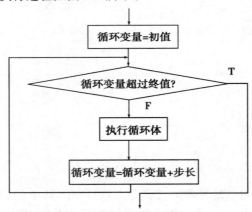

图 3-1　For 循环语句执行过程

①把"初值"赋给"循环变量",仅被赋值一次。

②检查循环变量的值是否超过终值,若是就结束循环,执行 Next 后的下一语句;否则执行一次循环体。

③执行 Next 语句,循环变量的值增加一个步长,转②继续循环。

例 3-1　求 1 到 100 的和。

```
Private Sub Command1_Click()
Dim i As Integer,sum As Integer
sum=0    '给变量 sum 赋初值 0
For i=1 To 100
sum=sum + i    '累加
Next i
Print sum
End Sub
```

3.4.3.2　While 循环结构

While 循环结构用 While…Wend 语句来实现,语句格式如下:

While 〈条件表达式〉

[〈语句块〉]

Wend

语句说明:

(1)"条件表达式"可以是关系表达式、逻辑表达式或数值表达式。如果是数值表达式,值为 0 时为 False,非零值则为 True。

(2)语句的执行过程是:先计算条件表达式的值,若为 True,则执行循环中的语句块,遇到 Wend 语句时返回 While 语句继续判断条件表达式的值,若仍为真,则继续执行语句块,重复上述过程直到条件表达式的值为 False,则退出循环结构,执行 Wend 语句的后续语句。While 循环语句执行过程如图 3-2 所示。

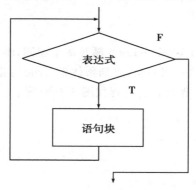

图 3-2　While 循环语句执行过程

（3）如果条件一开始就不成立，则语句块一次也不会被执行。

例如，用 While 循环语句改写例 3-1，程序代码如下：

```
Private Sub Command1_Click()
Dim i As Integer,sum As Integer
sum=0:i=1
While i<=100
sum=sum + i
i=i+1
Wend
Print sum
End Sub
```

3.4.3.3　Do 循 环 结 构

Do 循环结构的形式较灵活，可分为以下几种：

（1）先判断条件的 Do While…Loop 循环

Do While〈条件表达式〉

［〈语句块〉］

Loop

语句执行过程是：先计算条件表达式的值，若为 True，则执行语句块中的语句；若为 False，则退出循环结构。先判断条件的 Do While…Loop 循环执行过程如图 3-3（a）所示。

（2）先判断条件的 Do Until…Loop 循环

Do Until〈条件表达式〉

［〈语句块〉］

Loop

语句执行过程和 Do While…Loop 循环基本相同，唯一不同的是：它在条件表达式为 False 时重复执行语句块，直到条件为 True 时退出循环结构。先判断条件的 Do Until…Loop 循环执行过程如图 3-3（b）所示。

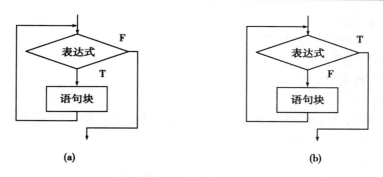

图 3-3　先判断条件的 Do…Loop 循环语句执行过程

（3）后判断条件的 Do…Loop While 循环

Do

　　　［〈语句块〉］

　　Loop While〈条件表达式〉

　　语句执行过程是：首先执行语句块中的语句，然后计算条件表达式，如果条件表达式的值为 True，则继续执行语句块；否则退出循环结构。循环体至少执行一次。后判断条件的 Do…Loop While 循环执行过程如图 3-4(a)所示。

　　（4）后判断条件的 Do…Loop Until 循环

　　　　Do

　　　［〈语句块〉］

Loop Until〈条件表达式〉

　　后判断条件的 Do…Loop Until 循环的执行过程和后判断条件的 Do…Loop循环基本一样，也是先执行后判断，唯一不同的是：它在条件表达式值为假时重复执行语句块，直到条件表达式值为真时退出循环结构。后判断条件的 Do…Loop Until While 循环执行过程如图 3-4(b)所示。

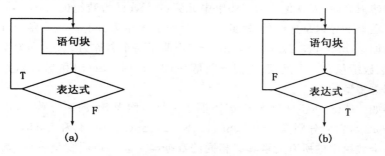

图 3-4　后判断条件的 Do…Loop 循环语句执行过程

(5)无条件循环

无条件循环的格式为：

Do

　　〈语句块〉

Loop

重复执行循环体,循环不会停止,除非在循环体中有 Exit Do 语句或在执行时按下 Ctrl＋Break 键。

3.5　数　组

数组是指具有相同名称和类型的一组变量,数组中的每个变量称为数组元素。由于有了数组,可以用相同名字引用一系列变量,并用索引号(下标)来识别它们。在许多场合,使用数组可以缩短和简化程序。

在 Visual Basic 中,如果没有特别说明,数组元素的下标是从 0 开始的,即第一个元素的下标为 0。在 Visual Basic 中的窗体级或标准模块级中可用 Option Base 1语句重新设定数组的默认下界为 1。

数组分静态数组和动态数组。在定义数组时已确定了数组的大小,称为静态数组。在定义数组时未给出数组的大小,省略了括号中的下标,称动态数组,当要使用它时,随时用 ReDim 语句重新声明数组大小。动态数组是在程序执行到 ReDim 语句时分配存储空间,而静态数组是在程序编译时分配存储空间。

3.5.1　一维数组

在使用数组前必须先声明它,声明数组的一般形式如下：

Dim〈数组名〉(下标)As〈数据类型〉

其中“下标”的一般形式为：[下界] To 上界,用于确定数组中元素的个数。

省略下界时,默认值为 0。数组中元素的个数称为数组的大小。因为数组的元素在上下界内是连续的,因此,一维数组的大小为：(上界－下界)＋1。

例如：“Dim Sc(3 To 6) As Integer”声明了一个名称为 Sc、大小为 4 的一维数组,该数组包含 4 个元素,它们分别是 Sc(3)、Sc(4)、Sc(5)和 Sc(6),并且每个元素都是整型的。

再如：“Dim Sn(5) As String”声明了一个名称为 Sn 的一维数组,该数组包括 6 个元素,它们分别是 Sn(0)、Sn(1)、Sn(2)、Sn(3)、Sn(4)和 Sn(5)。

一个数组中的所有元素具有相同的数据类型。与声明变量一样,如果在声明数组时忽略 As 子句,则数组为变体型。变体型数组的各个元素能够包含不同类型的数据,如字符串、数值等等。在声明了数组后,Visual Basic 会自动为其中的每个元素赋初值。如果是数值型数组,则每个元素的初值都为 0;如果是字符串型数组,则每个元素都将是一个空字符串。

3.5.2　多维数组

声明多维数组的形式如下:

Dim〈数组名〉(下标 1,下标 2,…)As〈数据类型〉

其中下标的形式与一维数组中的下标相同,下标的个数决定了数组的维数。多维数组的大小为每一维的大小乘积,每一维大小为(上界－下界)＋1。

例如:"Dim A(3,3 To 5) As Integer"声明了一个整型二维数组,数组的大小为 4×3＝12。

"Dim B(2,3,4) As String"声明了一个字符串型三维数组,数组的大小为3×4×5＝60。

与变量相同,数组的作用范围也是由其声明方式与声明位置决定的,即:建立全局数组,在模块的声明段用 Public 语句声明数组;建立模块级数组,在模块的声明段用 Private 语句声明数组;建立局部数组,在过程中用 Dim 语句或 Static 语句声明数组。

3.5.3　UBound 和 LBound 函数

使用 UBound 和 LBound 函数可以获取数组的上下界,并据此确定数组的大小。格式如下:

UBound(数组名[,维])　　'取上界

LBound(数组名[,维])　　'取下界

如 Dim a(1 to 50,0 to 20,5 to 10):

LBound(a,1)＝1　　　　UBound(a,1)＝50

LBound(a,2)＝0　　　　UBound(a,1)＝20

LBound(a,3)＝5　　　　UBound(a,1)＝10

3.6　过　程

Visual Basic 程序是由多个过程构成的,这些过程可分为两大类:其中一类是系统提供的事件过程,例如窗体或按钮的 Click 事件过程等。事件过程是构成 Visual Basic 应用程序的主体,由事件触发执行,例如单击按钮,则按钮的 Click 事件过程就会执行。在前面的一些实例中用到的都是事件过程。另一类

过程是通用过程,由用户根据需要自行定义,以供事件过程调用。在程序中,有些处理需要经常重复进行,这些处理的代码是相同的,只不过每次都以不同的参数调用。例如,要将所有测量的角度转换为弧度,这样就可以定义一个角度转换的过程,遇到需要转换的角度,直接调用过程就可以。使用过程的好处就在于使得程序简练,同时也便于程序的设计与维护。通用过程又可以分为 Sub 子过程(简称"子过程")和 Function 函数过程(简称"函数过程")。

3.6.1　使用"添加过程"对话框

为了省去输入子过程框架的麻烦,也可以通过"添加过程"对话框在"代码"窗口中自动添加,步骤如下:

(1)打开想要添加子过程的"代码"窗口。

(2)执行"工具"菜单中的"添加过程"命令,打开"添加过程"对话框。

(3)在"名称"文本框中输入子过程名,在"类型"组中选中"子程序"或函数单选按钮,在"范围"组中选择子过程的作用范围。如果选中"所有本地变量为静态变量"复选框,在子过程名前将加上 Static 关键字。

(4)设置完毕后,单击"确定"按钮,则"代码"窗口中就出现了相应的子过程的框架。

3.6.2　子程序过程

子程序过程也可以直接在"代码"窗口中输入,打开窗体或标准模块的"代码"窗口,将插入点定位在所有现有过程的外面,然后输入子过程即可。

子过程的形式如下:

[Private][Public][Static]Sub〈过程名〉[(参数表)]

〈语句〉

[Exit Sub]

〈语句〉

End Sub

具体说明如下:

Sub 是子过程的开始标记,End Sub 是子过程的结束标记,〈语句〉是具有特定功能的程序段,Exit Sub 语句表示退出子过程。

如果在子过程的前面加上 Private,则表示它是私有过程,其作用范围局限于本模块。如果在子过程的前面加上 Public,则表示它是公用过程,可在整个应用程序范围内调用。可见,子过程的作用域与变量的作用域类似。

在定义了子过程后,就可以在事件过程或其他过程中调用了。调用子过程有两种方法：

使用 Call 语句：Call〈过程名〉（参数表）

直接使用过程名：〈过程名〉[〈参数表〉]

注意：当使用 Call 关键字时，参数表必须放在括号内，若省略 Call 关键字，也必须同时省略括号。

3.6.3　函数过程

函数过程与子过程一样，也用来完成特定功能的独立程序代码。与子过程不同的是，函数过程可以返回一个值给调用程序。函数过程的形式如下：

[Private][Public][Static]Function〈函数名〉[（参数表）][As 类型]

〈语句〉

[Exit Function]

〈语句〉

End Function

可见，函数过程的形式与子过程的形式类似。Function 是函数过程的开始标记，End Function 是函数过程的结束标记，〈语句〉是具有特定功能的程序段，Exit Function 语句表示退出函数过程。As 子句决定函数过程返回值的类型，如果忽略 As 子句，则函数过程的类型为变体型。其他各部分的功能同子过程中相应部分的含义完全相同。

由于函数过程要返回一个值，因此，在过程内部应该至少有一条为函数名（函数名就像一个变量）赋值的语句。

同样，也可以使用"添加过程"对话框在"代码"窗口中添加函数过程的框架，只要在"类型"组中选择"函数"单选按钮即可。

函数过程是用户自定义的函数，它的调用与使用 Visual Basic 的内部函数没有区别，简单的情况是将函数的返回值赋给一个变量，其形式为：

变量名＝函数名（参数表）

3.6.4　参数传递

通常，把自定义过程中的变量称为形参；把调用这个过程时使用的参数称为实参。在调用过程时，必须把实际参数传送给过程，完成形式参数和实际参数的结合。在 Visual Basic 中，参数的传递方式有两种：传址和传值，其中传址也被称为引用，引用方式通过关键字 Byref（可以省略）来实现，是 Visual Basic 默认的参数传递方式。通过引用来传递参数，参数的次序必须和形参的位置次序一致，如果过程中的操作改变了参数的值，同时也将修改传送给过程的变量的值。

传址是指在调用过程时,将实参的地址传递给形参。因此,在被调用的过程体中对形参的任何操作都变成了对实参的操作。

如果在定义过程时,在形参前加上关键字 Byval,则参数传递方式变为传值。传值是指在调用过程时,将实参的值赋给形参,而实参本身与形参没有联系。因此,在被调用过程体中对形参的任何操作都不会影响到实参。

例如:编写子过程 Sw1,该过程采用传址方式传递参数,过程代码如下:

```
Private Sub Sw1(x As Single,y As Single)
x=x+50:y=y*8
print "x=";x,"y=";y
End Sub
```

再编写一个过程体与 Sw1 完全相同的子过程 Sw2,不同的是,Sw2 采用的是传值方式传递参数,过程代码如下:

```
Private Sub Sw2 (Byval x As Single,Byval y As Single)
x=x+50:y=y*8
print "x=";x,"y=";y
End Sub
```

编写窗体的 Click 事件过程,在该过程中使用相同的参数调用子过程 Sw1,代码如下:

```
Private Sub Form_click()
Dim a As Single
Dim b As Single
a=10:b=20
Sw1 a,b                      '调用子过程 Sw1,参数相互对应
print "a=";a,"b=";b
End Sub
```

运行程序,输出结果为:

```
x=60    y=160
a=60    b=160
```

传值过程系统把需要传送的变量复制到一个临时单元中,然后把该临时单元的地址传送给被调用的通用过程。如果上述过程使用相同的参数调用子过程 Sw2,代码如下:

```
Prirate Sub Form-click(  )
Dim a As Single
Dim b As Single
```

```
a＝10：b＝20
Sw2 a,b    '调用子过程 Sw2
print "a＝"a,"b＝"b
End Sub
```

运行程序,输出结果为:

```
x＝60    y＝160
a＝10    b＝20
```

因为子程序 Sw2 采用的是传值的方式,实参 x 和 y 仅仅是将它们的值分别赋给了形参 a 和 b,而 x/y 本身与 a/b 没有任何联系,因此,在过程体中对形参 a 和 b 的操作不会影响到 x 和 y。

3.7　程序调试

程序调试是通过试运行程序发现和修改程序中错误的过程,是程序编制的重要步骤。对于较复杂的程序,这个步骤必须反复进行。程序调试所用的时间甚至多于程序代码编写所用的时间。Visual Basic 中常见的程序错误可分为编译错误、运行错误和逻辑错误 3 类。

3.7.1　常见的程序错误

3.7.1.1　编译错误

编译错误也称为"语法错误",在编写程序时,如果语句不符合 Visual Basic 的语法规则,就会产生这类错误。例如,输入了不正确的关键字、遗漏了某个必需的标点符号、缺少表达式、类型不匹配或者应该配对的语句没有配对等,都会产生编译错误。

在编写代码或运行程序时,很容易检查出这类错误。在编写代码时,Visual Basic 会自动对程序进行语法检查,某些类型的语法错误能够被即时检查出来,并且会弹出一个出错消息框,出错的那一行以高亮度显示。例如,当输入"I＝"后没有接着输入表达式,而是切换到其他行,则会弹出如图 3-5 所示消息框。

图 3-5 "编译错误"消息框

还有一些类型的语法错误,在编写代码时 Visual Basic 检查不出来,例如,If 语句后没有对应的 End If 语句、输入了错误的属性名等。在运行程序时,Visual Basic 将弹出错误消息框,提示用户错误所在。

3.7.1.2　运行错误

运行错误是程序运行时出现的错误。运行时,如果一个语句无法正常完成自己的功能,就会出现这类错误。例如,执行除法操作时除数为 0,或加载一个图片时文件不存在,都将产生错误,出现运行错误时也会弹出一个消息框。

单击"结束"按钮,则结束程序的运行,返回到设计模式;单击"调试"按钮,则切换到中断模式,显示出"代码"窗口,并且出错的语句以高亮度显示,此时可以编辑代码;单击"帮助"按钮,则打开 Visual Basic 的帮助窗口,其中提供了错误说明、错误代号、引发错误的原因以及解决错误的办法等信息。

3.7.1.3　逻辑错误

有时,应用程序的代码完全符合语法要求,运行时也不出现任何错误,但却未出现期望的结果,这表明程序中存在逻辑错误。这类错误是因为代码中存在逻辑上的缺陷而引起的,例如,设置的选择条件不合适、循环次数不当等。逻辑错误最隐蔽,较难发现和排除,程序员的语言功底和编程经验在排除这类错误时很重要。

3.7.2　程序调试的方法

程序调试就是寻找和排除错误的过程,Visual Basic 提供了一套交互式的调试工具,程序开发人员可以借助它们来查找出逻辑错误。为了调试程序的方便,用户可以使用 Visual Basic 的调试工具栏。在默认情况下,Visual Basic 界面上不显示调试工具栏。打开"视图"菜单,指向"工具栏"选项,则弹出"工具栏"子菜单,执行其中的"调试"命令即可打开调试工具栏。

3.7.2.1 设置断点

断点是告诉 Visual Basic 暂停程序执行的一个标记，当程序执行到断点处即进入中断模式，此时可以在"代码"窗口中查看程序内变量、属性的值。在代码中设置断点是常用的一种调试方法。

在 Visual Basic 中，断点的设置有两种办法：

（1）将光标放置在需要设置断点的地方，执行"调试"菜单中的"切换断点"命令或单击调试工具栏中的"切换断点"按钮，即可在该行语句上设置一个断点。

（2）设置断点更简便的办法是：直接在要设置断点的行的左边单击鼠标。设置了断点的行将以粗体显示，并且在该行左边显示一个黑色的圆点，作为断点的标记。在代码中可以设置多个断点。设置完断点后，运行程序，运行到断点处，程序就暂停下来，进入中断模式。这时断点处语句以黄色背景显示，左边还显示一个黄色小箭头，表示这条语句等待运行。把鼠标光标移到各变量处，会显示变量的当前值，如图 3-6 所示。

图 3-6　程序运行到断点处

只要再对设置有断点的行执行一次设置断点的操作，即可清除该行的断点。在需要设置断点的代码行前面添加一个 Stop 语句，也能起到断点的作用，在程序运行遇到 Stop 语句时，就会暂停下来。使用 Stop 语句比设置断点更灵活，例如,可以让某个循环在循环指定次数后停止执行,进入到中断模式。查找程序中的错误所在并不那么容易,有时需要一条语句一条语句地执行或者反复执行某段代码来检查错误所在,这些方法被称为跟踪程序的运行。

3.7.2.2　"逐语句"跟踪

"逐语句"执行代码就是一条语句一条语句地执行代码,每执行一条语句后,就暂停下来,为程序调试者提供分析判断的机会。

进入"逐语句"方式跟踪程序执行的具体办法是:执行"调试"菜单中的"逐语句"命令,或单击调试工具栏里的"逐语句"按钮,也可以使用快捷键 F8。最常用的方法还是使用快捷键 F8,每按一次 F8 键,程序就执行一条语句,调试者可以观察代码的流程和语句的执行情况。

3.7.2.3　"逐过程"跟踪

如果要调试的程序调用了别的过程,而被调用过程已经经过了调试,确保能正确执行,那么在调试这个程序时,若使用"逐语句"去跟踪就会在调用时到被调用过程里去一句句地执行,这显然没有必要。这时最好的办法是采用"逐过程"跟踪,把被调用过程当作一条语句处理。如果在事件过程中没有调用其他过程,则"逐过程"跟踪与"逐语句"跟踪相同。

进入"逐过程"方式跟踪程序执行的具体办法是:执行"调试"菜单中的"逐过程"命令,或单击调试工具栏里的"逐过程"按钮,也可以使用快捷键 Shift+F8。

当使用逐语句跟踪进入被调用过程后,如果从开始的几条语句就断定出该过程没有问题,可以执行"调试"菜单中的"跳出"命令,从当前的过程中提前跳出,去执行过程调用者的下一条语句。单击调试工具栏中的"跳出"按钮或使用快捷键 Ctrl+Shift+F8 也可以跳出被调用的过程。

3.7.2.4　运行到光标处

在对程序进行跟踪时,总是要一条语句一条语句地执行,这样有时显得较繁琐。对于不感兴趣的代码部分可以略过,方法是:首先将光标插入到需要停止运行的某行语句中,然后执行"调试"菜单中的"运行到光标处"命令,则程序运行到光标处就会中断运行。这时,调试者可以逐语句或逐过程执行后面的代码。"运行到光标处"命令的快捷键是 Ctrl+F8。

3.7.2.5　设置下一条语句

在前面的调试过程中,尽管可以随时中断程序的执行,但程序还是以正常的流程运行的。例如,按 F8 键逐语句执行代码时,在代码的左边会有一个黄色的箭头随着移动,该箭头的移动次序就是程序的执行流程,黄色箭头所指向的语句为下一条要执行的语句。

有时,在更改了某变量或属性的值后,希望重新执行代码的某部分来观察更改后的运行结果,这时,可以人为地指定下一条要执行的语句。

指定下一条要执行的语句的方法是:首先将光标插入到要设置为下一条语句的行,然后执行"调试"菜单中的"设置下一条语句"命令,则黄色箭头就会指向光标所在的语句行。此时,运行程序,就会从该行语句开始执行。

设置下一条语句最方便的办法是:将鼠标指针移动到黄色箭头上,然后拖动鼠标将黄色箭头拖动到指定的位置。

3.7.2.6　监视窗口

在程序调试过程中,可利用立即窗口、本地窗口和监视窗口观察各变量和表达式的值的变化情况。这些信息能够为调试者提供分析依据,从而作出正确的判断。在中断模式下,利用立即窗口不仅能输出变量或属性的值,还能改变它们的值。监视窗口用来显示监视表达式的值,在使用该窗口前,需要事先添加要监视的表达式。

一个好的应用程序,不仅体现在它的功能强大与容易操作,还体现在它良好、完善的错误处理能力。在编写程序时,要充分考虑到程序运行时可能会遇到的错误。一般的应用程序都会在运行时捕捉到错误,并且给出提示,很多情况下,调试程序的过程会比程序编写的过程更为困难。几乎每一个稍微复杂一点的程序都必须经过反复的调试、修改,最终才完成。所以说,程序的调试是编程中的一项重要技术。

习题

1. 在 Visual Basic 中,顺序文件的读写操作如何实现?
2. 简述分支控制结构的语句及循环控制结构的语句。
3. 编写程序,把下列数据输入一个二维数组中:

```
26   38   70   82
15   29   55   38
56   91   67   19
46   77   28   86
```

然后执行以下操作：

（1）输出矩阵对角线上的数；

（2）分别输出各行和各列的和；

（3）交换第 1 行和第 3 行的位置，并将交换后的矩阵输出到文件。

4.编写一个过程，用来计算并输出下式的值。

$$S=1+2+3+\cdots+\frac{1}{100}$$

5.利用 CORS 进行测量，共测了 3 个点，每点测量 5 次，测量数据如下，试编写程序求出坐标和高程的平均值：

KZD1

1,　4045379.092, 481010.756, 53.826

2,　4045379.094, 481010.788, 53.831

3,　4045379.091, 481010.772, 53.832

4,　4045379.099, 481010.775, 53.826

5,　4045379.093, 481010.775, 53.826

KZD2

6,　4045457.822, 480718.464, 54.666

7,　4045457.816, 480718.469, 54.665

8,　4045457.817, 480718.469, 54.667

9,　4045457.808, 480718.469, 54.666

10, 4045457.811, 480718.465, 54.670

KZD3

11, 4044910.022, 480651.055, 52.527

12, 4044910.008, 480651.046, 52.526

13, 4044910.006, 480651.041, 52.528

14, 4044910.007, 480651.057, 52.523

15, 4044910.011, 480651.060, 52.523

第四章　简单测量应用程序设计

从本章开始将讲述测量程序设计的算法和程序实现过程,先通过简单的测量程序理解程序设计的过程,再讲述理论和算法较为复杂的程序。简单的 Visual Basic应用程序可以只包含一个窗体。由于本书所介绍的程序较多,故通过多重窗体(Multi-form)来实现,将功能相近的程序放在同一窗体中。在多重窗体程序中,每个窗体都有自己的界面和程序代码,完成不同的操作。本书将所有涉及的测量程序放置在一个工程之中,工程命名为"测量应用程序"。

4.1　建立多重窗体的应用程序

在保存多重窗体程序时,每个窗体都要作为一个文件保存,所有窗体作为一个工程文件保存。利用工程资源管理器,可以对任一窗体及其代码进行编辑修改。在多窗体程序中,需要打开、关闭、隐藏和显示指定窗体,可以通过相应的语句和方法实现。窗体操作语句简单介绍如下:

(1)Load 语句

Load 语句把一个窗体装入内存,执行 Load 语句,可以引用窗体中的控件和各种属性,但此时窗体没有显示出来。

(2)Unload 语句

Unload 语句清除内存中指定的窗体。

(3)Show 方法

Show 方法用来显示一个窗体,使用"窗体名称. Show"模式,窗体名称为窗体的 name 属性。Show 方法兼有装入和显示窗体两种功能。

(4)Hide 方法

Hide 方法使窗体隐藏,即不在屏幕显示,但仍在内存中。

对于本书的示例工程"测量应用程序",在开始进行程序编码之前,先建立封面窗口,程序运行时,通过启动过程 Sub main 指定首先启动封面窗体。Sub main 过程在标准模块中建立,一个工程只能有一个 Sub main 过程。建立封面窗口的过程如下:

(1)在工程中添加一个窗体,其 name 属性命名为"frm1fm",其 caption 属性命名为"山东交通学院测量程序"。

(2)在封面窗体中添加一个图像框 image1,利用其 picture 属性将封面图片装入(也可在运行期间将图片装入),将图片显示区域调整为充满图像框。

(3)在封面窗体中添加三个标签,其 caption 属性分别改为"欢迎使用测量程序""山东××学院   土木工程学院"和"宋雷   编制",并将标签的 backstyle 属性改为 0-transparentent,目的是使标签透明。封面窗体如图 4-1 所示。

图 4-1   封面窗体

(4)在工程中建立标准模块,在标准模块中建立 Sub main 过程。本例的 Sub main 过程如下:

```
Sub main(    )
    frm1fm. Show    '启动并显示封面窗体
    frm1fm. WindowState=2  '最大化封面窗体
    frm1fm. Image1. Picture=LoadPicture("f:\clcxsj\fm1.jpg")
    frm1fm. Image1. strech=True
    frm1fm. SetFocus   '封面窗体获得焦点
End Sub
```

封面窗体建立之后,下一步是建立程序主窗体。在工程中添加一个窗体,命名为"frm2main",利用菜单编辑器建立如图 4-2 所示的界面,并在封面的窗体模块中加入 Sub Image1_Click()过程,该过程在单击封面时运行。

Private Sub Image1_Click()

    Unload frm1fm

    Load frm2main

    frm2main. Show

    frm2main. WindowState=2

    frm2main. SetFocus

End Sub

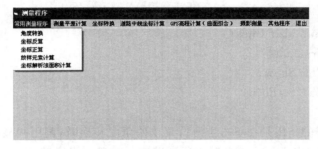

图 4-2　程序主窗体

至此,封面窗体和程序主窗体就建立完成了,接下来可以针对菜单中相应的项编写程序代码,使程序实现相应的功能。

4.2　角度换算

角度换算程序算法较为简单,通过设计这个简单的程序,主要学习窗体建立、控件使用、文件操作和子函数程序的编制与使用等内容。

利用经纬仪或者全站仪进行角度测量一般采用全圆周为 360°的度分秒制。在 Visual Basic 程序计算过程中,三角函数和反三角函数需要采用弧度制计算,在计算结果输出时,度分秒制符合人们的习惯,也方便外业作业,但是 Visual Basic 语言没有角度换算的内部函数可以应用,需要自行编写程序进行角度的度分秒和弧度之间的换算。

4.2.1　角度的换算关系

角度的换算关系为:

$1° = 60'$　　$1' = 60''$　　$1° = 3600''$

$1' = 1/60°$　　$1'' = 1/60'$　　$1'' = 1/3600°$

1 弧度＝180°/π＝57.2957795130823°

1 弧度＝(180°/π)×60′＝3437.746766667′

1 弧度＝(180°/π)×3600″＝206264.806″

其中,圆周率 π 取为 3.14159265358979。

4.2.2　角度换算窗体的建立

首先,右击工程资源管理器的窗体栏,选择"添加窗体",新窗体 name 属性改为"frm3jdhs",caption 属性改为"角度换算"。在主窗体模块中添加如下代码:

```
Private Sub jdzh_Click()
    Load frm3jdhs
    frm3jdhs. Show
    frm3jdhs. SetFocus
End Sub
```

该段代码的作用是在单击主窗口菜单的角度转换时,调用并显示角度换算窗口,程序中 jdzh 为建立菜单时为角度转换子菜单项设定的 name 属性。接下来,向 frm3jdhs 窗体中添加三个标签、两个文本框和四个命令框按钮控件。角度换算程序窗口如图 4-3 所示。

图 4-3　角度换算程序窗口

4.2.3　角度换算

角度换算窗体建立,控件也布置完成后,下一步是向角度换算窗体模块中输入代码。代码及说明如下：

```
Private Sub Form_Load()
    Text1. Text＝""：Text2. Text＝""
End Sub
```

该段代码的作用是角度换算窗体每次调用前，两个文本框的内容先清零。窗体中包含四个命令框按钮，其 name 属性分别为 Command1、Command2、Command3 和 Command4。name 属性可以重新命名，也可以使用默认的名称。其 caption 属性分别改为"弧度转算角度""角度转算弧度""文件弧度转算角度"和"文件角度转算弧度"。caption 属性可以在属性窗口修改，也可以在运行时修改。四个命令框按钮分别对应以下程序代码：

4.2.3.1　弧度转算角度

角度换算窗口右侧上面的命令按钮的 name 属性使用默认的 Command1，caption 属性为弧度转算角度。需要注意的是，在运行该段程序前，应将欲转换为角度的弧度值键入相应的文本框。单击该命令按钮，以下程序段运行。

```
Private Sub Command1_Click(  )        '弧度转算度分秒
    Dim hd♯,jd♯,JD1♯,JD2♯,JD3♯,jd4♯
    Const PI＝3.14159265358979
        hd＝Text1. Text
        jd＝hd ＊ 180♯ ／ PI
        JD1＝Fix(jd)
        JD2＝(jd － JD1) ＊ 60♯：JD3＝Fix(JD2)
        jd4＝(JD2 － JD3) ＊ 60♯
        jd＝JD1 ＋ JD3 / 100♯ ＋ jd4 / 10000♯
    Text2. Text＝jd
End Sub
```

运行该段代码，从 Text1 文本框读取弧度值，转换为角度并将结果显示在 Text2 文本框。

4.2.3.2　角度转算弧度

角度换算窗口右侧下面的命令按钮的 name 属性使用默认的 Command2，caption 属性为角度转算弧度。在运行该段程序前，应将欲转换为弧度的角度值键入相应的文本框。单击该命令按钮，以下程序段运行。

```
Private Sub Command2_Click(  )        '度分秒转算弧度
```

```
Dim JD1＃,JD2＃,JD3＃
Dim jd＃,hd＃
Const PI＝3.14159265358979
  jd＝Text2.Text
  JD1＝Fix(jd)
  JD2＝Fix((jd － JD1) * 100＃)
  JD3＝(jd － JD1 － JD2 / 100＃) * 10000＃
  hd＝JD1 ＋ JD2 / 60＃ ＋ JD3/3600＃
  hd＝hd * PI / 180＃
  Text1.Text＝hd
End Sub
```

单击"角度转算弧度"命令按钮时,运行该段代码,从 Text2 文本框读取角度,转换为弧度值显示在 Text1 文本框。

4.2.3.3　文件弧度转算角度

对于单个角度的转换,可采用文本框的方式,如果需要对较多的角度进行批量计算,应采用文件操作方式,从文件中读取数据,再将计算结果写入相应的文件中。

下面通过文件操作实例将弧度转换为度分秒,首先将弧度表示的角度值按给定格式保存在文件 hd.txt 中,其格式如下:

弧度,1.591706826

弧度,1.567987316

弧度,3.288524651

弧度,0.997735405

弧度,6.221260541

弧度,5.641006438

程序编码首先进行变量定义,变量定义完成之后,进行文件操作,打开 d 盘上的原始数据文件 hd.txt(运行程序之前,先把文件放在相应的位置),进行读操作;再打开(如果该文件不存在,则重建该文件)结果文件 jdresult.txt,将结果写入。如果数据较多,数据个数并不确定,设置一个 While…Wend 循环,对行数据进行读取,对读取的数据进行计算,结果写入文件中,最后关闭文件。程序代码为:

```
Private Sub Command3_Click(  )        '弧度转度分秒
  Dim JD1＃,JD2＃,JD3＃,jd4＃
```

```
Dim hd$ ,Deg# ,JD#
Const PI=3. 14159265358979
Open"d:\hd. txt"For Input As #1
Open"d:\jdresult1. txt"For Output As #2
While Not EOF(1)
  Input #1,hd$ ,JD
    Deg=JD * 180# / PI
    JD1=Fix(Deg)
    JD2=(Deg - JD1) * 60# : JD3=Fix(JD2)
    jd4=(JD2 - JD3) * 60#
Print #2,"弧度:"; JD;"度分秒:"; JD1; "°"; Format$ (JD3,"00");"′";
Format$ (jd4,"00.000");""″"
  Wend
  Close #1,#2
  Text1. Text="程序运行完毕!!"
End Sub
```

程序运行完成后,在 d 盘建立文件 jdresult. txt,其文件内容为:

弧度:1.591706826 度分秒:91°11′53.100″

弧度:1.567987316 度分秒:89°50′20.600″

弧度:3.288524651 度分秒:188°25′06.900″

弧度:0.997735405 度分秒:57°09′57.700″

弧度:6.221260541 度分秒:356°27′07.100″

弧度:5.641006438 度分秒:323°12′21.100″

4.2.3.4 文件角度转算弧度

利用文件操作将度、分和秒表示的角度转算为弧度的过程与文件弧度转算角度相似,首先,应将度、分和秒表示的角度值按给定格式保存在文件 Jd. txt中,其格式如下:

91°11′53.1″

89°50′20.6″

188°25′06.9″

57°09′57.7″

356°27′07.1″

323°12′21.1″

　　程序编码首先进行变量定义,然后对文件操作,打开原始数据文件"d:\ jd. txt"(运行程序之前,先把文件放在相应的位置),进行读操作;再打开(如果该文件不存在,则重建该文件)结果文件 hdresult. txt,将结果写入。

　　原始数据文件打开之后,设置一个 Do While… Loop 循环,NOT EOF(1)表示从输入流读取数据,如果到达文件♯1末尾(遇到文件结束符),EOF(1)函数值为非零值(表示真),NOT EOF(1)为 0(表示假),结束循环。由于文件中包含特殊符号(°′″),数据不方便逐个读取,故采用行读取的方式进行,每行的所有字符读入字符串变量,再分别将度、分和秒按其所在位置利用字符串函数进行变量分离,计算得到以十进制小数表示的角度值,再转算为弧度。程序代码为:

```
Private Sub Command4_Click(  )        '度分秒转算弧度
Dim Jd1♯,Jd2♯,Jd3♯
Dim jd$,Deg♯
Const pi=3. 14159265358979
Open"d:\jd. txt"For Input As ♯1
Open"d:\hd. txt"For Output As ♯2
  Do While Not EOF(1)
    Line Input ♯1,jd$
    Jd1=Val(Left(jd$,3))
    Jd2=Val(Mid(jd$,6,2))
    Jd3=Val(Mid(jd$,9,4))
    Deg=Jd1 + Jd2 / 60♯ + Jd3 / 3600♯
    Deg=Deg * pi / 180♯
  Print ♯2," 度 分 秒:"; jd$,"弧度:"; Format$(Deg," ♯ ♯
0.000000000")
  Loop
  Close ♯1,♯2
    Text1. Text="程序运行完毕!!"
End Sub
```

程序运行完成后,在 d 盘建立文件 hdresult. txt,其文件内容为:
度分秒:91°11′53.1″　弧度:1.591706826
度分秒:89°50′20.6″　弧度:1.567987316
度分秒:188°25′06.9″　弧度:3.288524651
度分秒:57°09′57.7″　弧度:0.997735405
度分秒:356°27′07.1″　弧度:6.221260541

度分秒：323°12′21.1″　弧度：5.641006438

4.2.4　角度转换子函数

外业测量的角度值为度分秒形式，但在程序计算过程中，必须转算为弧度进行三角函数计算。在放样元素计算等过程中，计算得到的弧度值也要转算为度分秒输出，以供外业测量使用。测量程序中，经常遇到角度转换问题，多个不同的事件过程可能都需要使用一段相同的程序代码，可以把这一段代码独立出来，作为一个过程，这样的过程叫通用过程，它可以单独建立，供事件过程和其他通用过程调用，以减少代码的冗余。

4.2.4.1　度分秒转算弧度子函数

度分秒转算弧度子函数名称为 Deg()，参数 Jd1 为度，Jd2 为分，Jd3 为秒，按传址方式传递，函数返回值为对应弧度值。

```
'* * * * * * * * * * * * * * * * * * * * * * * * * * * * * * * *
Rem 功能：度分秒转算弧度子函数
Rem 参数：Jd1 为形式参数"度"；Jd2 为形式参数"分"；Jd3 为形式参数"秒"
Rem 参数：Deg 为输出弧度值
'* * * * * * * * * * * * * * * * * * * * * * * * * * * * * * * *
Public Function Deg(Jd1 As Double,Jd2 As Double,Jd3 As Double)
As Double
    Const PI=3.14159265358979
    Deg=Jd1 + Jd2 / 60# + Jd3 / 3600#
    Deg=Deg * PI / 180#
End Function
```

4.2.4.2　弧度转算度分秒子函数

弧度转算度分秒子程序名称为 Dms()，参数 hd 为弧度值，按传址方式传递给子程序。函数返回值为对应度分秒值，参数 Jd1 为度，Jd2 为分，Jd3 为秒，弧度转度分秒程序编制子过程程序代码如下：

```
'* * * * * * * * * * * * * * * * * * * * * * * * * * * * * * * *
Rem 功能：弧度转算为度分秒子函数
Rem 参数：Jd 为形式参数弧度；Dms 为输出以小数形式表示的度分秒角度
```
值，如：179°30′29.9″输出为 179.30299

```
'* * * * * * * * * * * * * * * * * * * * * * * * * * * * * * *
Public Function Dms(jd As Double) As Double    '弧度换算度分秒
    Dim JD1♯,JD2♯,JD3♯,jd4♯
    Const PI=3.14159265358979
    jd=jd * 180♯ / PI
    JD1=Fix(jd)
    JD2=(jd - JD1) * 60♯
    JD3=Fix(JD2)
    jd4=(JD2 - JD3) * 60♯
    Dms=JD1 + JD3 / 100♯ + jd4 / 10000♯
End Function
```

以上为公有的将角度换算为度分秒形式的函数过程,Function 是函数过程的开始标记,End Function 是函数过程的结束标记,As 子句决定函数过程返回值的类型。由于角度换算度分秒是很多程序中要执行的公共代码,故可将函数过程存放于标准模块中。由于函数过程为公有过程,所以窗体模块也可以直接调用该函数。

4.3　坐标反算

坐标反算是根据直线的起点和终点坐标,计算直线的水平距离和坐标方位角。由坐标纵轴方向的北端起,顺时针量到直线间的夹角,称为该直线的坐标方位角,常简称"方位角"。控制网概算和平差、工程测量放样元素计算等经常用到坐标方位角。在测量程序设计中,也可以编制由坐标计算边长和坐标方位角的子过程,便于程序设计中调用。

4.3.1　问题分析

Visual Basic 语言中只有反正切内部函数,而没有反正弦和反余弦函数,如果要采用反正弦和反余弦函数计算方位角,需要按以下两式计算:

$$\arcsin x = \arctan \frac{x}{\sqrt{1-x^2}} \tag{4-1}$$

$$\arccos x = \arctan \frac{1-x^2}{\sqrt{x}} \tag{4-2}$$

这里只讨论应用反正切函数由两点坐标计算方位角的程序编制过程。应用反正切函数由两点坐标计算方位角的过程中,为防止分母为零而计算发生溢出,可采用分母加一个足够小的数的办法。由于分母加一个足够小的数后,对所计算角度的影响小于千分之一秒,这个影响远小于测量过程中角度测量所达到的精度,对于工程测量计算几乎没有影响,可大大有利于编程计算。坐标方位角的取值范围为 $0°\sim360°$,采用反正切函数计算坐标方位角的公式为:

$$A = 180 - \mathrm{sgn}(\mathrm{d}y) \times 90 - \arctan\left(\frac{\mathrm{d}x}{\mathrm{d}y}\right) \times 57.29577951308 \tag{4-3}$$

当 $\mathrm{d}x>0,\mathrm{d}y\geqslant0$ 时,坐标方位角在第一象限;当 $\mathrm{d}x>0,\mathrm{d}y<0$ 时,坐标方位角在第四象限;当 $\mathrm{d}x=0,\mathrm{d}y>0$ 时,坐标方位角为 $90°$;当 $\mathrm{d}x=0,\mathrm{d}y<0$ 时,坐标方位角为 $270°$。由于在计算过程中,$\mathrm{d}y$ 加一个足够小的数,所以计算的坐标方位角只能非常接近 $0°$ 和 $180°$。

4.3.2 程序编制

4.3.2.1 数据格式

坐标反算采用文件操作方式,每行数据给出直线的起点和终点的坐标,依次为:起点名,X 坐标,Y 坐标,高程,终点名,X 坐标,Y 坐标,高程,数据形式如下:
RB9,3841704.621,522815.316,32.691,RB10,3841445.926,522817.536,36.653
RB10,3841445.926,522817.536,36.653,RB11,3841363.387,522957.368,37.297
RB11,3841363.387,522957.368,37.297,PB1,3844188.952,522313.972,35.046
……

4.3.2.2 程序代码编写

程序编码首先进行变量定义,变量定义完成之后,进行文件操作,打开 d 盘上的原始数据文件 data3.txt(运行程序之前,先把文件放在相应的位置),进行读操作;再打开(如果该文件不存在,则重建该文件)结果文件 result3.txt,将结果写入。

设置一个 Do While…Loop 循环,NOT EOF( )表示从输入流读取数据,括号内为读取的文件号,如果到达文件末尾(遇到文件结束符),EOF( )函数值为非零值(表示真),NOT EOF(1)为 0(表示假),结束循环。计算得到以十进制小数表示的方位角度值,再通过调用角度换算度分秒的子函数 Dms 化为度分秒的形式。以下为度分秒转算弧度程序代码:

```
Private Sub zbfs_Click()
    Dim x1#,y1#,x2#,y2#,dx#,dy#,s#,jd#,B#
    Dim dh1$,dh2$,GC$
```

```
Const PI=3.14159265358979
Open"d:\data3.txt"For Input As #1
Open"d:\result3.txt"For Output As #2
Do While Not EOF(1)
    Input #1,dh1,x1,y1,GC,dh2,x2,y2,GC
    dx=x2 - x1
    dy=y2 - y1 + 0.0000001
    s=Sqr(dx * dx + dy * dy)
    jd=180 - Sgn(dy) * 90 - Atn(dx / dy) * 57.29577951308
    jd=jd * PI / 180 #:
    jd=Dms(jd)
    Print #2,dh1,dh2,Format $ (jd,"# #0.000000"),Format $ (s,"# #
0.0000")
Loop
Close #1,#2
Text1.Text="程序运行完毕!!"
End Sub
```

4.3.2.3　程序运行结果

```
RB9   RB10   179.302997   258.7045
RB10  RB11   120.330788   162.3751
RB11  PB1    347.101982   2897.8916
```

第一行的结果表示为以 RB9 为起点,以 RB10 为终点的直线的坐标方位角,值为 179°30′29.97″,其他行含义相同。

4.3.3　坐标方位角计算通用过程

由于测量程序设计中经常要进行坐标方位角的计算,故可将坐标方位角计算编制成通用过程,供其他程序调用,通用过程为:

```
'* * * * * * * * * * * * * * * * * * * * * * * * * * * * * * * * *
Rem 功能:坐标方位角计算
Rem 参数:x1,y1,x2,y2 分别为输入的第一、二点坐标值(双精度型)
Rem 功能:输出参数 Jd 为弧度制的坐标方位角
'* * * * * * * * * * * * * * * * * * * * * * * * * * * * * * * * *
Public Sub zbfwj(x1 #,y1 #,x2 #,y2 #,jd #,s #)'坐标方位角计算
```

```
Dim dx#,dy#,s#,B#
Dim dh$,GC$
Const PI=3.14159265358979
dx=x2 − x1
dy=y2 − y1 + 0.0000001
s=Sqr(dx * dx + dy * dy)
jd=180 − Sgn(dy) * 90 − Atn(dx / dy) * 57.29577951308
jd=jd * PI / 180#
End Sub
```

4.4　坐标正算

　　根据直线的起点坐标、直线的水平距离以及坐标方位角来计算目标点的坐标的过程叫坐标正算。坐标正算既可以计算按角度和距离测量的点坐标,也可以用于导线测量的概略坐标计算。单导线和导线网平差都需要计算近似坐标。计算近似坐标的目的有两个:一是满足概算的要求;二是在坐标平差中,将观测值和坐标的非线性函数展开为线性函数,得到观测值方程式。

4.4.1　计算方法

　　如图 4-4 所示,已知 A、B 两点的坐标,以点 B 为测站,后视 A 点,观测得到方向观测值 b 和边长 S ,根据观测数据计算点 C 的近似坐标可按以下几个步骤进行:

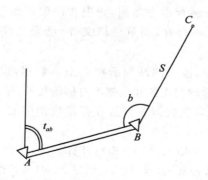

图 4-4　坐标正算和放样元素计算示意图

(1)根据 A、B 两点的坐标计算坐标方位角 t_{ab}。

(2)由 t_{ab} 和观测角度 b 计算 BC 边的坐标方位角 t_{bc},计算公式为:

$$t_{bc} = t_{ab} + b - 180° \tag{4-4}$$

在式(4-4)中,如果 $t_{bc} > 360°$,则 $t_{bc} = t_{bc} - 360°$;如果 $t_{bc} < 0°$,则 $t_{bc} = t_{bc} + 360°$。

(3)C 点坐标的计算公式为:

$$x_C = x_B + S \times \cos(t_{bc}) \tag{4-5}$$

$$y_C = y_B + S \times \sin(t_{bc}) \tag{4-6}$$

4.4.2　程序编制

程序编制采用文件操作的方式,从文件中读取数据,将计算结果再写入文件。约定数据格式为:第一行为测站名称、测站 X 坐标和测站 Y 坐标;第二行为后视点名称、后视点 X 坐标和后视点 Y 坐标;其他行依次给出所测量的距离和角度,距离单位为米(如 200.112 为 200.112m),角度格式为度分秒(如 271.55028 为 271°55′02.8″),计算所测点的坐标,将数据文件建立在 d 盘的 data4.txt 文件中,数据格式约定如下:

测站坐标 G1,3861492.317,39636474.042

后视坐标 G13,3861619.580,39636599.439

点 B1,200.112,271.55028

点 B3,400.241,271.59199

点 B4,438.086,294.04055

程序编码首先进行变量定义,变量定义完成之后,进行文件操作,打开原始数据文件 d:\data4.txt(运行程序之前,先把文件放在相应的位置),进行读操作;再打开(如果该文件不存在,则重建该文件)结果文件 result4.txt,将结果写入。

文件操作完成之后,读入测站和后视点坐标数据,设置一个 Do While…Loop 循环,在程序中,除调用正弦和余弦等内部函数外,还调用了将角度化为弧度的子函数过程 DEG(),其代码是存放在标准模块中的。坐标正算程序代码如下:

```
Private Sub zbzs_Click( )        '坐标计算
    Dim x1#,y1#,x2#,y2#,l#,s#,jd#,jd1#,jd2#,jd3#,B#
    Dim t1#,t2#,dx#,dy#,x3#,y3#
    Dim dh$,GC$
    Const PI=3.14159265358979
```

```
Open"d:\data4. txt" For Input As ♯1
Open"d:\result4. txt" For Output As ♯2
    Input ♯1,dh,x2,y2：Print ♯2,dh,x2,y2
    Input ♯1,dh,x1,y1：Print ♯2,dh,x1,y1
Do While Not EOF(1)
    Input ♯1,dh,l,jd
    dx=x2 - x1
    dy=y2 - y1 + 0.0000001
    s=Sqr(dx * dx + dy * dy)
    t1=180 - Sgn(dy) * 90 - Atn(dx / dy) * 57.29577951308
    jd1=Fix(jd)：jd2=Fix((jd - jd1) * 100)：jd3=((jd - jd1) * 100 ♯
- jd2) * 100
    B=Deg(jd1,jd2,jd3) * 180 / PI
    t2=t1 + B - 180
    If t2>360 Then t2=t2 - 360
    If t2<0 Then t2=t2 + 360
    t2=t2 * PI / 180
    x3=x2 + l * Cos(t2)
    y3=y2 + l * Sin(t2)
    Print ♯2,dh,l,jd,Format $ (x3,"♯♯♯♯♯♯♯.0000"),Format
$ (y3,"♯♯♯♯♯♯♯.0000")
Loop
    Close ♯1,♯2
    Text1. Text="程序运行完毕!!"
End Sub
```

4.4.3　计算结果

　　程序运行结束后,自动在 d 盘建立 result4. txt 文件,并将结果保存在该文件中。程序运行结果为：

测站坐标 G1　3861492.317　39636474.042

后视坐标 G13　3861619.58　39636599.439

点 B1　200.112　271.55028　3861637.4594　39636336.2795

点 B3　400.241　271.59199　3861782.9574　39636198.8674

点 B4　438.086　294.04055　3861900.3251　39636314.5153

4.5　放样元素计算

放样是把设计图纸上工程建筑物的平面位置和高程,用一定的测量仪器和方法测设到实地上去的测量工作,也称"施工放线"。公路、管线、桥梁和水电站等工程测量都需要进行施工放样工作。利用全站仪放样需要计算放样距离和角度等元素。

4.5.1　计算方法

如图 4-4 所示,已知 A、B 两点的坐标,将全站仪架设在 B 点,对中整平,后视 A 点,通过角度 b 和距离 S 进行放样,所以放样前需要计算放样元素 b 和 S。放样元素计算可按以下几个步骤进行:

(1)求 B、C 两点之间距离,具体公式为:

$$S = \sqrt{(x_C - x_B)^2 + (y_C - y_B)^2} \tag{4-7}$$

(2)首先根据 A、B 和 C 点坐标,计算坐标方位角 t_{bc} 和 t_{ab},再根据 t_{bc} 和 t_{ab} 计算放样元素角 b,具体公式为:

$$b = t_{bc} - t_{ab} + 180° \tag{4-8}$$

在式(4-8)中,如果 $b > 360°$,则 $b = b - 360°$;如果 $t_{bc} < 0°$,则 $b = b + 360°$。

4.5.2　程序代码及实例计算

程序编制采用文件操作的方式,约定数据格式为:第一行为测站名称、测站 X 坐标和测站 Y 坐标;第二行为后视点名称、后视点 X 坐标和后视点 Y 坐标;其他行依次给出所放样点位的 X 坐标和 Y 坐标,将数据文件建立在 d 盘的 fyd. txt 文件中,数据格式约定如下:

测站坐标 G1,3861492.317,39636474.042
后视坐标 G13,3861619.580,39636599.439
点 B1,3861637.4594,39636336.2795
点 B3,3861782.9574,39636198.8674
点 B4,3861900.3251,39636314.5153

程序编码首先进行变量定义,然后打开相关文件(运行程序之前,先把原始数据文件放在相应的位置)。文件操作完成之后,读入数据,设置一个 While…Wend 循环进行逐点计算,程序读取到文件结束,关闭文件,程序结束。程序代码如下:

```
Private Sub fyjs_Click()
```

```
Dim x1＃,y1＃,x2＃,y2＃,s＃,jd＃,B＃
Dim t1＃,t2＃,dx＃,dy＃,x3＃,y3＃
Dim dh＄,GC＄
Const PI＝3.14159265358979
    Open"d:\fyd.txt" For Input As ＃1
    Open"d:\result.txt" For Output As ＃2
    Input ＃1,dh,x2,y2：Print ＃2,dh,x2,y2
    Input ＃1,dh,x1,y1：Print ＃2,dh,x1,y1
    While Not EOF(1)
      Input ＃1,dh,x3,y3
      '求坐标方位角
      dx＝x2－x1
      dy＝y2－y1＋0.0000001
      t1＝180 － Sgn(dy) * 90 － Atn(dx / dy) * 57.29577951308
      '* * * * * * * * * * * * * * * * * * * * * * * * * *
      dx＝x3 － x2
      dy＝y3 － y2 ＋ 0.0000001
      t2＝180 － Sgn(dy) * 90 － Atn(dx / dy) * 57.29577951308
      '* * * * * * * * * * * * * * * * * * * * * * * * * *
      jd＝t2 － t1 ＋ 180
      If jd＞360 Then jd＝jd － 360
      If jd＜0 Then jd＝jd ＋ 360
      s＝Sqr(dx * dx ＋ dy * dy)
      jd＝jd * PI / 180＃
      jd＝Dms(jd)
      Print ＃2,dh,Format＄(s,"＃＃＃＃＃＃.0000"),Format＄(jd,
"＃＃＃＃.0000000"),x3,y3
    Wend
  Close ＃1,＃2
Text1.Text＝"程序运行完毕!!"
End Sub
```

4.5.3　计算结果

程序运行结束后,自动在 d 盘建立 result.txt 文件,并将结果保存在该文件

中。程序运行结果为:

测站坐标 G1　3861492.317　39636474.042

后视坐标 G13　3861619.58　39636599.439

点 B1　200.1120　271.5502759　3861637.4594　39636336.2795

点 B3　400.2411　271.5919895　3861782.9574　39636198.8674

点 B4　438.0860　294.0405489　3861900.3251　39636314.5153

4.6　用坐标解析法计算面积

地籍测量是为获取和表达地籍信息所进行的测绘工作,其基本内容是测定土地及其附着物的权属、位置、数量、质量和利用状况等。土地面积测算是地籍测量中一项必不可少的工作内容,它为调整土地利用结构,合理分配土地,收取土地费(税),制订国民经济计划、农业区划以及土地利用规划等提供数据基础。土地面积测算包括行政管辖区、宗地、土地利用分类等面积的测算。坐标解析法面积测算主要是采用相应的仪器及适当的测量方法,在野外测定界址点的坐标,再根据不规则宗地的界址点坐标进行面积测算。

4.6.1　计算公式推导

设 $ABC\cdots N$ 为按顺时针排列的任意多边形(见图 4-5),在高斯平面坐标系中,其顶点坐标分别为 $(x_1,y_1),(x_2,y_2),\cdots,(x_n,y_n)$,则多边形的面积为:

$$S=\frac{1}{2}(x_2+x_1)(y_2-y_1)+\frac{1}{2}(x_3+x_2)(y_3-y_2)+\frac{1}{2}(x_4+x_3)(y_4-y_3)+\cdots$$

$$+\frac{1}{2}(x_{n+1}+x_n)(y_{n+1}-y_n) \tag{4-9}$$

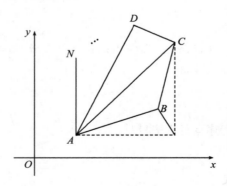

图 4-5　不规则多边形

化简得：

$$S = \frac{1}{2} \sum_{i=1}^{n} (x_{i+1} + x_i)(y_{i+1} - y_i) \qquad (4\text{-}10)$$

或写为：

$$S = \frac{1}{2} \sum_{i=1}^{n} (x_{i+1} - x_i)(y_{i+1} + y_i) \qquad (4\text{-}11)$$

式中，n 为多边形顶点的个数；$x_{n+1} = x_1$；$y_{n+1} = y_1$。

如果顶点坐标为独立变量，各点的坐标中误差都相等，即 $m_x = m_y = m$，则由误差传播定律得到的坐标解析法计算面积的精度估算公式为：

$$m_s = \frac{m}{2} \sqrt{\sum_{i=1}^{n} d_{i+1,i-1}^2} \qquad (4\text{-}12)$$

式中，$d_{i+1,i-1}$ 为图形中第 i 点前后相邻两点（间隔点）连线的长度。

由以上公式可知，坐标解析法计算面积的精度与图形定点的坐标精度有关，而且与图形形状有关，即当面积 S 和坐标中误差 m 为定值时，间隔点连线越短，面积量算的精度越高。也可以推导出其他形式的 n 边形面积的坐标解析法计算公式，分别为：

$$S = \frac{1}{2} \sum_{i=1}^{n} y_i (x_{i+1} - x_{i-1}) \qquad (4\text{-}13)$$

$$S = \frac{1}{2} \sum_{i=1}^{n} x_i (y_{i+1} - y_{i-1}) \qquad (4\text{-}14)$$

式中，当 $i=1$ 时，令 $i-1=n$；当 $i=n$ 时，令 $i+1=1$。

以上计算公式中，点号以逆时针方向编号和顺时针方向编号，面积的计算结果会有正负值，在现实中，由于面积不可能取负值，计算结果取绝对值即可。

4.6.2 程序编制

4.6.2.1 原始数据格式

程序编制采用文件操作的方式，约定数据格式为每宗地第一行为宗地号、界址点个数，以下每行依次为顺时针编号的界址点坐标。文件以宗地界址点个数小于 3 为结束，数据格式如下：

宗地号 005,4

Jz1, 3775183.794, 530553.313

Jz2, 3775178.998, 530562.793

Jz3, 3775162.055, 530554.291

Jz4, 3775166.813, 530544.868

Jz1, 3775183.794, 530553.313

宗地号 006,4

Jz1, 3775272.254, 530546.736

Jz2, 3775267.234, 530556.716

Jz3, 3775248.421, 530547.146

Jz4, 3775253.394, 530537.199

Jz1, 3775272.254, 530546.736

宗地号 007,6

Jz1, 3775266.248, 530558.651

Jz2, 3775261.244, 530568.618

Jz3, 3775242.503, 530559.079

Jz4, 3775244.255, 530555.814

Jz5, 3775244.044, 530555.701

Jz6, 3775247.446, 530549.169

Jz1, 3775266.248, 530558.651

宗地号 008,8

Jz1, 3775153.712, 530579.764

Jz2, 3775153.320, 530580.473

Jz3, 3775160.489, 530584.429

Jz4, 3775155.188, 530594.014

Jz5, 3775134.629, 530582.710

Jz6, 3775139.954, 530573.120

Jz7, 3775143.553, 530575.143

Jz8, 3775143.965, 530574.379

Jz1, 3775153.712, 530579.764

宗地号 009,6

Jz1, 3855832.691, 40366828.420

Jz2, 3855971.070, 40366812.227

Jz3, 3855840.179, 40366808.986

Jz4, 3856015.812, 40366799.788

Jz5, 3859458.741, 40366789.184

Jz6, 3859462.741, 40366785.184

Jz1, 3855832.691, 40366828.420

宗地号 010,8

Jz1,3855740.157,40361101.154

Jz2,3855523.420,40361224.830

Jz3,3855382.541,40361120.682

jz4,3855425.888,40360960.120

Jz5,3855458.399,40360988.327

jz6,3855443.227,40361107.663

jz7,3855555.931,40361109.833

Jz8,3855620.952,40361018.703

Jz1,3855740.157,40361101.154

宗地号 000,—1

4.6.2.2　文件对话框

在这个程序中,要学习使用文件对话框打开和保存文件。文件对话框在其他程序中经常应用,其运行界面如图 4-6 和图 4-7 所示。

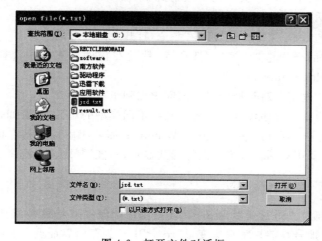

图 4-6　打开文件对话框

图 4-7　保存文件对话框

在 Visual Basic 6.0 中,通用对话框是一种 ActiveX 控件,它随同 Visual Basic 提供给程序设计人员。在一般情况下,启动 Visual Basic 后,在工具箱中没有通用对话框控件,要按以下步骤添加在工具箱中:

(1)执行"工程"菜单中的"部件"命令,打开"部件"对话框。

(2)在对话框中选择"控件"选项卡,然后在控件列表框中选择"Microsoft Common Dialog Contral 6.0"。

(3)单击"确定"按钮,通用对话框即被加到工具箱中。

通用对话框为程序设计人员提供几种不同类型的对话框,譬如打开文件、保存文件、打印文件等。这些对话框与 Windows 商业应用程序具有相同的风格。在设计阶段,通用对话框按钮以图标形式显示,不能调整大小,程序运行后消失。

4.6.2.3　程序代码编写

程序编码首先进行变量定义,界址点坐标存储在双精度数组变量"x♯(),y♯()"中,宗地号存储在字符串变量"zd＄"中,i 为存储界址点个数的整型变量;k 为循环变量,s 为面积。变量定义完成之后,调用"打开"与"保存"文件对话框,获取用户打开或保存文件的路径以及名称。文件操作完成之后,设置一个循环,循环首先读入宗地号和界址点个数,判断界址点个数是否小于 3,作为退出循环标示,计算条件表达式的值。若为 True,退出循环结构;若为 False,则运行循环,读取界址点坐标数据,根据面积计算公式计算面积,结果输出之后,关闭文件,退出面积计算子过程。

Private Sub mjjs_Click()　　'面积计算

```
Dim x#(50),y#(50),i%,k%
Dim zd$,dm$,s#
'* * * * * * * * * * * * * * *打开文件对话框
CommonDialog1.FileName=""
CommonDialog1.Flags=8200
CommonDialog1.Filter="all files|*.*|(*.dat)|*.dat|(*.txt)|*.txt|"
CommonDialog1.FilterIndex=3
CommonDialog1.DialogTitle="open file(*.txt)"
CommonDialog1.Action=1
If CommonDialog1.FileName=" "Then
    MsgBox"请正确选择数据文件…",37,"checking"
Else
    Open CommonDialog1.FileName For Input As #1
End If
'* * * * * * * * * * * * * * *保存文件对话框
CommonDialog2.CancelError=True
CommonDialog2.DefaultExt="txt"
CommonDialog2.FileName=" "
CommonDialog2.Filter="all files|*.*|(*.dat)|*.dat|(*.txt)|
*.txt|"
CommonDialog2.FilterIndex=3
CommonDialog2.DialogTitle="save file as(*.txt)"
CommonDialog2.Flags=8200
CommonDialog2.Action=2
If CommonDialog1.FileName=" " Then
    MsgBox"请正确设置结果文件…",37,"checking"
Else
    Open CommonDialog2.FileName For Output As #2
End If
'* * * * * * * * * * * * * * * * * * * * * * * * * * * * * * *
Do
Input #1,zd,i
If i<3 Then Exit Do
For k=1 To i+1
```

```
    Input ♯1,dm$,x(k),y(k)
Next k
    s=0♯
For k=1 To i
    s=s + 0.5 * (y(k + 1) + y(k)) * (x(k + 1) − x(k))
Next k
If s<0 Then s=s * (−1♯)
Print ♯2,zd$,"面积为:"; Format$(s,"♯♯♯♯♯♯♯♯♯♯♯.000")
    Loop
    Text1. Text="程序运行完毕!!"
End Sub
```

4.6.2.4　运行结果

程序运行结束后,将根据保存文件对话框设定的路径和文件名称,自动建立文件,并将结果保存。程序运行结果为:

宗地号 005　　面积为:200.794

宗地号 006　　面积为:235.412

宗地号 007　　面积为:234.131

宗地号 008　　面积为:266.199

宗地号 009　　面积为:41532.622

宗地号 010　　面积为:35900.146

本章给出的是几个简单测量程序的设计思路及代码,它们是测量程序设计中经常应用到的子过程,是测绘专业学习和工作中经常用到的计算工具,目的是使初步学习测量程序设计的读者熟悉 Visual Basic 的程序编制环境,能着手进行测量程序的编制。

习题

1. 建立如图 4-8 所示的主窗体,点击主窗体中的"坐标反算界面",运行如图 4-9 所示的坐标反算窗体。

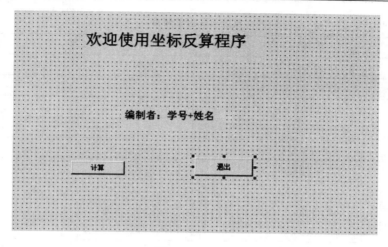

图 4-8　主窗体

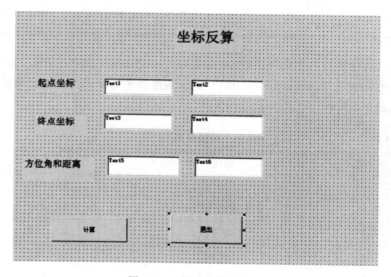

图 4-9　坐标反算程序窗口

2.编制角度与弧度相互转换程序,将表 4-1 中的角度转换为弧度,再将转换结果转换为角度,完成角度与弧度的相互转换。

表 4-1　　　　　　　　　　　　　**角度与弧度的转换**

角度	弧度
91°11′53.1″	
89°50′20.6″	
188°25′06.9″	
57°09′57.7″	
356°27′07.1″	
323°12′21.1″	
52°11′56.1″	
82°59′20.6″	
168°27′06.9″	
157°19′56.7″	
352°29′07.1″	
23°18′21.1″	

3. 进行全野外数字化测图,测站点坐标为(3861886.322,637794.058),后视点坐标为(3861823.586,637620.411),后视角度置零后对碎部点进行测量,测量数据如表 4-2 所示。

表 4-2　　　　　　　　　　　　　**测量数据**

点序号	角度	距离(m)
101	112°15′56″	118.023
102	256°53′12″	62.508
103	0°28′33″	256.189
104	12°42′19″	119.762
105	265°28′16″	223.654
106	113°38′09″	182.336
107	352°17′11″	98.265
108	98°22′56″	136.652
109	65°22′18″	36.652
110	179°02′06″	77.698

试编程计算碎部点坐标。

4. 某工程项目需要放样 8 个点位置,坐标如下,施工区域内有控制点 A、B 可以利用,以 A(3861492.317,39636474.042)为测站点,后视点为 B(3861619.580,39636599.439),放样点坐标如表 4-3 所示。

表 4-3 　　　　　　　　　　　**放样点坐标**

点名	坐标	
	X	Y
FY1	3861637.460	39636336.279
FY2	3861759.953	39636456.977
FY3	3861782.958	39636198.867
FY4	3861900.326	39636314.515
FY5	3861822.661	39636347.222
FY6	3861765.973	39636432.787
FY7	3861799.928	39636177.669
FY8	3861917.528	39636325.565

试编程序计算放样元素(角度和距离)。

第五章 矩阵计算与线性方程组求解

5.1 矩阵计算模块

5.1.1 矩阵计算模块概述

矩阵是测量程序设计过程中经常应用的数学工具。在测量数据处理中,尤其在测量平差计算过程中,矩阵计算是必不可少的工具,例如矩阵乘法、矩阵转置、矩阵求逆等。常用的矩阵计算可设计成通用过程或者函数,放置在相应的计算模块中,以供其他程序调用。

在编写程序时,可将那些与特定窗体或控件无关的代码放入标准模块中。标准模块中包含应用程序中允许其他模块访问的过程和声明。标准模块的文件扩展名为 bas,是包含能够在程序任何地方调用的变量和过程的特殊文件。

Option Explicit 语句一般在模块级别中使用,强制模块中的所有变量进行显式声明。Option Explicit 语句必须写在模块的所有过程之前。如果模块中使用了 Option Explicit,则必须使用 Dim、Private、Public、ReDim 或 Static 语句来显式声明所有的变量。如果使用了未声明的变量名,则在编译时会出现错误。如果没有使用 Option Explicit 语句,除非使用 Deftype 语句指定了缺省类型,否则所有未声明的变量都是 Variant 类型的。

任何变量都有其应用范围,即变量具有作用域。变量的作用域可分为 3 个层次,分别是局部变量、模块级变量和全局变量。局部变量是指在过程内部使用 Dim 语句或 Static 语句声明的变量,其只能在声明它的过程中使用,本模块的其他过程以及其他模块均不可访问。在不同的过程中,可以声明相同名称的局部变量,它们相互独立,互不干扰。模块级变量是指在模块的任何过程之外,即在模块的声明部分使用 Dim 语句或 Private 语句声明的变量，它可被本模块的任何过程访问。全局变量是指在模块的任何过程之外，即在模块的"通用声明"段使用 Public 语句声明的变量，它可在工程的每个模块和每个过程使用。需要注意的是，在窗体模块声明的全局变量，在访问时需要在变量名前加窗名，而在标准模块中声明的全局变量可以直接访问。

5.1.2　矩阵加减程序设计

5.1.2.1　矩阵加减计算

两个行数相同列数也相同的矩阵称为同型矩阵，它可以进行加减计算。进行加法计算时，把两矩阵中对应位置处的元素相加，和数放在原位置处，即得到行列数不变的新矩阵，称为原来两矩阵的和。对于减法即两矩阵的差，可以类似地定义。

$$\begin{pmatrix} 8 & 9 & 7 \\ 9 & 8 & 8 \\ 6 & 8 & 9 \end{pmatrix} + \begin{pmatrix} 7 & 8 & 8 \\ 7 & 8 & 9 \\ 8 & 9 & 8 \end{pmatrix} = \begin{pmatrix} 15 & 17 & 15 \\ 16 & 16 & 17 \\ 14 & 17 & 17 \end{pmatrix}$$

5.1.2.2　矩阵相加（减）通用程序

矩阵相加（减）通用程序计算方法相对简单，其具体思路是：先检查两个矩阵是否为同型矩阵，如果不是同型矩阵，则输出"输入的两个矩阵维数不等，不能相加"的信息；如果是同型矩阵，则进行矩阵的加减运算。矩阵相加（减）通用子程序的具体代码如下：

```
'* * * * * * * * * * * * * * * * * * * * * * * * * * * * * * * *
Rem 功能：矩阵相加（减）通用过程
Rem 参数：矩阵 A 与矩阵 B 相加（减），结果保存在矩阵 C 中，返回
'* * * * * * * * * * * * * * * * * * * * * * * * * * * * * * * *
Public Sub MatrixPlus(A,B,C)
    Dim i%,j%
    Dim R1%,C1%,R2%,C2%
    On Error Resume Next
    C1=UBound(A,2) − LBound(A,2) + 1
    If Err Then
        MsgBox"第一个矩阵维数不对!"
        Exit Sub
```

```
        End If
        On Error Resume Next
        C2＝UBound(B,2) － LBound(B,2) ＋ 1
        If Err Then
            MsgBox"第二个矩阵维数不对!"
            Exit Sub
        End If
        R1＝UBound(A,1) － LBound(A,1) ＋ 1
        R2＝UBound(B,1) － LBound(B,1) ＋ 1
        If R1 <> R2 Or C1 <> C2 Then
            MsgBox"输入的两个矩阵维数不等,不能相加!"
            Exit Sub
        End If
    ReDim C(1 To R1,1 To C1) As Double
    For i＝1 To R1
        For j＝1 To C1
            C(i,j)＝A(i,j)±B(i,j)
        Next j
    Next i
End Sub
```

5.1.3　矩阵转置程序设计

5.1.3.1　矩阵的转置

矩阵的转置是把一个 $m \times n$ 矩阵的行和列互换得到 $n \times m$ 矩阵。矩阵转置过程如下：

若：

$$A = \begin{bmatrix} a_{11} & a_{12} & \cdots & a_{1n} \\ a_{21} & a_{22} & \cdots & a_{2n} \\ \vdots & \vdots & & \vdots \\ a_{m1} & a_{m2} & \cdots & a_{mn} \end{bmatrix}$$

则 A 的转置矩阵为：

$$A^{\mathrm{T}} = \begin{bmatrix} a_{11} & a_{21} & \cdots & a_{m1} \\ a_{12} & a_{22} & \cdots & a_{m2} \\ \vdots & \vdots & & \vdots \\ a_{1n} & a_{2n} & \cdots & a_{mn} \end{bmatrix}$$

5.1.3.2　矩阵转置的通用程序

矩阵转置的通用程序算法也不复杂,先使用 UBound 函数和 LBound 函数计算输入矩阵的行、列数,再定义一个新的二维数组,其行数等于原数组的列数,其列数等于原数组的行数,通过一个嵌套循环将矩阵转置后的矩阵保存在新定义的二维数组中。矩阵转置通用程序的具体代码如下:

```
'* * * * * * * * * * * * * * * * * * * * * * * * * * * * * *
Rem 功能：矩阵转置通用过程
Rem 参数：矩阵 A 转置,结果保存在矩阵 C 中,返回
'* * * * * * * * * * * * * * * * * * * * * * * * * * * * * *
Public Sub MatrixTrans(A,C)
    Dim i%,j%
    Dim R1%,C1%
    C1＝UBound(A,2) － LBound(A,2) ＋ 1
    R1＝UBound(A,1) － LBound(A,1) ＋ 1
    ReDim C(1 To C1,1 To R1)
    For i＝1 To R1
      For j＝1 To C1
        C(j,i)＝A(i,j)
      Next j
    Next i
End Sub
```

5.1.4　矩阵相乘程序设计

5.1.4.1　矩阵的相乘

设 $A＝(a_{ij})$ 是 $m×n$ 矩阵,$B＝(b_{ij})$ 是 $n×p$ 矩阵,则 A 与 B 的乘积 AB 是一个 $m×p$ 矩阵,这个矩阵的第 i 行第 j 列位置上的元素 c_{ij} 等于 A 的第 i 行的元素与 B 的第 j 列的对应元素的乘积的和,即

$$c_{ij}＝a_{i1}b_{1j}+a_{i2}b_{2j}+\cdots+a_{in}b_{nj}, i＝1,2,\cdots,m; j＝1,2,\cdots,p$$

5.1.4.2　矩阵相乘的通用程序

矩阵相乘的通用程序计算方法稍显复杂,两矩阵相乘要求第一个矩阵的列数等于第二个矩阵的行数。计算时,首先检查两个相乘的矩阵是否可以相乘,如果不符合要求则输出"输入的两个矩阵大小不对,不能相乘!"的信息;如果符合两矩阵相乘的条件,则进行矩阵相乘的运算。矩阵相乘的通用程序具体代码如下:

```
'＊＊＊＊＊＊＊＊＊＊＊＊＊＊＊＊＊＊＊＊＊＊＊＊＊＊＊＊＊
Rem 功能：矩阵相乘的通用过程
Rem 参数：矩阵 A 与矩阵 B 乘,结果保存在矩阵 C 中,返回
'＊＊＊＊＊＊＊＊＊＊＊＊＊＊＊＊＊＊＊＊＊＊＊＊＊＊＊＊＊
Public Sub MatrixMulti(A,B,C)
    Dim i%,j%,K%
    Dim R1%,C1%,R2%,C2%
    On Error Resume Next
    C1＝UBound(A,2) － LBound(A,2) ＋ 1
    If Err Then
        MsgBox"第一个矩阵维数不对!"
        Exit Sub
    End If
    On Error Resume Next
    C2＝UBound(B,2) － LBound(B,2) ＋ 1
    If Err Then
        MsgBox"第二个矩阵维数不对!"
        Exit Sub
    End If
    R1＝UBound(A,1) － LBound(A,1) ＋ 1
    R2＝UBound(B,1) － LBound(B,1) ＋ 1
    If C1 ＜＞ R2 Then
        MsgBox"输入的两个矩阵大小不对,不能相乘!"
        Exit Sub
    End If
'＊＊＊＊＊＊＊＊＊＊＊＊＊＊＊＊＊＊＊＊＊矩阵相乘主程序段
    m＝R1：s＝C1：n＝C2
```

```
ReDim C(1 To m,1 To n) As Double
For i=1 To m
  For j=1 To n
    For K=1 To s
      C(i,j)=C(i,j) + A(i,K) * B(K,j)
    Next K
  Next j
Next i
'* * * * * * * * * * * * * * * * * * * * * * * * * * * * *
End Sub
```

5.2 矩阵求逆程序设计

5.2.1 逆矩阵的有关概念

5.2.1.1 逆矩阵的概念

对于 n 阶方阵 A，如果有一个 n 阶方阵 B，使 $AB=BA=E$（E 为单位阵），则说方阵 A 是可逆的，并把方阵 B 称为 A 的逆矩阵。需要注意的是，只有方阵才有逆矩阵的概念。由定义得：当 B 为 A 的逆矩阵时，A 也是 B 的逆矩阵。如果方阵 A 是可逆的，则 A 的逆矩阵一定是唯一的，记作 A^{-1}。

5.2.1.2 逆矩阵的运算规律

(1)若 A 是可逆的，则 A^{-1} 也可逆，且 $(A^{-1})^{-1}=A$。

(2)若 A 是可逆的，$\lambda \neq 0$，则 λA 也可逆，且 $(\lambda A)^{-1}=\dfrac{1}{\lambda}A^{-1}$。

(3)若 A、B 是同阶可逆方阵，则 AB 也可逆，且 $(AB)^{-1}=B^{-1}A^{-1}$。

(4) 若 A 是可逆的，A^{T} 也可逆，且 $(A^{T})^{-1}=(A^{-1})^{T}$。

5.2.1.3 初等变换

下面三种变换称为矩阵的初等行变换。

(1)互换两行（记作 $r_i \leftrightarrow r_j$，其逆变换为 $r_i \leftrightarrow r_j$）。

(2)以数 $k(k \neq 0)$ 乘以某一行［记作 $r_i \times k$，其逆变换为 $r_i \times \left(\dfrac{1}{k}\right)$ 或 $r_i \div k$］。

（3）把某一行的 k 倍加到另一行上［记作 $r_i + kr_j$，其逆变换为 $r_i + (-k)r_j$ 或 $r_i - kr_j$］。

若将定义中的"行"换成"列"，则称之为初等列变换。初等行变换和初等列变换统称为初等变换。

5.2.2　Gauss-Jordan 法求逆矩阵

利用初等行变换求逆矩阵称为 Gauss-Jordan 法，其基本思路是对 $n \times 2n$ 矩阵(A　E)施行初等行变换，当把 A 变成 E 时，原来的 E 就变为 A^{-1}。下面以实例说明利用 Gauss-Jordan 法求逆矩阵的过程。

例 5-1　$A = \begin{bmatrix} 1 & 2 & 3 \\ 2 & 2 & 1 \\ 3 & 4 & 3 \end{bmatrix}$，利用 Gauss-Jordan 法求 A^{-1}。

解：$(A \quad E) = \begin{bmatrix} 1 & 2 & 3 & 1 & 0 & 0 \\ 2 & 2 & 1 & 0 & 1 & 0 \\ 3 & 4 & 3 & 0 & 0 & 1 \end{bmatrix} \xrightarrow[r_3 - 3r_1]{r_2 - 2r_1} \begin{bmatrix} 1 & 2 & 3 & 1 & 0 & 0 \\ 0 & -2 & -5 & -2 & 1 & 0 \\ 0 & -2 & -6 & -3 & 0 & 1 \end{bmatrix} \xrightarrow[r_3 - r_2]{r_1 + r_2}$

$\begin{bmatrix} 1 & 0 & -2 & -1 & 1 & 0 \\ 0 & -2 & -5 & -2 & 1 & 0 \\ 0 & 0 & -1 & -1 & -1 & 1 \end{bmatrix} \xrightarrow{r_3 \times (-1)}$

$\begin{bmatrix} 1 & 0 & -2 & -1 & 1 & 0 \\ 0 & -2 & -5 & -2 & 1 & 0 \\ 0 & 0 & 1 & 1 & 1 & -1 \end{bmatrix} \xrightarrow[r_1 + 2r_3]{r_2 + 5r_3}$

$\begin{bmatrix} 1 & 0 & 0 & 1 & 3 & -2 \\ 0 & -2 & 0 & 3 & 6 & -5 \\ 0 & 0 & 1 & 1 & 1 & -1 \end{bmatrix} \xrightarrow{r_2 \div (-2)}$

$\begin{bmatrix} 1 & 0 & 0 & 1 & 3 & -2 \\ 0 & 1 & 0 & -\dfrac{3}{2} & -3 & \dfrac{5}{2} \\ 0 & 0 & 1 & 1 & 1 & -1 \end{bmatrix}$

所以，$A^{-1} = \begin{bmatrix} 1 & 3 & -2 \\ -3/2 & -3 & 5/2 \\ 1 & 1 & -1 \end{bmatrix}$。

在采用 Gauss-Jordan 法求逆矩阵时，可能出现 $a_{kk}^{(k)} = 0$，这时初等行变换将无法进行；即使主元素 $a_{kk}^{(k)} \neq 0$ 但很小，用其作除数时，会导致其他元素数量级的严重增长和舍入误差的扩散，最后也使得计算解不可靠。

如矩阵 $A = \begin{pmatrix} 0.001 & 2.000 & 3.000 \\ -1.000 & 3.721 & 4.623 \\ -2.000 & 1.072 & 5.643 \end{pmatrix}$ ，求逆矩阵时，应采用引进选主元素

技巧，避免采用绝对值小的主元素。

5.2.3 列选主元 Gauss-Jordan 法求逆矩阵

列选主元消去法求逆矩阵的步骤如下：

（1）按列选主元，即确定 i_k，使 $|a_{i_k,k}| = \max\limits_{k \leqslant i \leqslant n} |a_{i,k}|$。

（2）换行：当 $i_k \neq k$ 时，将第 k 行与第 i_k 行元素进行交换。

（3）消元计算

$$m_{ik} = -a_{ik}/a_{kk}(i=1,2,\cdots,n \text{ 且 } i \neq k)$$

$$m_{kk} = 1/a_{kk}$$

$$a_{ij} \leftarrow a_{ij} + m_{ik}a_{kj}(i=1,2,\cdots,n \text{ 且 } i \neq k, j=k+1,\cdots,n)$$

（4）计算主行（主元素所在行）

$$a_{kj} \leftarrow a_{kj} \cdot m_{kk}(j=k,k+1,\cdots,n, a_{kj} \leftarrow a_{kj}/a_{kk})$$

列选主元 Gauss-Jordan 法求逆矩阵的优点是不用回代。下面以实例说明采用列选主元 Gauss-Jordan 法求逆矩阵的过程。

例 5-2 $A = \begin{pmatrix} 1 & 2 & 3 \\ 2 & 4 & 5 \\ 3 & 5 & 6 \end{pmatrix}$，利用列选主元 Gauss-Jordan 法求 A^{-1}。

解：$(A \quad E) = \begin{pmatrix} 1 & 2 & 3 & \vdots & 1 & 0 & 0 \\ 2 & 4 & 5 & \vdots & 0 & 1 & 0 \\ 3 & 5 & 6 & \vdots & 0 & 0 & 1 \end{pmatrix}$

（1）按列选主元，即确定 i_k，使 $|a_{i_k},k| = \max\limits_{k \leqslant i \leqslant n} |a_{i,k}|$。此处 $k=1$，第 1 列中的最大值为 $i_k=3$ 时，$|a_{i_k,k}| = \max\limits_{k \leqslant i \leqslant n} |a_{i,k}| = 3$。

（2）换行：当 $i_k \neq k$ 时，将第 k 行与第 i_k 行元素进行交换。此处第 3 行与第 1 行互换，则

$$\xrightarrow{r_3 \leftrightarrow r_1} \begin{bmatrix} 3 & 5 & 6 & \vdots & 0 & 0 & 1 \\ 2 & 4 & 5 & \vdots & 0 & 1 & 0 \\ 1 & 2 & 3 & \vdots & 1 & 0 & 0 \end{bmatrix}$$

（3）消元计算

$$\begin{array}{c} \xrightarrow{r_2 - \frac{2r_1}{3}} \\ \xrightarrow{r_3 - \frac{r_1}{3}} \end{array} \begin{bmatrix} 3 & 5 & 6 & \vdots & 0 & 0 & 1 \\ 0 & 2/3 & 1 & \vdots & 0 & 1 & -2/3 \\ 0 & 1/3 & 1 & \vdots & 1 & 0 & -1/3 \end{bmatrix}$$

（4）计算主行（主元素所在行）

$$\xrightarrow{r_1/3} \begin{bmatrix} 1 & 5/3 & 2 & \vdots & 0 & 0 & 1/3 \\ 0 & 2/3 & 1 & \vdots & 0 & 1 & -2/3 \\ 0 & 1/3 & 1 & \vdots & 1 & 0 & -1/3 \end{bmatrix}$$

重复以上步骤：

$$\rightarrow \begin{bmatrix} 1 & 5/3 & 2 & \vdots & 0 & 0 & 1/3 \\ 0 & 2/3 & 1 & \vdots & 0 & 1 & -2/3 \\ 0 & 0 & 1/2 & \vdots & 1 & -1/2 & 0 \end{bmatrix}$$

$$\rightarrow \begin{bmatrix} 1 & 0 & -1/2 & \vdots & 0 & -5/2 & 2 \\ 0 & 1 & 3/2 & \vdots & 0 & 3/2 & -1 \\ 0 & 0 & 1/2 & \vdots & 1 & -1/2 & 0 \end{bmatrix}$$

$$\rightarrow \begin{bmatrix} 1 & 0 & 0 & \vdots & 1 & -3 & 2 \\ 0 & 1 & 0 & \vdots & -3 & 3 & -1 \\ 0 & 0 & 1 & \vdots & 2 & -1 & 0 \end{bmatrix} = (E \quad A^{-1})$$

所以，$A^{-1} = \begin{bmatrix} 1 & -3 & 2 \\ -3 & 3 & -1 \\ 2 & -1 & 0 \end{bmatrix}$。

5.2.4 全选主元 Gauss-Jordan 法求逆矩阵

5.2.4.1 基本方法

全选主元 Gauss-Jordan 法是更为精确的求逆矩阵的计算方法，其基本思想是：从第 k 行、第 k 列开始的右下角子阵中选取绝对值最大的元素，并记住该元素所在的行号和列号，再通过行交换和列交换将它交换到主元素位置上。全选主元 Gauss-Jordan 法求逆矩阵的步骤如下：

（1）对于 k 从 1 到 n 作如下几步：从第 k 行、第 k 列开始的右下角子阵中选取绝对值最大的元素，并记住该元素所在的行号和列号，通过行交换和列交换将它交换到主元素位置上，这一步称为全选主元。

（2）$m(k,k) = 1/m(k,k)$。

（3）$m(k,j) = m(k,j) \times m(k,j), j = 1, 2, \cdots, n$ 且 $j \neq k$。

（4）$m(i,j) = m(i,j) - m(i,k) \times m(k,j), i, j = 1, 2, \cdots, n$ 且 $j \neq k$。

（5）$m(i,k) = -m(i,k) \times m(k,k), i = 1, 2, \cdots, n$ 且 $i \neq k$。

（6）最后，根据在全选主元过程中所记录的行、列交换的信息进行恢复，恢复的原则如下：在全选主元过程中，先交换的行（列）后进行恢复，原来的行（列）交换用列(行)交换来恢复。下面以实例说明采用全选主元 Gauss-Jordan 法求逆矩阵的过程。

例 5-3　$A = \begin{bmatrix} 0 & 0 & 4 \\ 2 & 0 & 0 \\ 0 & 5 & 0 \end{bmatrix}$,利用全选主元 Gauss-Jordan 法求 A^{-1}。

解:从第 1 行、第 1 列开始的右下角子阵中选取绝对值最大的元素 5,该元素位于第 3 行、第 2 列,并记住此元素所在的行号和列号,首先第 1 列和第 2 列互换,再第 3 列和第 1 行互换,具体过程为:

$$\begin{bmatrix} 0 & 0 & 4 & \vdots & 1 & 0 & 0 \\ 2 & 0 & 0 & \vdots & 0 & 1 & 0 \\ 0 & 5 & 0 & \vdots & 0 & 0 & 1 \end{bmatrix} \rightarrow \begin{bmatrix} 0 & 0 & 4 & \vdots & 1 & 0 & 0 \\ 0 & 2 & 0 & \vdots & 0 & 1 & 0 \\ 5 & 0 & 0 & \vdots & 0 & 0 & 1 \end{bmatrix}$$

$$\rightarrow \begin{bmatrix} 5 & 0 & 0 & \vdots & 1 & 0 & 0 \\ 0 & 2 & 0 & \vdots & 0 & 1 & 0 \\ 0 & 0 & 4 & \vdots & 0 & 0 & 1 \end{bmatrix} \rightarrow \begin{bmatrix} 1 & 0 & 0 & \vdots & 1/5 & 0 & 0 \\ 0 & 2 & 0 & \vdots & 0 & 1 & 0 \\ 0 & 0 & 4 & \vdots & 0 & 0 & 1 \end{bmatrix}$$

在第 2 行、第 2 列开始的右下角子阵中选取绝对值最大的元素 4,该元素位于第 3 行、第 3 列,并记住此元素所在的行号和列号,首先第 2 列和第 3 列互换,再第 2 行和第 3 行互换,具体过程为:

$$\rightarrow \begin{bmatrix} 1 & 0 & 0 & \vdots & 1/5 & 0 & 0 \\ 0 & 0 & 2 & \vdots & 0 & 1 & 0 \\ 0 & 4 & 0 & \vdots & 0 & 0 & 1 \end{bmatrix}$$

$$\rightarrow \begin{bmatrix} 1 & 0 & 0 & \vdots & 1/5 & 0 & 0 \\ 0 & 4 & 0 & \vdots & 0 & 1 & 0 \\ 0 & 0 & 2 & \vdots & 0 & 0 & 1 \end{bmatrix}$$

$$\rightarrow \begin{bmatrix} 1 & 0 & 0 & \vdots & 1/5 & 0 & 0 \\ 0 & 1 & 0 & \vdots & 0 & 1/4 & 0 \\ 0 & 0 & 1 & \vdots & 0 & 0 & 1/2 \end{bmatrix}$$

根据在全选主元过程中所记录的行、列交换的信息进行恢复,按照在全选主元过程中,先交换的行(列)后进行恢复,原来的行(列)交换用列(行)交换来恢复的原则,首先第 2 列和第 3 列互换,再第 2 行和第 3 行互换,具体过程为:

$$\begin{bmatrix} 1/5 & 0 & 0 \\ 0 & 1/4 & 0 \\ 0 & 0 & 1/2 \end{bmatrix} \rightarrow \begin{bmatrix} 1/5 & 0 & 0 \\ 0 & 0 & 1/4 \\ 0 & 1/2 & 0 \end{bmatrix} \rightarrow \begin{bmatrix} 1/5 & 0 & 0 \\ 0 & 1/2 & 0 \\ 0 & 0 & 1/4 \end{bmatrix}$$

再第 3 列和第 1 列互换,第 1 行和第 2 行互换,具体过程为:

$$\begin{bmatrix} 1/5 & 0 & 0 \\ 0 & 1/2 & 0 \\ 0 & 0 & 1/4 \end{bmatrix} \rightarrow \begin{bmatrix} 0 & 0 & 1/5 \\ 0 & 1/2 & 0 \\ 1/4 & 0 & 0 \end{bmatrix} \rightarrow \begin{bmatrix} 0 & 1/2 & 0 \\ 0 & 0 & 1/5 \\ 1/2 & 0 & 0 \end{bmatrix}$$

结果即为所求原矩阵的逆矩阵。

5.2.4.2　全选主元 Gauss-Jordan 法求逆矩阵子函数

```
'* * * * * * * * * * * * * * * * * * * * * * * * * * * * * * *
功能:实矩阵求逆的全选主元 Gauss-Jordan 法
参数:n—Integer 型变量,矩阵的阶数
    txA—Double 型二维数组,体积为 n×n,存放原矩阵 A;返回时存放其
        逆矩阵
返回值:Boolean 型,失败为 False,成功为 True
'* * * * * * * * * * * * * * * * * * * * * * * * * * * * * * *
Public Function MRinv(mtxA() As Double) As Boolean '矩阵求逆
  Dim n As Integer
    n=UBound(mtxA,1)
    ReDim nIs(n) As Integer,nJs(n) As Integer
    Dim i As Integer,j As Integer,K As Integer
    Dim d As Double,p As Double
'* * * * * * * * * * * * * * * * * * * *    全选主元,消元
    For K=1 To n
      d=0#
      For i=K To n
        For j=K To n
          p=Abs(mtxA(i,j))
          If (p>d) Then
            d=p
            nIs(K)=i
            nJs(K)=j
          End If
        Next j
      Next i
'* * * * * * * * * * * * * * * * *    求解失败
      If (d + 1# =1#) Then
```

```
        MRinv＝False
        Exit Function
      End If
      If (nIs(K) <> K) Then
        For j＝1 To n
          p＝mtxA(K,j)
          mtxA(K,j)＝mtxA(nIs(K),j)
          mtxA(nIs(K),j)＝p
        Next j
      End If
      If (nJs(K) <> K) Then
        For i＝1 To n
          p＝mtxA(i,K)
          mtxA(i,K)＝mtxA(i,nJs(K))
          mtxA(i,nJs(K))＝p
        Next i
      End If
      mtxA(K,K)＝1♯/mtxA(K,K)
      For j＝1 To n
        If (j <> K) Then mtxA(K,j)＝mtxA(K,j) * mtxA(K,K)
      Next j
      For i＝1 To n
        If (i <> K) Then
          For j＝1 To n
          If (j <> K) Then mtxA(i,j)＝mtxA(i,j) － mtxA(i,K) *
mtxA(K,j)
          Next j
        End If
      Next i
      For i＝1 To n
        If (i <> K) Then mtxA(i,K)＝－mtxA(i,K) * mtxA(K,K)
      Next i
    Next K
  '* * * * * * * * * * * * * * * *   调整恢复行列次序
```

```
For K＝n To 1 Step −1
    If (nJs(K) <> K) Then
        For j＝1 To n
            p＝mtxA(K,j)
            mtxA(K,j)＝mtxA(nJs(K),j)
            mtxA(nJs(K),j)＝p
        Next j
    End If
    If (nIs(K) <> K) Then
        For i＝1 To n
            p＝mtxA(i,K)
            mtxA(i,K)＝mtxA(i,nIs(K))
            mtxA(i,nIs(K))＝p
        Next i
    End If
Next K
'求解成功
MRinv＝True
End Function
```

全选主元 Gauss-Jordan 法求逆矩阵是一个子函数,其返回值是一个布尔变量,调用时该子函数将欲求逆的矩阵作为实际参数传递给过程。该子函数运行完成,MRinv 取值为 True,参数名称没有改变,但其值改变为原矩阵的逆矩阵。

5.2.5　平方根法求逆矩阵

5.2.5.1　基本方法

平方根法求逆矩阵是利用法方程的系数矩阵为正定对称方阵时,将其分解为两个互为转置的三角形矩阵的乘积,即:

$$A=\begin{bmatrix} a_{11} & a_{12} & \cdots & a_{1n} \\ a_{21} & a_{22} & \cdots & a_{2n} \\ \vdots & \vdots & & \vdots \\ a_{n1} & a_{n2} & \cdots & a_{nn} \end{bmatrix}=\begin{bmatrix} l_{11} & & & \\ l_{12} & l_{22} & & \\ \vdots & \vdots & \ddots & \\ l_{1n} & l_{2n} & \cdots & l_{nn} \end{bmatrix}\begin{bmatrix} l_{11} & l_{12} & \cdots & l_{1n} \\ & l_{22} & \cdots & l_{2n} \\ & & \ddots & \vdots \\ & & & l_{nn} \end{bmatrix}$$

可写为:$A=L^{\mathrm{T}}L$。

求解对称正定矩阵平方根法的步骤如下:

(1)分解计算

$$A = L^{\mathrm{T}}L$$

$$l_{ii} = \left(a_{ii} - \sum_{k=1}^{i-1} l_{ki}^2\right)^{1/2} (i = 1, 2, \cdots, n)$$

$$l_{ij} = \left(a_{ij} - \sum_{k=1}^{j-1} l_{ki}l_{kj}\right)/l_{ij} (i = 1, 2, \cdots, n; j = 1, 2, \cdots, i-1 \text{ 且 } j < i)$$

(2)L 为上三角阵，其逆矩阵也是上三角阵。设 L 的逆矩阵为 R，则

$$\begin{bmatrix} l_{11} & l_{12} & \cdots & l_{1n} \\ & l_{22} & \cdots & l_{2n} \\ & & \ddots & \vdots \\ & & & l_{nn} \end{bmatrix} \begin{bmatrix} R_{11} & R_{12} & \cdots & R_{1n} \\ & R_{22} & \cdots & R_{2n} \\ & & \ddots & \vdots \\ & & & R_{nn} \end{bmatrix} = \begin{bmatrix} 1 & & \cdots & \\ & 1 & \cdots & \\ & & \ddots & \vdots \\ & & & 1 \end{bmatrix}$$

$$R_{ij} = 1/l_{ij} (i = 1, 2, \cdots, n)$$

$$R_{ij} = (-1/l_{ij}) \sum_{k=i+1}^{j} l_{ik}R_{kj} (i = 1, 2, \cdots, n; j = i+1, \cdots, n)$$

(3)由 $A = L^{\mathrm{T}}L$ 得 $A^{-1} = L^{-1}(L^{\mathrm{T}})^{-1} = L^{-1}(L^{-1})^{\mathrm{T}}$。

$$\begin{bmatrix} R_{11} & R_{12} & \cdots & R_{1n} \\ & \cdots & & R_{2n} \\ & & \ddots & \vdots \\ & & & R_{nn} \end{bmatrix} \begin{bmatrix} R_{11} & & & \\ R_{12} & R_{22} & & \\ \vdots & \vdots & \ddots & \\ R_{1n} & R_{2n} & \cdots & R_{nn} \end{bmatrix} = \begin{bmatrix} B_{11} & B_{12} & \cdots & B_{1n} \\ B_{21} & B_{22} & \cdots & B_{2n} \\ \vdots & \vdots & & \vdots \\ B_{n1} & B_{n2} & \cdots & B_{nn} \end{bmatrix} = B$$

矩阵 B 即为矩阵 A 的逆矩阵。

5.2.5.2　平方根法求逆矩阵子程序

```
'* * * * * * * * * * * * * * * * * * * * * * * * * * * * * * * * *
功能:平方根法矩阵求正定对称矩阵的逆矩阵
  参数:n—Integer 型变量,矩阵的阶数
  txA—Double 型二维数组,体积为 n×n,存放原矩阵 A;返回时存放其逆
    矩阵
'* * * * * * * * * * * * * * * * * * * * * * * * * * * * * * * * *
Public Sub SQRM(A)      '平方根法矩阵求逆
Dim n As Integer,i As Integer,j As Integer,k As Integer,w As Double
  n=UBound(A,1)
  '* * * * * * * * * * * * * * * * * * * * * * * * * * * * * *
  For i=1 To n
    For j=i To n
```

```
        For k＝1 To i － 1
            A(i,j)＝A(i,j) － A(k,i) ＊ A(k,j)
        Next k
        If j＝i Then
            A(i,j)＝Sqr(A(i,j))
        Else
            A(i,j)＝A(i,j) / A(i,i)
        End If
     Next j
   Next i
'＊ ＊ ＊ ＊ ＊ ＊ ＊ ＊ ＊ ＊ ＊ ＊ ＊ ＊ ＊ ＊ ＊ ＊ ＊ ＊ ＊ ＊ ＊ ＊ ＊ ＊ ＊
   For i＝1 To n
     A(i,i)＝1/A(i,i)
       For j＝i ＋ 1 To n
         w＝0
       For k＝i To j － 1
         w＝w － A(i,k) ＊ A(k,j)
       Next k
         A(i,j)＝w/A(j,j)
       Next j
     Next i
'＊ ＊ ＊ ＊ ＊ ＊ ＊ ＊ ＊ ＊ ＊ ＊ ＊ ＊ ＊ ＊ ＊ ＊ ＊ ＊ ＊ ＊ ＊ ＊ ＊ ＊ ＊
   For i＝1 To n
     For j＝i To n
       w＝0
     For k＝j To n
       w＝w ＋ A(i,k) ＊ A(j,k)
     Next k
       A(i,j)＝w
     Next j
   Next i
'＊ ＊ ＊ ＊ ＊ ＊ ＊ ＊ ＊ ＊ ＊ ＊ ＊ ＊ ＊ ＊ ＊ ＊ ＊ ＊ ＊ ＊ ＊ ＊ ＊ ＊ ＊
   For i＝1 To n
       For j＝1 To i － 1
```

$$A(i,j)=A(j,i)$$

　　　　Next j

　　Next i

'* *

End Sub

　　平方根法求逆矩阵是一个子程序,调用该子程序时将欲求逆的矩阵作为实际参数传递给过程。该子程序运行完成,参数名称没有改变,但其值改变为原矩阵的逆矩阵。

5.3　线性方程组迭代求解

5.3.1　线性方程组的一般理论

　　各种最小二乘平差问题的函数模型,都归为线性方程组的求解问题。线性方程组既可以应用矩阵进行计算,也可以进行迭代求解。

　　线性方程组的一般形式为:

$$\begin{cases} a_{11}x_1+a_{12}x_2+\cdots+a_{1n}x_n=b_1 \\ a_{21}x_1+a_{22}x_2+\cdots+a_{2n}x_n=b_2 \\ \quad\quad\quad\vdots \\ a_{m1}x_1+a_{m2}x_2+\cdots a_{mn}x_n=b_m. \end{cases}$$

　　写为矩阵形式为:

$$\begin{pmatrix} a_{11} & a_{12} & \cdots & a_{1n} \\ a_{21} & a_{22} & \cdots & a_{2n} \\ \vdots & \vdots & & \vdots \\ a_{m1} & a_{m2} & \cdots & a_{mn} \end{pmatrix} \begin{pmatrix} x_1 \\ x_2 \\ \vdots \\ x_n \end{pmatrix} = \begin{pmatrix} b_1 \\ b_2 \\ \vdots \\ b_m \end{pmatrix}$$

　　(1)当 $m<n$ 时,方程组有多解。

　　(2)当 $m>n$ 时,方程组可能有多解,无解,唯一解。

　　(3)当 $m=n$ 时,系数矩阵可逆,方程组有唯一解。

　　各种最小二乘平差模型中,方程式个数少于未知数个数时,解不唯一。为得到满足函数模型的唯一解,加最小二乘准则的限制条件。最小二乘准则:得到总法方程系数阵为方阵,方程个数等于未知数个数,所有方程独立,系数阵可逆且为对称阵。下面介绍两种解线性方程组的迭代方法。

5.3.2　雅可比(Jacobi)迭代法

5.3.2.1　迭代法的一般形式

线性方程组的一般形式可写为：$Ax=b$。

$$Ax=b \Longleftrightarrow x=Mx+g$$

其中，A,M 为 n 阶方阵，$x,g \in R^n$，迭代公式为：$x^{k+1}=Mx^k+g(k=0,1,2,\cdots,M)$ 为迭代矩阵，$\{x^{(k)}\}$ 为迭代序列。若迭代公式 $x^{(k+1)}=Mx^{(k)}+g$ 产生的迭代序列收敛于 x，则 $x=Mx+g$ 即为方程组 $Ax=b$ 的解。

5.3.2.2　雅可比(Jacobi)迭代算法

线性方程组为：

$$\begin{cases} a_{11}x_1+a_{12}x_2+\cdots+a_{1n}x_n=b_1 \\ a_{21}x_1+a_{22}x_2+\cdots+a_{2n}x_n=b_2 \\ \qquad\qquad\vdots \\ a_{n1}x_1+a_{n2}x_2+\cdots+a_{nn}x_n=b_n \end{cases}$$

若 $a_{ii}\neq0(i=1,2,\cdots,n)$，方程组可同解变形为：

$$\begin{cases} x_1=-\dfrac{a_{12}}{a_{11}}x_2-\cdots-\dfrac{a_{1n}}{a_{11}}x_n+\dfrac{b_1}{a_{11}} \\[2mm] x_2=-\dfrac{a_{21}}{a_{22}}x_1-\cdots-\dfrac{a_{2n}}{a_{22}}x_n+\dfrac{b_2}{a_{22}} \\[2mm] x_n=-\dfrac{a_{n1}}{a_{nn}}x_1-\dfrac{a_{n2}}{a_{nn}}x_2-\cdots-\dfrac{a_{nn-1}}{a_{nn}}x_{n-1}+\dfrac{b_n}{a_{nn}} \end{cases}$$

迭代公式为：

$$\begin{cases} x_1^{(k+1)}=-\dfrac{a_{12}}{a_{11}}x_2^{(k)}-\cdots-\dfrac{a_{1n}}{a_{11}}x_n^{(k)}+\dfrac{b_1}{a_{11}} \\[2mm] x_2^{(k+1)}=-\dfrac{a_{21}}{a_{22}}x_1^{(k)}-\cdots-\dfrac{a_{2n}}{a_{22}}x_n^{(k)}+\dfrac{b_2}{a_{22}} \qquad\qquad k=0,1,2,\cdots \\[2mm] x_n^{(k+1)}=-\dfrac{a_{n1}}{a_{nn}}x_1^{(k)}-\dfrac{a_{n2}}{a_{nn}}x_2^{(k)}-\cdots-\dfrac{a_{nn-1}}{a_{nn}}x_{n-1}^{(k)}+\dfrac{b_n}{a_{nn}} \end{cases}$$

即：

$$x_i^{(k+1)}=\frac{1}{a_{ii}}\left(b_i-\sum_{j=1}^{i-1}a_{ij}x_j^{(k)}-\sum_{j=i+1}^{n}a_{ij}x_j^{(k)}\right)(i=1,2,\cdots,n)$$

选取初始向量 $x^{(0)}$，按迭代公式产生的迭代序列成为 Jacobi 迭代。

(1) 输入 $A=(a_{ij})$，$b=(b_1,b_2,\cdots,b_n)^{\mathrm{T}}$，$x^{(0)}=(x_1^{(0)},x_2^{(0)},\cdots,x_n^{(0)})$，迭代误差

ε,最大容许迭代次数 N,置 $k=1$。

（2）对于 $i=1,2,\cdots n, x_i = \dfrac{1}{a_{ii}}\left(b_i - \displaystyle\sum_{j=1}^{i-1} a_{ij}x_j^{(0)} - \sum_{j=i+1}^{n} a_{ij}x_j^{(0)}\right)$。

（3）若 $||x-x^{(0)}||<\varepsilon$,停止迭代,输出结果,否则运行第 4 步。

（4）若 $k<N$,置 $k+1\Rightarrow k, x_i\Rightarrow x_i^{(0)}(i=1,2,n)$,运行第 2 步,否则输出迭代失败信息。

5.3.2.3 雅可比(Jacobi)迭代程序

雅可比(Jacobi)迭代计算子函数的过程如下:

```
Public Function jacobi(A,b,x,eps♯) As Boolean
    Dim i%,j%,p♯,q♯,S♯,t♯(),Row%,Col%,n%
'* * * * * * * * * * * * * * * * * * * * * * * * * * * *
    Row＝UBound(A,1) － LBound(A,1) ＋ 1
    Col＝UBound(A,2) － LBound(A,2) ＋ 1
    If Row <> Col Then
        MsgBox"方程组的系数矩阵有误!"
        Exit Function
    End If
    n＝UBound(b) － LBound(b) ＋ 1
    If n <> Row Then
        MsgBox"方程组的系数矩阵与常数项大小不符!"
        Exit Function
    End If
'* * * * * * * * * * * * * * * * * * * * * * * * * * * *
    ReDim t♯(n): p＝eps ＋ 1
    While p>= eps
        p＝0♯
    For i＝1 To n
        t(i)＝x(i)
    Next i
    For i＝1 To n
        S＝0♯
        For j＝1 To n
            If j <> i Then S＝S ＋ A(i,j) * t(j)
```

```
        Next j
        x(i)＝(b(i) － S)/(A(i,i))
        q＝Abs(x(i) － t(i))
        If q ＞ p Then p＝q
      Next i
    Print ♯2,x(1),x(2),x(3)
  Wend
  jacobi＝True
End Function
```

函数的输入包括方程组的系数矩阵和常数项矩阵,解的限差,迭代得到的方程组的解通过数组 x 输出。函数的返回值说明迭代是否收敛,若返回 True,说明迭代收敛;若返回 False,则迭代发散。

5.3.2.4　雅可比(Jacobi)迭代计算实例

例 5-4　用 Jacobi 迭代法求解线性方程组。

$$\begin{cases} 10x_1-x_2-2x_3=72 \\ -x_1+10x_2-2x_3=83 \\ -x_1-x_2+5x_3=42 \end{cases}$$

解:Jacobi 迭代的计算公式为:

$$\begin{cases} x_1^{(k+1)}=0.1x_2^{(k)}+0.2x_3^{(k)}+7.2 \\ x_2^{(k+1)}=0.1x_1^{(k)}+0.2x_3^{(k)}+8.3 \\ x_3^{(k+1)}=0.2x_1^{(k)}+0.2x_2^{(k)}+8.4 \end{cases}$$

选取 $x^{(0)}=(0,0,0)^T$,则

$$x^{(1)}=(7.2,8.3,8.4)^T$$
$$x_1^{(2)}=0.83+1.68+7.2=9.71$$
$$x_2^{(2)}=0.72+1.68+8.3=10.70$$
$$x_3^{(2)}=1.44+1.66+8.4=11.50$$

依次计算,收敛于真解:$x=(11.000,12.000,13.000)$。

进行计算时,数据格式为:

3,1e−5　方程个数,迭代容许误差

10.0,	−1.0,	−2.0,	72.0
−1.0,	10.0,	−2.0,	83.0
−1.0,	−1.0,	5.0,	42.0

编制以下计算主程序,打开文件,读入方程个数、迭代容许误差和方程组参

数,将方程组参数读入数组,调用雅可比(Jacobi)迭代计算子函数,计算结果写入相应文件。计算主程序如下:

```
Private Sub Jdiedai_Click()
    Dim A#(),b#(),x#(),ep#
    Dim k%,i%,j%,kk As Boolean
        Open"d:\diedai.txt" For Input As #1
        Open"d:\result.txt" For Output As #2
    Input #1,k,ep
    ReDim A#(1 To k,1 To k),b#(1 To k),x#(1 To k)
    For i=1 To k
      For j=1 To k
        Input #1,A(i,j)
    Next j
      Input #1,b(i)
    Next i
    kk=jacobi(A,b,x,ep)
    Text1.Text="线性方程组计算完毕!"
End Sub
```

依次计算,迭代 14 次,两次计算结果差小于迭代容许误差时,方程组逐渐收敛于真解 $x=(11.000,12.000,13.000)$,计算结果列于表 5-1 中。

表 5-1　　　　　　　　　　　　　计算结果

k	x_1	x_2	x_3
1	7.2	8.3	8.4
2	9.71	10.7	11.5
3	10.57	11.571	12.482
4	10.8535	11.8534	12.8282
5	10.95098	11.95099	12.94138
6	10.983375	11.983374	12.980394
7	10.9944162	11.9944163	12.9933498
8	10.99811159	11.99811158	12.9977665
9	10.999364458	11.999364459	12.999244634

续表

k	x_1	x_2	x_3
10	10.9997853727	11.9997853726	12.9997457834
11	10.99992769394	11.99992769395	12.99991414906
12	10.999975599207	11.999975599206	12.999971077578
13	10.9999917754362	11.9999917754363	12.9999902396826
14	10.9999972254801	11.9999972254801	12.9999967101745

5.3.3 高斯-赛德尔(Gauss-Seidel)迭代法

5.3.3.1 高斯-赛德尔(Gauss-Seidel)迭代计算方法

线性方程组为:

$$\begin{cases} a_{11}x_1 + a_{12}x_2 + \cdots + a_{1n}x_n = b_1 \\ a_{21}x_1 + a_{22}x_2 + \cdots + a_{2n}x_n = b_2 \\ \vdots \\ a_{n1}x_1 + a_{n2}x_2 + \cdots + a_{nn}x_n = b_n \end{cases}$$

Gauss-Seidel 迭代的计算公式为:

$$\begin{cases} x_1^{(k+1)} = -\dfrac{a_{12}}{a_{11}}x_2^{(k)} - \cdots - \dfrac{a_{1n}}{a_{11}}x_n^{(k)} + \dfrac{b_1}{a_{11}} \\ x_2^{(k+1)} = -\dfrac{a_{21}}{a_{22}}x_1^{(k+1)} - \cdots - \dfrac{a_{2n}}{a_{22}}x_n^{(k)} + \dfrac{b_2}{a_{22}} \\ x_n^{(k+1)} = -\dfrac{a_{n1}}{a_{nn}}x_1^{(k+1)} - \dfrac{a_{n2}}{a_{nn}}x_2^{(k+1)} - \cdots - \dfrac{a_{nn-1}}{a_{nn}}x_{n-1}^{(k+1)} + \dfrac{b_n}{a_{nn}} \end{cases}$$

即:

$$x_i^{(k+1)} = \frac{1}{a_{ii}}\left(b_i - \sum_{j=1}^{i-1}a_{ij}x_j^{(k+1)} - \sum_{j=i+1}^{n}a_{ij}x_j^{(k)}\right) \qquad (i = 1,2,\cdots,n)$$

5.3.3.2 Guass-Seidel 迭代法求解线性方程组子函数

```
Public Function Seidel(a,b,x,eps#) As Boolean
    Dim i%,j%
    Dim p#,q#,s#,t#
    Dim Row%,Col%,n%
    Row=UBound(a,1) - LBound(a,1) + 1
```

```
Col＝UBound(a,2) － LBound(a,2) ＋ 1
If Row <> Col Then
    MsgBox"方程组的系数矩阵有误!"
    Exit Function
End If
n＝UBound(b) － LBound(b) ＋ 1
If n <> Row Then
    MsgBox"方程组的系数矩阵与常数项大小不符!"
    Exit Function
End If
For i＝1 To n
    p＝0♯
    x(i)＝0♯
    For j＝1 To n
        If i <> j Then p＝p ＋ Abs(a(i,j))
    Next j
    If p>＝ Abs(a(i,i)) Then
        Seidel＝False
        Exit Function
    End If
Next i
p＝eps ＋ 1♯
While p>＝ eps
    p＝0♯
    For i＝1 To n
        t＝x(i)
        s＝0♯
        For j＝1 To n
            If j <> i Then s＝s ＋ a(i,j) ＊ x(j)
        Next j
        x(i)＝(b(i) － s) / (a(i,i))
        q＝Abs(x(i) － t)/ (1♯ ＋ Abs(x(i)))
        If q>p Then p＝q
```

```
    Next i
      Wend
        Seidel＝True
End Function
```

函数的输入包括方程组的系数矩阵和常数项矩阵,解的限差,迭代得到的方程组的解通过数组 x 输出。函数的返回值说明迭代是否收敛,若返回 True,说明迭代收敛;若返回 False,则迭代发散。

5.3.3.3　Gauss-Seidel 迭代法求解实例

例 5-5　用 Gauss-Seidel 迭代法求解线性方程组。

$$\begin{cases} 10x_1 - x_2 - 2x_3 = 72 \\ -x_1 + 10x_2 - 2x_3 = 83 \\ -x_1 - x_2 + 5x_3 = 42 \end{cases}$$

解：Gauss-Seidel 迭代法的计算公式为：

$$\begin{cases} x_1^{(k+1)} = 0.1x_2^{(k)} + 0.2x_3^{(k)} + 7.2 \\ x_2^{(k+1)} = 0.1x_1^{(k+1)} + 0.2x_3^{(k)} + 8.3 \\ x_3^{(k+1)} = 0.2x_1^{(k+1)} + 0.2x_2^{(k+1)} + 8.4 \end{cases}$$

取 $x^{(0)} = (0,0,0)^{\mathrm{T}}$,则

$$x^{(1)} = (7.2, 9.02, 11.64)^{\mathrm{T}}$$

$$x_1^{(2)} = 0.902 + 2.3288 + 7.2 = 10.4308$$

$$x_2^{(2)} = 1.04308 + 2.3288 + 8.3 = 11.67188$$

$$x_3^{(2)} = 2.08616 + 2.33438 + 8.4 = 12.8205$$

计算主程序首先打开文件,读入方程个数、迭代容许误差和方程组参数,将方程组参数读入数组,调用 Gauss-Seidel 迭代计算子函数,计算结果写入相应文件。计算主程序如下:

```
Private Sub GSDeidai_Click()
    Dim a#(),b#(),x#(),ep#
    Dim k%,i%,j%,kk As Boolean
      Open"d:\diedai.txt" For Input As ＃1
      Open"d:\result.txt" For Output As ＃2
      Input ＃1,k,ep
    ReDim a#(1 To k,1 To k),b#(1 To k),x#(1 To k)
      For i＝1 To k
        For j＝1 To k
```

```
        Input ♯1,a(i,j)
        Next j
        Input ♯1,b(i)
    Next i
  kk＝Seidel(a,b,x,ep)
    Text1. Text＝"线性方程组计算完毕!"
End Sub
```

依次计算,迭代 9 次,两次计算结果差小于迭代容许误差时,方程组逐渐收敛于真解 $x=(11.000,12.000,13.000)$,计算结果列于表 5-2 中。

表 5-2　　　　　　　　　　　　计算结果

迭代次数 k	x_1	x_2	x_3
1	7. 2000000000000	9. 0200000000000	11. 644000000000
2	10. 4308000000000	11. 6718800000000	12. 820536000000
3	10. 9312952000000	11. 9572367200000	12. 977706384000
4	10. 9912649488000	11. 9946677716800	12. 997186544096
5	10. 9989040859872	11. 9993277174179	12. 999646360681
6	10. 9998620438780	11. 999915476524	12. 9999555040804
7	10. 9999826484685	11. 9999893656629	12. 9999944028263
8	10. 9999978171315	11. 9999986622784	12. 999999295882
9	10. 9999997254042	11. 9999998317168	12. 9999999114242

由此可见,Gauss-Seidel 迭代法较雅可比(Jacobi)迭代法能以更快的迭代速度收敛于真解。需要注意的是,不是所有的方程组都可以迭代求解,有些方程组是不收敛的,这些方程组需要用其他方法来解算。

习　题

1. 编制程序计算 A 矩阵的转置矩阵 A^{-1}。

$$A=\begin{bmatrix} 0.5307 & 0.1508 & 0.3650 \\ 0.1608 & 0.7758 & 0.1145 \\ 0.3458 & 0.1046 & 1.1342 \end{bmatrix}$$

2. 编制程序计算 A 矩阵的转置矩阵与 B 矩阵的乘积 $A^{-1}B$。

$$A = \begin{bmatrix} 0.5307 & 0.1508 & 0.3650 \\ 0.1608 & 0.7758 & 0.1145 \\ 0.3458 & 0.1046 & 1.1342 \end{bmatrix} \quad B = \begin{bmatrix} 2.6061 & 5.6587 \\ 3.1568 & 4.3652 \\ 1.0206 & -1.2698 \end{bmatrix}$$

3. 利用矩阵计算模块，计算上题中矩阵 A 的逆矩阵。

第六章 测量平差计算程序设计

6.1 测量平差概述

在测量工作中,经常涉及求某些几何量的大小的问题,其中,有的量可以直接测定,但有的量不能直接测定,而是通过测定其他一些量,利用相关函数模型,来间接求出这些量的大小。例如,为求定点的坐标建立的平面控制网(导线网、测角网、测边网和边角网等),就是通过测量角度和距离求定点的坐标。高程控制网一般是通过测定高差然后计算点的高程。几何模型(网形)一旦确定,可建立所求量与已知量之间的关系,也就是函数模型。

确定一个几何模型(控制网)所必需的观测元素个数为必要观测数,能唯一确定某一模型的必要观测元素之间不存在函数关系,是函数独立的量。换句话说,任何一个必要观测元素都不能表达为其他必要元素的函数。如果在模型中总共有 n 个观测值,模型的必要观测元素个数为 t,则

$$r=n-t \tag{6-1}$$

式(6-1)表示在 n 个观测值中,共有 r 个多余观测值,r 称为多余观测数。

既然一个模型可以通过 t 个必要而独立的量唯一确定,那么就意味着该模型中任何一个量都可以通过这 t 个量确定下来。也就是说,模型中的任何一个量必然是这 t 个独立量的函数,所有量都可以用这 t 个量表达。需要强调的是,如果观测值中不包含能唯一确定模型的必要类型,即使 $n>t$,对于确定该模型来说,数据仍然是不足的。

通过 t 个必要观测元素,可以唯一地确定一个模型,但仅对必要元素进行观测,无法发现错误和粗差,测量工作还必须进行多余观测。如果有 r 个多余观测,则 n 个观测量之间存在 r 个函数关系。多余观测数在测量中又被称为"自由度"。

6.2　测量平差的函数模型

对于一个实际的平差问题,可建立不同形式的函数模型,产生不同的平差方法。函数模型分为线性函数模型和非线性函数模型两类。测量工作中,控制网一般是应用基于线性函数模型的最小二乘准则进行平差计算,当函数模型为非线性形式时,需要利用泰勒级数将非线性式展开,取其一次项化为线性形式,这个过程称为线性化。

6.2.1　条件平差法

若一个控制网有 n 个观测值 $L_1,L_2,\cdots,L_n$,必要观测数为 t,多余观测数为 r,则在 n 个观测值之间存在 r 个关系式,可以写成:

$$\underset{r,1}{F(\tilde{L})}=0 \tag{6-2}$$

r 个关系式的特点是:在方程中只包含观测量(有时包含固定值和常数),这种函数式称为条件方程式,以这种函数模型为基础的平差计算称为条件平差法。

在如图 6-1 所示的水准网中,共观测了 $n=8$ 段高差,图中 O 为高程控制点,其高程是已知的,A、B、C、D 均为高程待定点,假设网中观测值向量的真值为:

$$\tilde{L}=\begin{bmatrix}\tilde{h}_1 & \tilde{h}_2 & \cdots & \tilde{h}_8\end{bmatrix} \tag{6-3}$$

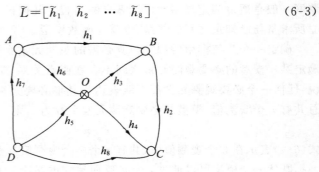

图 6-1　　水准网路线图

网中有一个高程已知点,四个高程待定点,必要观测数 $t=4$,多余观测数 $r=4$,因此在 8 个高差真值之间将产生 4 个函数关系式,它们可以写为:

$$F_1(\tilde{L}) = \tilde{h}_1 - \tilde{h}_3 - \tilde{h}_6 = 0$$

$$F_2(\tilde{L}) = \tilde{h}_2 + \tilde{h}_3 - \tilde{h}_4 = 0$$

$$F_3(\tilde{L}) = \tilde{h}_4 + \tilde{h}_5 - \tilde{h}_8 = 0$$

$$F_4(\tilde{L}) = \tilde{h}_5 - \tilde{h}_6 - \tilde{h}_7 = 0$$

函数关系式中只包含观测量,称为条件方程式。

6.2.2　附有未知参数的条件平差法

在建立函数模型时,为了方便建立条件方程或者直接通过平差求出某些值等原因,条件方程式中还可以引入某些非观测量作为未知参数 X,每增加一个参数未知量,在观测量的真值和未知量真值之间将多产生一个函数关系式。

一般来说,对于确定的几何模型,如果观测总数为 n,必要观测数为 t,多余观测数为 $r(=n-t)$,又引入 u 个独立的未知参数,则增加一个参数 X 就增加一个函数关系式,总共可列 $r+u$ 个条件方程式,以这种函数模型为基础的平差就称为附有未知参数的条件平差法。

在图 6-1 的水准网中,如果选取 B 点高程 H_B 为未知参数,则附有未知参数的条件方程为:

$$F_1(\tilde{L}) = \tilde{h}_1 - \tilde{h}_3 - \tilde{h}_6 = 0$$

$$F_2(\tilde{L}) = \tilde{h}_2 + \tilde{h}_3 - \tilde{h}_4 = 0$$

$$F_3(\tilde{L}) = \tilde{h}_4 + \tilde{h}_5 - \tilde{h}_8 = 0$$

$$F_4(\tilde{L}) = \tilde{h}_5 - \tilde{h}_6 - \tilde{h}_7 = 0$$

$$F_5(\tilde{L}, \tilde{X}) = \tilde{H}_B + \tilde{h}_5 - \tilde{H}_O = 0$$

选取 u 个独立的未知参数,虽然条件方程式的个数增加了,但多余观测数并没有改变,其自由度仍然不变。

6.2.3　附有限制条件的条件平差函数模型

对于确定的几何模型,观测总数为 n,必要观测数为 t,多余观测数为 $r(=n-t)$,又引入 u 个未知参数(不独立),其中 s 个参数是其余独立参数的函数,可列 s 个参数间的限制条件方程,可列 r 个条件方程和 s 个限制条件方程,以这种函数模型为基础的平差就称为附有限制条件的条件平差法。

6.2.4　间接平差法

既然一个模型可以通过 t 个必要而独立的量被唯一地确定,模型中的任何一个量必然是这 t 个独立量的函数。在一个确定的模型中,最多也只能选出 t

个独立的量。如果平差时选取了模型中任意 t 个独立量作为未知参数,即选取了 $u=t$ 个独立参数,那么在这个模型中所有的量就一定能表达成这 t 个未知参数的函数。也就是说,每个观测值都可以表达为未知参数的函数,在如图 6-1 所示的水准网中,必要观测数 $t=4$,如果选取 A、B、C、D 四点高程值 H_A、H_B、H_C、H_D 为未知参数,观测值与未知参数真值之间可列以下函数关系:

$$\tilde{h}_1 = -\tilde{H}_A + \tilde{H}_D$$

$$\tilde{h}_2 = \tilde{H}_C - \tilde{H}_D$$

$$\tilde{h}_3 = \tilde{H}_D - \tilde{H}_O$$

$$\tilde{h}_4 = \tilde{H}_C - \tilde{H}_O$$

$$\tilde{h}_5 = -\tilde{H}_B + \tilde{H}_O$$

$$\tilde{h}_6 = -\tilde{H}_A - \tilde{H}_B$$

$$\tilde{h}_7 = \tilde{H}_A - \tilde{H}_B$$

$$\tilde{h}_8 = \tilde{H}_C - \tilde{H}_B$$

将每个观测量都表达为所选未知参数的函数,这种形式的函数式称为观测方程,以这种函数模型为基础的平差计算就称为间接平差法。

对于高程控制网,间接平差法一般选取待定点的高程为参数,平面控制网一般选取待定点的二维坐标为参数,三维控制网一般选取待定点的三维坐标为参数。

6.2.5　附有限制条件的间接平差

在进行间接平差时,所列误差方程式中未知参数的个数应等于必要观测数,且未知数之间要相互独立。但有时实际问题中会遇到所选未知数个数多于必要观测个数,即在平差中选取了 $u>t$ 个量作为参数,其中包含了 t 个独立量,则参数间存在 $s=u-t$ 个限制条件。平差时列出 n 个观测方程和 s 个限制参数间关系的条件方程,以此为函数模型的平差方法,就是附有限制条件的间接平差。

6.3　线性最小二乘

6.3.1　最小二乘估计

在平差的函数模型中,除某些固定值和常量以外(如某水准点的已知高程、平面三角形的内角和 180°等），包含的变量为观测向量 L 和未知参数向量 X，由于观测量和未知参数的真值是未知的，我们只可以得到对观测量进行观测得到的观测值，观测值总是具有随机误差的。从数理统计的观点看，观测量就是抽样，观测量的随机性质主要通过其协方差阵 D_L 来描述。

$$D_L = \begin{bmatrix} \sigma_1^2 & \sigma_{12} & \cdots & \sigma_{1n} \\ \sigma_{21} & \sigma_2^2 & \cdots & \sigma_{2n} \\ \vdots & \vdots & & \vdots \\ \sigma_{n1} & \sigma_{n2} & \cdots & \sigma_n^2 \end{bmatrix} \tag{6-4}$$

其中，$\sigma_i^2 (i=1,2,\cdots,n)$ 为观测值 L_i 的方差，$\sigma_{ij}(i \neq j)$ 为观测值 L_i 和 L_j 的协方差，当所有的 $\sigma_{ij}(i \neq j)$ 均等于零时，说明观测值之间在统计性质上是不相关的。

在进行了多余观测的情况下，例如确定一个平面三角形的形状，必要观测数为 $t=2$，如果实际观测了三个角，那么就有一个多余观测，三角之和与理论值 180°之间可能有微小的不符值，即：

$$\Delta = \beta_1 + \beta_2 + \beta_3 - 180° \neq 0 \tag{6-5}$$
$$\Delta_1 + \Delta_2 + \Delta_3 - f = 0 (f = 180° - \beta_1 - \beta_2 - \beta_3) \tag{6-6}$$

其中，Δ_1、Δ_2 和 Δ_3 分别为三个角观测值的改正数。式(6-6)是相容方程，解不唯一，是一个超定问题。为了确定满足函数模型的一组唯一解，必须另外加一个估计准则。在测量数据处理中应用最为广泛的估计准则就是"最小二乘准则"，即：

$$\Delta^T D^{-1} \Delta = \min$$

根据最小二乘准则进行的估计称为最小二乘估计，按最小二乘准则计算既能满足函数模型而又有唯一解的过程称为最小二乘平差。

对于同一平差问题，是否引入参数，参数是否函数独立等都不影响平差问题的自由度和性质。无论采用何种平差模型，平差计算所得到的最后结果都将是相同的。

6.3.2　误差方程的线性化形式

在控制网的平差计算过程中，所列出的条件式有线性的，也有非线性的。经典的最小二乘平差通常是基于线性函数模型的，当条件式是非线性形式时，必须用 Taylor 级数将非线性的条件式线性化。根据 Taylor 级数展开的要求，需要观测值向量和参数向量的近似值，对于观测值向量可取其观测值作为近似值，参数向量可根据观测值计算近似值。

　　线性化的误差方程是近似式,略去了参数和观测值二次以上的各项的影响,只考虑到一次项的影响。如果近似值计算精确度很差,就要把第一次的平差结果作为未知数的近似值再进行一次平差,就是迭代平差。

6.4　条件平差程序编制

　　一般来说,对于同一个平差问题,不论采用哪种平差函数模型,平差后的结果都是相同的。条件平差法是一种不选任何参数的平差方法,通过平差计算可直接求得所有观测量的平差值和精度,是平差计算中最基本的一种方法。对于某些复杂的平差问题,如大型测角网、边角网等,条件方程式的类型较多,而且某些类型的条件方程式形式复杂,规律性不够明显,建立条件方程式较为困难,这是条件平差的不足之处。

6.4.1　条件平差公式

　　条件平差法未选取任何参数,可作为附有限制条件的条件平差的特例,其计算公式推导过程可参阅相关测量平差书籍,这里仅给出计算公式。

6.4.1.1　条件平差法的总法方程

$$\begin{cases} AV - f = 0 \\ PV - A^{\mathrm{T}}K = 0 \end{cases} \tag{6-7}$$

6.4.1.2　条件平差法总法方程的解

$$\begin{cases} PV = A^{\mathrm{T}}K \\ V = QA^{\mathrm{T}}K \\ AQA^{\mathrm{T}}K - f = 0 \\ K = (AQA^{\mathrm{T}})^{-1}f \\ V = QA^{\mathrm{T}}(AQA^{\mathrm{T}})^{-1}f \end{cases} \tag{6-8}$$

式中,Q 为先验权阵 P 的逆矩阵。

6.4.1.3　条件平差法精度评定公式

　　在条件平差计算中,需要对观测量平差值以及它们函数的精度进行估计,也就是说,需要计算观测量平差值及其函数值的验后协方差阵。验后协方差阵等于单位权方差的估值$\hat{\sigma}_0^2$乘以平差后的协因数阵(权逆阵)。验后单位权方差的估值为:

$$\hat{\sigma}_0^2 = \frac{V^{\mathrm{T}}PV}{r} \tag{6-9}$$

式(6-16)中,r 为自由度(即多余观测数)。平差后改正数的协因数阵为:

$$Q_V = QA^{\mathrm{T}}(AQA^{\mathrm{T}})^{-1}AQ \tag{6-10}$$

改正数的协方差阵为:

$$D_V = \hat{\sigma}_0^2 \cdot Q_V \tag{6-11}$$

观测量平差值的协因数阵为:

$$Q_L = Q - QA^{\mathrm{T}}(AQA^{\mathrm{T}})^{-1}AQ \tag{6-12}$$

在条件平差中,不选任何参数,任何量的平差值均可表达成观测量平差值的函数,可按广义传播率计算观测量函数值的精度。

6.4.2　条件平差程序编制步骤

条件平差计算程序编制步骤如下:

(1) 根据平差问题的具体情况,列出条件方程式,并化为线性形式,条件方程的个数等于多余观测数 r。

(2)确定条件式的系数矩阵 A 和常数向量 f;确定观测值的权阵 P(P 的逆矩阵为协因数阵 Q)。

(3)调用矩阵计算子程序,计算观测值改正数向量 V,计算公式为 $V = QA^{\mathrm{T}}$ $\cdot (AQA^{\mathrm{T}})^{-1}f$,原始观测值与改正数之和即为观测值平差值。

(4)进行精度评定,验后单位权中误差为 $\hat{\sigma}_0^2 = \dfrac{V^{\mathrm{T}}PV}{r}$,改正数的协因数阵为 $Q_V = QA^{\mathrm{T}}(AQA^{\mathrm{T}})^{-1}AQ$,改正数的协方差阵为 $D_V = \hat{\sigma}_0^2 \cdot Q_V$。

(5) 平差值$\hat{L}$的协因数阵为 $Q_L = Q - Q_V$,平差值函数的协因数阵和方差阵可根据误差广义传播率进行计算。

6.4.3　水准网条件平差计算

例 6-1　如图 6-2 所示,A、B 是已知的高程点,P_1、P_2、P_3 是待定点,已知数据与观测数据列于表 6-1 中,按条件平差求各点的高程平差值。

表 6-1　　　　　　　　　　　　**已知数据与观测数据**

路线号	观测高差（m）	路线长度（km）	已知高程（m）
1	＋1.359	1.1	
2	＋2.009	1.7	
3	＋0.363	2.3	
4	＋1.012	2.7	$H_A = 5.016$
5	＋0.657	2.4	$H_B = 6.016$
6	＋0.238	1.4	
7	－0.595	2.6	

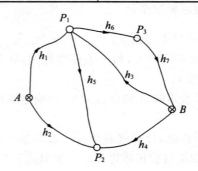

图 6-2　水准网图

解：（1）列立条件方程

控制网有 7 个高差观测值，有 3 个待定高程点，必要观测数为 $t=3$，多余观测数为 $r=n-t=4$。

列立 4 个条件方程为：

$$\tilde{h}_1 - \tilde{h}_2 + \tilde{h}_5 = 0$$

$$\tilde{h}_3 - \tilde{h}_4 + \tilde{h}_5 = 0$$

$$\tilde{h}_3 + \tilde{h}_6 + \tilde{h}_7 = 0$$

$$\tilde{h}_2 - \tilde{h}_4 = H_B - H_A$$

将观测值带入，可得改正数条件方程。

$$v_1 - v_2 + v_5 + 7 = 0$$
$$v_3 - v_4 + v_5 + 8 = 0$$
$$v_3 + v_6 + v_7 + 6 = 0$$
$$v_2 - v_4 - 3 = 0$$

写为矩阵形式为：

$$\begin{bmatrix} 1 & -1 & 0 & 0 & 1 & 0 & 0 \\ 0 & 0 & 1 & -1 & 1 & 0 & 0 \\ 0 & 0 & 1 & 0 & 0 & 1 & 1 \\ 0 & 1 & 0 & -1 & 0 & 0 & 0 \end{bmatrix} V - \begin{bmatrix} -7 \\ -8 \\ -6 \\ +3 \end{bmatrix} = 0$$

由条件方程，得系数矩阵为：

$$A = \begin{bmatrix} 1 & -1 & 0 & 0 & 1 & 0 & 0 \\ 0 & 0 & 1 & -1 & 1 & 0 & 0 \\ 0 & 0 & 1 & 0 & 0 & 1 & 1 \\ 0 & 1 & 0 & -1 & 0 & 0 & 0 \end{bmatrix} ; f = \begin{bmatrix} -7 \\ -8 \\ -6 \\ +3 \end{bmatrix}$$

（2）定权

以每千米观测高差为单位权观测，即 $C=1$，则 $P_i = 1/S_i$，则：

$$Q = P^{-1} = \begin{bmatrix} 1.1 & & & & & & \\ & 1.7 & & & & & \\ & & 2.3 & & & & \\ & & & 2.7 & & & \\ & & & & 2.4 & & \\ & & & & & 1.4 & \\ & & & & & & 2.6 \end{bmatrix}$$

（3）形成法方程

$$AQA^{\mathrm{T}}K - f = 0$$

$$\begin{bmatrix} 5.2 & 2.4 & 0 & -1.7 \\ 2.4 & 7.4 & 2.3 & 2.7 \\ 0 & 2.3 & 6.3 & 0 \\ -1.7 & 2.7 & 0 & 4.1 \end{bmatrix} \begin{bmatrix} k_1 \\ k_2 \\ k_3 \\ k_4 \end{bmatrix} - \begin{bmatrix} -7 \\ -8 \\ -6 \\ +3 \end{bmatrix} = 0$$

（4）解算法方程

$$K = (AQA^{\mathrm{T}})^{-1} f$$

$$K^{\mathrm{T}} = \begin{bmatrix} -0.2226 & -1.4028 & -0.4414 & 1.4568 \end{bmatrix}^{\mathrm{T}}$$

（5）计算改正数

$$V = QA^{\mathrm{T}}(AQA^{\mathrm{T}})^{-1} f$$

$$V = [-0.24 \quad 2.85 \quad -4.24 \quad -0.14 \quad -3.90 \quad -0.61 \quad -1.14]^T (mm)$$

（6）计算观测值平差值

$$\hat{L} = [1.3588 \quad 2.0119 \quad 0.3588 \quad 1.0119 \quad 0.6531 \quad 0.2374 \quad -0.5962]^T (m)$$

（7）计算高程平差值

$$H_{P_1} = H_A + \hat{L}_1 = 6.3748m$$

$$H_{P_2} = H_A + \hat{L}_2 = 7.0279m$$

$$H_{P_3} = H_B - \hat{L}_7 = 6.6121m$$

（8）改正数的协因数阵和方差阵

验后单位权中误差为：

$$\hat{\sigma}_0^2 = \frac{V^T P V}{r} = \pm 2.2mm$$

改正数的协因数阵为：

$$Q_V = QA^T (AQA^T)^{-1} AQ =$$

$$\begin{bmatrix} 0.57 & -0.16 & -0.53 & -0.16 & 0.37 & 0.19 & 0.34 \\ -0.16 & 0.92 & -0.16 & -0.78 & -0.62 & 0.06 & 0.10 \\ -0.53 & -0.16 & 1.77 & -0.16 & 0.37 & 0.19 & 0.34 \\ -0.16 & -0.78 & -0.16 & 1.92 & -0.62 & 0.06 & 0.10 \\ 0.37 & -0.62 & 0.37 & -0.62 & 1.42 & -0.13 & -0.24 \\ 0.19 & 0.06 & 0.19 & 0.06 & -0.13 & 0.42 & 0.79 \\ 0.34 & 0.10 & 0.34 & 0.10 & -0.24 & 0.79 & 1.47 \end{bmatrix}$$

改正数的协方差阵为：

$$D_V = \hat{\sigma}_0^2 \cdot Q_V =$$

$$\begin{bmatrix} 2.82 & -0.80 & -2.63 & -0.80 & 1.83 & 0.91 & 1.71 \\ -0.80 & 4.57 & -0.80 & -3.84 & -3.04 & 0.28 & 0.52 \\ -2.63 & -0.80 & 8.76 & -0.80 & 1.82 & 0.81 & 1.71 \\ -0.80 & -3.84 & -0.80 & 9.52 & -3.04 & 0.28 & 0.52 \\ 1.83 & -3.04 & 1.83 & -3.04 & 7.00 & -0.64 & -1.19 \\ 0.92 & 0.28 & 0.92 & 0.28 & -0.64 & 2.10 & 3.91 \\ 1.71 & 0.52 & 1.71 & 0.52 & -1.19 & 3.91 & 7.26 \end{bmatrix}$$

6.4.4　数据读取格式

对于不同的平差函数模型，条件方程式的类型和形式比较复杂，没有规律性，一般需要人工列立。条件平差的通用计算程序，是从条件方程列立之后，获得系数矩阵、观测值的权阵常数向量之后开始的。

　　现在编制条件平差解算程序解算例 6-1,首先列条件方程,如果条件方程不是线性形式则要化为线性形式,获得系数矩阵 A、常数向量 f,根据先验方差确定观测值的权阵 $P(P$ 的逆矩阵为协因数阵 Q)。

　　约定程序数据读取格式及说明如下:

7,4,3　　　　　　　　　　　　　　　　　　观测值个数、多余观测数及必要观测数

1.0　−1.0　0.0　0.0　1.0　0.0　0.0　　　　条件方程的系数矩阵

0.0　0.0　1.0　−1.0　1.0　0.0　0.0　　　　条件方程的系数矩阵

0.0　0.0　1.0　0.0　0.0　1.0　1.0　　　　条件方程的系数矩阵

0.0　1.0　0.0　−1.0　0.0　0.0　0.0　　　　条件方程的系数矩阵

1.1,1.7,2.3,2.7,2.4,1.4,2.6　　　　　　水准路线长度,各观测值权倒数

−7.0,−8.0,−6.0,3.0　　　　　　　　　　常数向量元素

6.4.5　水准网条件平差程序

　　水准网条件平差程序主要由数据读取、平差计算、精度评定和计算结果输出这几个程序段组成,程序代码如下:

```
Private Sub sztjpc_Click()       '水准网条件平差
Dim n%, t%, r%, i%, j%, kk As Boolean
    Dim A#(), f#(), p#(), Q#(), V#()
    Dim At#(), Qat#(), Naa#(), K#()
    Dim Fai#(), Vt#(), Vtp#(), Zj1#(), Zj2#(), Qv#()    '精度评
定数组
        Open "d:\szw.txt" For Input As #1
        Open "d:\szresult.txt" For Output As #2
        Input #1, n, r, t
    ReDim A(1 To r, 1 To n), f(1 To r, 1 To 1)
    ReDim p(1 To n, 1 To n), Q(1 To n, 1 To n)
        For i = 1 To r
            For j = 1 To n
                Input #1, A(i, j)
            Next j
        Next i
    For i = 1 To n
        Input #1, Q(i, i): p(i, i) = 1# / Q(i, i)
    Next i
```

```
For i = 1 To r
    Input #1, f(i, 1)
Next i
'* * * * * * * * * * * * * * * * * * * *平差计算程序段开始
ReDim At#(1 To n, 1 To r), Qat#(1 To n, 1 To r)
ReDim Naa#(1 To r, 1 To r), K#(1 To r, 1 To 1), V(1 To n, 1 To 1)
    MatrixTrans A, At
    Matrix_Multy Qat, Q, At
    Matrix_Multy Naa, A, Qat
    kk = MRinv(Naa)
    Matrix_Multy K, Naa, f
    Matrix_Multy V, Qat, K                          '平差计算程序段结束
'* * * * * * * * * * * * * * * * * * * *精度评定程序段开始
    ReDim Fai#(1 To 1, 1 To 1), Vt(1 To 1, 1 To n), Vtp(1 To 1, 1 To n)
    ReDim Zj1#(1 To n, 1 To r), Zj2#(1 To n, 1 To n), Qv#(1 To n, 1 To n)
        '* * * * * * * * * * * * * * * * * *计算单位权中误差
        MatrixTrans V, Vt
        Matrix_Multy Vtp, Vt, p
        Matrix_Multy Fai, Vtp, V: Fai(1, 1) = Fai(1, 1) / r
        Fai(1, 1) = Sqr(Fai(1, 1))
        '* * * * * * * * * * * * * * * * * * * *计算改正数协因数阵
        Matrix_Multy Zj1, Qat, Naa
        Matrix_Multy Zj2, Zj1, A
        Matrix_Multy Qv, Zj2, Q
        '* * * * * * * * * * * * * * * * * * * * *计算改正数方差阵
        For i = 1 To n
            For j = 1 To n
                Qv(i, j) = Qv(i, j) * Fai(1, 1) * Fai(1, 1)
            Next j
        Next i                                       '精度评定程序段结束
'* * * * * * * * * * * * * * * * * * * * *格式输出程序段开始
        Print #2, "改正数的方差阵(单位:毫米 * 毫米):"
        For i = 1 To n
            For j = 1 To n
```

```
        Print ♯2, Format＄(Qv(i, j), " ＊ ＊ 0.0000"),
    Next j
        Print ♯2,
  Next i
Print ♯2, "平差后的观测值改正数(单位:毫米):"
For i ＝ 1 To n
    Print ♯2, Format＄(V(i, 1), " ＊ ＊ 0.0000"),
    Next i                                          '格式输出程序段开始
Text1. Text ＝ "平差计算完成"
Close
End Sub
```

6.4.6　程序运行结果

程序读取 d:\szw. txt 文件中的数据进行计算,建立结果文件 d:\szresult. txt,计算结果自动保存在结果文件中。结果如下:

改正数的方差阵(单位:毫米＊毫米):

2.8179	−0.7959	−2.6269	−0.7959	1.8310	0.9194	1.7075
−0.7959	4.5744	−0.7959	−3.8403	−3.0444	0.2786	0.5173
−2.6269	−0.7959	8.7578	−0.7959	1.8310	0.9194	1.7075
−0.7959	−3.8403	−0.7959	9.5243	−3.0444	0.2786	0.5173
1.8310	−3.0444	1.8310	−3.0444	7.0042	−0.6409	−1.1902
0.9194	0.2786	0.9194	0.2786	−0.6409	2.1036	3.9067
1.7075	0.5173	1.7075	0.5173	−1.1902	3.9067	7.2554

平差后的观测值改正数(单位:毫米):

−0.2427	2.8552	−4.2427	−0.1448	−3.9021	−0.6151	−1.1423

计算结果给出观测值的改正数和改正数的方差阵,平差后改正数的方差阵非对角线元素也不为零,说明平差后的改正数是相关的。改正数的方差由改正数的方差阵的对角线元素给出。

6.5　水准网间接平差程序编制

间接平差法的特点是选定 t 个独立的参数,将每个观测量都表达成这 t 个独立的参数的函数,可由法方程直接解算参数近似值的改正数。高程控制网一般选取待定点的高程为参数,平面控制网一般选取待定点的二维坐标为参数,三维控制网一般选取待定点的三维坐标为参数,这样,平差计算完成就可以直接得到所需要的成果。

间接平差法的优点是列立误差方程的规律性强,编制通用计算程序容易实现。当前的控制网平差计算软件多基于间接平差法实现。但间接平差法的法方程阶数等于控制网的必要观测数 t,大型控制网必要观测数较大,需要解算较大阶数的矩阵,这是间接平差法的不足之处。在计算机的计算速度日益增快的今天,计算工作量的问题已经不是平差计算中要考虑的主要问题了。

6.5.1　间接平差法计算公式

间接平差法选定 t 个独立参数,将每个观测量都表达成这 t 个独立参数的函数,计算公式推导过程可参阅相关测量平差书籍,这里仅给出计算公式。

6.5.1.1　间接平差法的总法方程

$$\begin{cases} V = Bx - l \\ B^{\mathrm{T}} PV = 0 \end{cases} \tag{6-13}$$

式中,$-l = F(X^0) - L$。

6.5.1.2　总法方程的解

$$(B^{\mathrm{T}} PB)x - B^{\mathrm{T}} Pl = 0 \tag{6-14}$$

$$\hat{x} = (B^{\mathrm{T}} PB)^{-1} B^{\mathrm{T}} Pl \tag{6-15}$$

6.5.1.3　间接条件平差法精度评定公式

间接平差与条件平差都是在相同的最小二乘原理下进行的,由于在满足 $V^{\mathrm{T}} PV = \min$ 条件下的 V 是唯一解,所以两种平差方法的结果总是相同的。间接平差法的验后单位权方差的估值仍然是 $V^{\mathrm{T}} PV$ 除以其自由度。

$$\hat{\sigma}_0^2 = \frac{V^{\mathrm{T}} PV}{r} \tag{6-16}$$

式中,r 为自由度(即多余观测数)。选取的参数的协因数阵为:

$$Q_{xx} = (B^{\mathrm{T}} PB)^{-1} \tag{6-17}$$

平差后改正数的协因数阵为:

$$Q_V = Q - BQ_{xx} B^{\mathrm{T}} \tag{6-18}$$

单位权方差的估值 $\hat{\sigma}_0^2$ 分别乘以平差后参数的协因数阵和改正数的协因数阵即为相应的协方差阵。

6.5.2　间接平差程序编制步骤

(1)根据平差问题的具体情况,选取参数,计算参数近似值。

(2)列出误差方程式,并化为线性形式,误差方程的个数等于观测数 n。

(3)确定误差方程的系数矩阵 B 和常数向量 l;确定观测值的权阵 P(P 的逆矩阵为协因数阵 Q)。

(4)调用矩阵计算子程序,计算参数的改正数向量$\hat{x}$,计算公式为:

$$\hat{x}=(B^{\mathrm{T}}PB)^{-1}B^{\mathrm{T}}Pl \qquad (6-19)$$

参数近似值与参数改正数之和即为参数平差值。

(5)进行精度评定,验后单位权中误差为$\hat{\sigma}_0^2=\dfrac{V^{\mathrm{T}}PV}{r}$,参数的协因数阵为 Q_{xx} $=(B^{\mathrm{T}}PB)^{-1}$;平差后改正数的协因数阵为 $Q_V=Q-BQ_{xx}B^{\mathrm{T}}$;单位权方差的估值$\hat{\sigma}_0^2$ 分别乘以平差后参数的协因数阵和改正数的协因数阵即为相应的协方差阵。

6.5.3　间接平差计算示例

例 6-2　按间接平差法解算例 6-1。

解:(1)控制网有 7 个高差观测值,有 3 个待定高程点,必要观测数为 $t=3$,多余观测数为 $r=4$,设 P_1、P_2 和 P_3 点的高程$\hat{X}_1$、$\hat{X}_2$ 和 $\hat{X}_3$ 为参数,求相应的近似值。

$$\hat{X}_1=H_A+h_1=6.375$$
$$\hat{X}_2=H_A+h_2=7.025$$
$$\hat{X}_3=H_B-h_4=6.611$$

(2)列观测方程和误差方程

观测方程为:

$$\begin{cases} \tilde{h}_1=\tilde{X}_1-H_A \\ \tilde{h}_2=\tilde{X}_2-H_A \\ \tilde{h}_3=\tilde{X}_1-H_B \\ \tilde{h}_4=\tilde{X}_2-H_B \\ \tilde{h}_5=\tilde{X}_2-\tilde{X}_1 \\ \tilde{h}_6=\tilde{X}_3-\tilde{X}_1 \\ \tilde{h}_7=H_B-\tilde{X}_3 \end{cases}$$

误差方程为：

$$\begin{cases} v_1 = \hat{x}_1 + 0 \\ v_2 = \hat{x}_2 + 0 \\ v_3 = \hat{x}_1 - 4 \\ v_4 = \hat{x}_2 - 3 \\ v_5 = -\hat{x}_1 + \hat{x}_2 - 7 \\ v_6 = -\hat{x}_1 + \hat{x}_3 - 2 \\ v_7 = -\hat{x}_3 + 0 \end{cases}$$

（3）写成矩阵的形式

$$\begin{bmatrix} v_1 \\ v_2 \\ v_3 \\ v_4 \\ v_5 \\ v_6 \\ v_7 \end{bmatrix} = \begin{bmatrix} 1 & 0 & 0 \\ 0 & 1 & 0 \\ 1 & 0 & 0 \\ 0 & 1 & 0 \\ -1 & 1 & 0 \\ -1 & 0 & 1 \\ 0 & 0 & -1 \end{bmatrix} \begin{bmatrix} \hat{x}_1 \\ \hat{x}_2 \\ \hat{x}_3 \end{bmatrix} - \begin{bmatrix} 0 \\ 0 \\ 4 \\ 3 \\ 7 \\ 2 \\ 0 \end{bmatrix}$$

系数矩阵为：

$$B = \begin{bmatrix} 1 & 0 & 0 \\ 0 & 1 & 0 \\ 1 & 0 & 0 \\ 0 & 1 & 0 \\ -1 & 1 & 0 \\ -1 & 0 & 1 \\ 0 & 0 & -1 \end{bmatrix} \qquad l = \begin{bmatrix} 0 \\ 0 \\ 4 \\ 3 \\ 7 \\ 2 \\ 0 \end{bmatrix}$$

（4）定权

以一千米观测高差为单位权观测，即 $C = 1$，则 $P_i = 1/S_i$，则：

$$Q = P^{-1} = \begin{bmatrix} 1.1 \\ & 1.7 \\ & & 2.3 \\ & & & 2.7 \\ & & & & 2.4 \\ & & & & & 1.4 \\ & & & & & & 2.6 \end{bmatrix}$$

（5）形成法方程并解算

$$(B^TPB)x - B^TPl = 0$$

$$\hat{x} = (B^TPB)^{-1}B^TPl$$

$$\begin{bmatrix} \hat{x}_1 \\ \hat{x}_2 \\ \hat{x}_3 \end{bmatrix} = \begin{bmatrix} 0.5307 & 0.1608 & 0.3450 \\ 0.1608 & 0.7758 & 0.1045 \\ 0.3450 & 0.1045 & 1.1342 \end{bmatrix} \begin{bmatrix} 2.6061 \\ -4.0278 \\ -1.4286 \end{bmatrix} = \begin{bmatrix} 0.0002 \\ -0.0029 \\ -0.0011 \end{bmatrix}$$

平差后高程值为：

$$\begin{bmatrix} H_1 \\ H_2 \\ H_3 \end{bmatrix} = \begin{bmatrix} \hat{X}_1 \\ \hat{X}_2 \\ \hat{X}_3 \end{bmatrix} - \begin{bmatrix} \hat{x}_1 \\ \hat{x}_2 \\ \hat{x}_3 \end{bmatrix} = \begin{bmatrix} 6.3478 \\ 7.0279 \\ 6.6121 \end{bmatrix}$$

（6）精度评定

$$V = Bx - l$$

$$\begin{bmatrix} v_1 \\ v_2 \\ v_3 \\ v_4 \\ v_5 \\ v_6 \\ v_7 \end{bmatrix} = \begin{bmatrix} 1 & 0 & 0 \\ 0 & 1 & 0 \\ 1 & 0 & 0 \\ 0 & 1 & 0 \\ -1 & 1 & 0 \\ -1 & 0 & 1 \\ 0 & 0 & -1 \end{bmatrix} \begin{bmatrix} -0.242 \\ 2.855 \\ 1.142 \end{bmatrix} - \begin{bmatrix} 0 \\ 0 \\ 4 \\ 3 \\ 7 \\ 2 \\ 0 \end{bmatrix} = \begin{bmatrix} -0.242 \\ 2.855 \\ -4.242 \\ -0.145 \\ -3.902 \\ -0.615 \\ -1.142 \end{bmatrix}$$

$$\hat{\sigma}_0 = \pm\sqrt{\frac{V^TPV}{r}} = \pm\sqrt{\frac{19.75}{4}} = 2.225\,\text{mm}$$

$$\begin{bmatrix} \sigma_{\hat{X}_1} \\ \sigma_{\hat{X}_2} \\ \sigma_{\hat{X}_3} \end{bmatrix} = \begin{bmatrix} \hat{\sigma}_0 \ \sqrt{0.5320} = \pm 1.62\,\text{mm} \\ \hat{\sigma}_0 \ \sqrt{0.7739} = \pm 1.96\,\text{mm} \\ \hat{\sigma}_0 \ \sqrt{1.1432} = \pm 2.37\,\text{mm} \end{bmatrix}$$

6.5.4　数据读取格式

需要输入的数据包括水准网中高程控制点个数、待求高程点个数、高差观测值个数、点名、观测值等信息，程序仍然采用文件读取方式。约定数据文件格式如下：

第一行：水准网高程已知点数，高程待定点个数，高差观测值个数。

第二行：点号（已知点在前，未知点在后）。

第三行：控制点高程，待求点近似高程（顺序与点号顺序一致）。

第四行起为观测值信息，顺序为：起点点号，终点点号，距离（km），高差（m）。

按以上数据格式约定,例 6-2 的数据文件如下:

2,	3,	7		
A,	B,	P1,	P2,	P3
5.016,	6.016,	6.375,	7.025,	6.611
A,	P_1,	1.1,	1.359	
A,	P_2,	1.7,	2.009	
B,	P_1,	2.3,	0.363	
B,	P_2,	2.7,	1.012	
P_1,	P_2,	2.4,	0.657	
P_1,	P_3,	1.4,	0.238	
P_3,	B,	2.6,	−0.595	

6.5.5　间接平差程序编制

水准网间接平差程序要读取原始观测数据并组成法方程,较条件平差程序复杂,程序主要由读取观测数据并组成法方程、平差计算、精度评定和格式输出等程序段组成。程序如下:

```
Private Sub szjjpc_Click()                          '水准网间接平差
    Dim B#(), p#(), L#(), X#()
    Dim nz%, nw%, n%, t%, r%, i%, j%
    Dim kk As Boolean
    Dim dmz$(), dmw$(), hz#(), hw#()
    Dim qd$(), zd$(), jl#(), gc#()
    Dim Nbb#(), BPL#(), BT#()
    Dim V#(), Q#(), QX#(), QV#(), BQX#(), Bx#()
    Dim Vt#(), Vtp(), Fai#(), Btp#(), Qvv#()
        Open "d:\szw. txt" For Input As #1
        Open "d:\szresult. txt" For Output As #2
        Input #1, nz, nw, n: t = nw: r = n - t
            ReDim B(1 To n, 1 To t), p(1 To n, 1 To n), L(1 To n, 1 To
1), X(1 To t, 1 To 1)
            ReDim dmz(1 To nz), dmw(1 To nw), hz(1 To nz), hw(1 To nw)
            ReDim qd(1 To n), zd(1 To n), jl(1 To n), gc(1 To n), Q(1
To n, 1 To n)
        '* * * * * * * * * * * * * * * *读取点名与高程
```

```
For i = 1 To nz
  Input ♯1, dmz(i): dmz(i) = Trim(dmz(i))
Next i
For i = 1 To nw
  Input ♯1, dmw(i): dmw(i) = Trim(dmw(i))
Next i
For i = 1 To nz
  Input ♯1, hz(i)
Next i
For i = 1 To nw
  Input ♯1, hw(i)
Next i
'* * * * * * * * * * * * * * 读取观测数据并组成法方程
  For i = 1 To n
    Input ♯1, qd(i), zd(i), jl(i), gc(i)
      p(i, i) = 1 / jl(i): Q(i, i) = jl(i)
'* * * * * * * * * * * * * * 测段起点为控制点,终点为未知点
      For j = 1 To nz
        If qd(i) = dmz(j) Then
          For K = 1 To nw
            If zd(i) = dmw(K) Then
              B(i, K) = 1♯: L(i, 1) = hz(j) + gc(i) − hw(K)
            End If
          Next K
        End If
      Next j
'* * * * * * * * * * * * * * 测段起点为未知点,终点为控制点
      For j = 1 To nz
        If zd(i) = dmz(j) Then
          For K = 1 To nw
            If qd(i) = dmw(K) Then
              B(i, K) = −1♯: L(i, 1) = hw(K) + gc(i) − hz(j)
            End If
          Next K
```

```
                    End If
                Next j
'* * * * * * * * * * * * * * * * 测段起点为未知点,终点为未知点
            For j = 1 To nw
              If qd(i) = dmw(j) Then
                For K = 1 To nw
                  If zd(i) = dmw(K) Then
                      B(i, j) = -1# :B(i, K) = 1# :: L(i, 1) = hw(j) +
gc(i) - hw(K)
                  End If
                Next K
              End If
            Next j
        Next i
'* * * * * * * * * * * 读取观测数据并组成法方程——程序结束
        ReDim BT(1 To t, 1 To n), Btp(1 To t, 1 To n), Nbb(1 To t, 1 To t),
BPL(1 To t, 1 To 1)
        MatrixTrans B, BT
        Matrix_Multy Btp, BT, p
        Matrix_Multy Nbb, Btp, B        '法方程系数矩阵
        kk = MRinv(Nbb)
        Matrix_Multy BPL, Btp, L        '法方程常数向量
        Matrix_Multy X, Nbb, BPL
    '* * * * * * * * * * * * * * * 精度评定块
        ReDim V#(1 To n, 1 To 1), QX(1 To nw, 1 To nw), QV(1 To
n, 1 To n)
        ReDim BQX(1 To n, 1 To t), Bx(1 To n, 1 To 1)
        Matrix_Multy Bx, B, X
        MatrixMinus V, Bx, L
    '* * * * * * * * * * * * * * * 计算单位权中误差
        ReDim Vt(1 To 1, 1 To n), Vtp(1 To 1, 1 To n), Fai(1 To 1, 1
To 1)
        MatrixTrans V, Vt
        Matrix_Multy Vtp, Vt, p
```

```
   Matrix_Multy Fai, Vtp, V: Fai(1, 1) = Fai(1, 1) / r
   Fai(1, 1) = Sqr(Fai(1, 1))
'* * * * * * * * * * * * * *
   Matrix_Multy QX, Btp, B
   kk = MRinv(QX)                    'QX 为参数协因数阵
'* * * * * * * * * * * * * *
   ReDim Qvv(1 To n, 1 To n)
   Matrix_Multy BQX, B, QX
   Matrix_Multy Qvv, BQX, BT
   MatrixMinus QV, Q, Qvv            'QV 为观测值协因数阵
'* * * * * * * * * * * * * * * 格式输出
   For i = 1 To nw
      For j = 1 To nw
         QX(i, j) = QX(i, j) * Fai(1, 1) * Fai(1, 1) * 1000000#
      Next j
   Next i
   For i = 1 To n
      For j = 1 To n
         QV(i, j) = QV(i, j) * Fai(1, 1) * Fai(1, 1) * 1000000#
      Next j
   Next i
   Print #2, "改正数的方差阵(单位:毫米 * 毫米):"
     For i = 1 To n
       For j = 1 To n
         Print #2, Format$ (QV(i, j), " * * 0. 0000"),
       Next j
         Print #2,
     Next i
    Print #2, "计算高程的方差阵(单位:毫米 * 毫米):"
     For i = 1 To nw
       For j = 1 To nw
         Print #2, Format$ (QX(i, j), " * * 0. 0000"),
       Next j
         Print #2,
```

```
        Next i
    Print ♯2,"平差后高程（单位:米）:"
    Print ♯2,"点名　　　　　　参数改正数　　平差后高程"
        For i = 1 To nw
            Print ♯2,dmw(i),Format $ (X(i,1),"＊＊＊＊0.0000"),
Format $ (hw(i) + X(i,1),"＊＊＊＊0.0000")
        Next i
    '＊＊＊＊＊＊＊＊＊＊＊＊＊＊＊格式输出程序段结束
    Text1.Text = "平差计算完成"
Close ♯1,♯2
End Sub
```

6.5.6　程序运行结果

程序读取 d:\szw.txt 文件中的数据进行计算,建立结果文件 d:\szresult.txt,计算结果自动保存在结果文件中。结果如下:

改正数的方差阵（单位:毫米＊毫米）:

2.8179	−0.7959	−2.6269	−0.7959	1.8310	0.9194	1.7075
−0.7959	4.5744	−0.7959	−3.8403	−3.0444	0.2786	0.5173
−2.6269	−0.7959	8.7578	−0.7959	1.8310	0.9194	1.7075
−0.7959	−3.8403	−0.7959	9.5243	−3.0444	0.2786	0.5173
1.8310	−3.0444	1.8310	−3.0444	7.0042	−0.6409	−1.1902
0.9194	0.2786	0.9194	0.2786	−0.6409	2.1036	3.9067
1.7075	0.5173	1.7075	0.5173	−1.1902	3.9067	7.2554

计算高程的方差阵（单位:毫米＊毫米）:

2.6269	0.7959	1.7075
0.7959	3.8403	0.5173
1.7075	0.5173	5.6142

平差后高程（单位:米）:

点名	参数改正数	平差后高程
P1	−0.0002	6.3748
P2	0.0029	7.0279
P3	0.0011	6.6121

间接平差法的计算结果可以直接给出平差后的参数的方差阵和平差值,在本例中,选取的参数为未知点的高程,所以直接得出平差后高程与方差阵,结果中也给出了改正数的方差阵,与条件平差结果比较,结果一致。

6.6　平面控制网间接平差程序编制

6.6.1　平面控制网误差方程的线性化形式

平面控制网间接平差一般选取待定点坐标为参数,所列的误差方程是非线性的,必须利用观测值和参数的近似值对误差方程线性化。

6.6.1.1　方向观测值的误差方程

如图 6-3 所示,设 j、k 的坐标(X_j,Y_j)和(X_k,Y_k)为未知参数,Z_j 为零方向的方位角,则 L_{jk} 的方位角为:

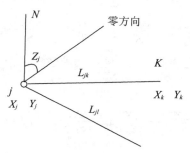

图 6-3　方向观测示意图

$$\tilde{\partial}_{jk}=\tilde{Z}_j+\tilde{L}_{jk}=\arctan(\frac{\tilde{Y}_k-\tilde{Y}_j}{\tilde{X}_k-\tilde{X}_j}) \tag{6-20}$$

得

$$\tilde{L}_{jk}=\arctan(\frac{\tilde{Y}_k-\tilde{Y}_j}{\tilde{X}_k-\tilde{X}_j})-\tilde{Z}_j=f-\tilde{Z}_j \tag{6-21}$$

式(6-21)为非线性函数,要进行线性化。在初始近似值 X_j^0、Y_j^0、X_k^0 和 Y_k^0 处进行 Taylor 级数展开,略去二次以及二次以上各项,得

$$L_{jk}+V_{jk}=-Z_j+\frac{\partial f}{\partial X_j}x_j+\frac{\partial f}{\partial Y_j}y_j+\frac{\partial f}{\partial X_k}x_k+\frac{\partial f}{\partial Y_k}x_k+\arctan(\frac{Y_k^0-Y_j^0}{X_k^0-X_j^0})-Z_j^0$$

式中:$\dfrac{\partial f}{\partial X_j}=-\dfrac{\dfrac{(Y_K-Y_j)(-1)}{(X_k-X_j)^2}}{1+(\dfrac{Y_k-Y_j}{X_k-X_j})^2}=\dfrac{Y_k-Y_j}{(X_k-X_j)^2+(Y_k-Y_j)^2}=\dfrac{\Delta Y_{jk}}{S_{jk}^2}=\dfrac{\sin\alpha_{jk}}{S_{jk}}$

$$\frac{\partial f}{\partial Y_j} = \frac{-\dfrac{1}{X_k - X_j}}{1 + (\dfrac{Y_k - Y_j}{X_k - X_j})^2} = -\frac{X_k - X_j}{(X_k - X_j)^2 + (Y_k - Y_j)^2} = \frac{-\Delta X_{jk}}{S_{jk}^2} = \frac{\cos\alpha_{jk}}{S_{jk}}$$

$$\frac{\partial f}{\partial X_k} = \frac{-\dfrac{Y_k - Y_j}{(X_k - X_j)^2}}{1 + (\dfrac{Y_k - Y_j}{X_k - X_j})^2} = -\frac{Y_k - Y_j}{(X_k - X_j)^2 + (Y_k - Y_j)^2} = \frac{\Delta Y_{jk}}{S_{jk}^2} = -\frac{\sin\alpha_{jk}}{S_{jk}}$$

$$\frac{\partial f}{\partial Y_k} = \frac{\dfrac{1}{X_k - X_j}}{1 + (\dfrac{Y_k - Y_j}{X_k - X_j})^2} = \frac{X_k - X_j}{(X_k - X_j)^2 + (Y_k - Y_j)^2} = \frac{\Delta X_{jk}}{S_{jk}^2} = \frac{\cos\alpha_{jk}}{S_{jk}}$$

$$L_{jk} + V_{jk} = -Z_j + \frac{\partial f}{\partial X_j} x_j + \frac{\partial f}{\partial Y_j}\Big|_{X^0 Y^0} y_j + \frac{\partial f}{\partial X_k}\Big|_{X^0 Y^0} x_k + \frac{\partial f}{\partial Y_k}\Big|_{X^0 Y^0} y_k + \arctan(\frac{Y_k^0 - Y_j^0}{X_k^0 - X_j^0}) - Z_j^0$$

$$L_{jk} + V_{jk} = -Z_j + \frac{\sin\alpha_{jk}^0}{S_{jk}^0} x_j - \frac{\cos\alpha_{jk}^0}{S_{jk}^0} y_i - \frac{\sin\alpha_{jk}^0}{S_{jk}^0} x_k + \frac{\cos\alpha_{jk}^0}{S_{jk}^0} y_k + \arctan(\frac{Y_k^0 - Y_j^0}{X_k^0 - X_j^0}) - Z_j^0$$

$$V_{jk} = -Z_j + \frac{\sin\alpha_{jk}^0}{S_{jk}^0} x_j - \frac{\cos\alpha_{jk}^0}{S_{jk}^0} y_j - \frac{\sin\alpha_{jk}^0}{S_{jk}^0} x_k + \frac{\cos\alpha_{jk}^0}{S_{jk}^0} y_k - L_{jk} + \arctan(\frac{Y_k^0 - Y_j^0}{X_k^0 - X_j^0}) - Z_j^0$$

即：

$$V_{jk} = -Z_j + \frac{\Delta Y_{jk}^0}{(S_{jk}^0)^2} x_j - \frac{\Delta X_{jk}^0}{(S_{jk}^0)^2} y_j - \frac{\Delta Y_{jk}^0}{(S_{jk}^0)^2} x_k + \frac{\Delta X_{jk}^0}{(S_{jk}^0)^2} y_k - L_{jk} + \arctan(\frac{Y_k^0 - Y_j^0}{X_k^0 - X_j^0}) - Z_j^0 \qquad (6\text{-}22)$$

当 j 点已知时：

$$V_{jk} = -Z_j - \frac{\Delta Y_{jk}^0}{(S_{jk}^0)^2} x_k + \frac{\Delta Y_{jk}^0}{(S_{jk}^0)^2} x_k - L_{jk} + \arctan(\frac{Y_k^0 - Y_j^0}{X_k^0 - X_j^0}) - Z_j^0$$

当 k 点已知时：

$$V_{jk} = -Z_j - \frac{\Delta Y_{jk}^0}{(S_{jk}^0)^2} x_j - \frac{\Delta Y_{jk}^0}{(S_{jk}^0)^2} y_j - L_{jk} + \arctan(\frac{Y_k^0 - Y_j^0}{X_k^0 - X_j^0}) - Z_j^0$$

6.6.1.2　角度的误差方程

有了方向观测值的线性化观测方程，可以得到角度观测值的线性化观测方程。角度观测值的线性化观测方程为：

$$V_\beta = \left[\frac{\Delta Y_{jl}^0}{(S_{jl}^0)^2} - \frac{\Delta Y_{jk}^0}{(S_{jk}^0)^2}\right] x_j - \left[\frac{\Delta X_{jl}^0}{(S_{jl}^0)^2} - \frac{\Delta X_{jk}^0}{(S_{jk}^0)^2}\right] y_j + \frac{\Delta Y_{jk}^0}{(S_{jk}^0)^2} x_k - \frac{\Delta X_{jk}^0}{(S_{jk}^0)^2} y_k - \frac{\Delta Y_{jl}^0}{(S_{jl}^0)^2} x_h$$

$$+ \frac{\Delta X_{jh}^0}{(S_{jl}^0)^2} y_h - (T_{jh}^0 - T_{jk}^0 - \beta_i) \qquad (6\text{-}23)$$

6.6.1.3　距离的误差方程

如图 6-4 所示，设 j、k 的坐标 (X_j, Y_j) 和 (X_k, Y_k) 为未知参数，则 jk 的距

离为：

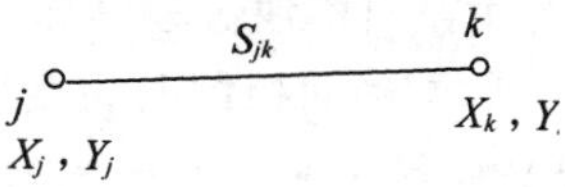

图 6-4 距离观测示意图

$$\tilde{S}_{jk} = \sqrt{(\tilde{X}_k - \tilde{X}_j)^2 + (\tilde{Y}_k - \tilde{Y}_j)^2} \tag{6-24}$$

式(6-24)为非线性函数，要进行线性化。在初始近似值 X_j^0、Y_j^1、X_k^0 和 Y_k^0 处进行 Taylor 级数展开，略去二次以及二次以上各项，则

$$S_{jk} + V_{jk} = \frac{\partial f}{\partial X_j} x_j + \frac{\partial f}{\partial Y_j} y_j + \frac{\partial f}{\partial X_k} x_k + \frac{\partial f}{\partial Y_k} y_k + \sqrt{(\tilde{X}_k^0 - \tilde{X}_j^0)^2 + (\tilde{Y}_k^0 - \tilde{Y}_j^0)^2}$$

式中：
$$\frac{\partial f}{\partial X_j} = \frac{-2(X_k - X_j)}{2\sqrt{(X_k - X_j)^2 + (Y_k - Y_j)^2}} = -\frac{\Delta X_{jk}}{S} = -\cos\alpha_{jk}$$

$$\frac{\partial f}{\partial Y_j} = \frac{-2(Y_k - Y_j)}{2\sqrt{(X_k - X_j)^2 + (Y_k - Y_j)^2}} = -\frac{\Delta Y_{jk}}{S} = -\sin\alpha_{jk}$$

$$\frac{\partial f}{\partial X_k} = \frac{2(X_k - X_j)}{2\sqrt{(X_k - X_j)^2 + (Y_k - Y_j)^2}} = \frac{\Delta X_{jk}}{S} = \cos\alpha_{jk}$$

$$\frac{\partial f}{\partial Y_k} = \frac{2(Y_k - Y_j)}{2\sqrt{(X_k - X_j)^2 + (Y_k - Y_j)^2}} = \frac{\Delta Y_{jk}}{S} = \sin\alpha_{jk}$$

$$S_{jk} + V_{jk} = \frac{\partial f}{\partial X_j}\Big|_{x^0 y^0} x_j + \frac{\partial f}{\partial Y_j}\Big|_{x^0 y^0} y_j + \frac{\partial f}{\partial X_k}\Big|_{x^0 y^0} x_k + \frac{\partial f}{\partial Y_k}\Big|_{x^0 y^0} x_k + \sqrt{(\tilde{X}_k^0 - \tilde{X}_j^0)^2 + (\tilde{Y}_k^0 - \tilde{Y}_j^0)^2}$$

$$S_{jk} + V_{jk} = -\cos\alpha_{jk}^0 x_j - \sin\alpha_{jk}^0 y_j + \cos\alpha_{jk}^0 x_k + \sin\alpha_{jk}^0 y_k + \sqrt{(\tilde{X}_k^0 - \tilde{X}_j^0)^2 + (\tilde{Y}_k^0 - \tilde{Y}_j^0)^2}$$

$$V_{jk} = -\cos\alpha_{jk}^0 x_j - \sin\alpha_{jk}^0 y_y + \cos\alpha_{jk}^0 x_k + \sin\alpha_{jk}^0 y_k + \sqrt{(\tilde{X}_k^0 - \tilde{X}_j^0)^2 + (\tilde{Y}_k^0 - \tilde{Y}_j^0)^2} - S_{jk}$$

即：

$$V_{jk} = \frac{\Delta X_{jk}^0}{S_{jk}^0} x_j - \frac{\Delta Y_{jk}^0}{S_{jk}^0} y_j + \frac{\Delta X_{jk}^0}{S_{jk}^0} x_k + \frac{\Delta Y_{jk}^0}{S_{jk}^0} y_k + \sqrt{(X_k^0 - X_j^0)^2 + (Y_k^0 - Y_j^0)^2} - S_{jk}$$

$$\tag{6-25}$$

当 j 点已知时：
$$V_{jk} = \frac{\Delta X_{jk}^0}{S_{jk}^0} x_k + \frac{\Delta Y_{jk}^0}{S_{jk}^0} y_k + \sqrt{(X_k^0 - X_j^0)^2 + (Y_k^0 - Y_j^0)^2} - S_{jk}$$

当 k 点已知时：
$$V_{jk} = \frac{\Delta X_{jk}^0}{S_{jk}^0} x_j - \frac{\Delta Y_{jk}^0}{S_{jk}^0} y_j + \sqrt{(X_k^0 - X_j^0)^2 + (Y_k^0 - Y_j^0)^2} - S_{jk}$$

6.6.2 平面控制网间接平差程序

平面控制网间接平差程序非常复杂，程序分为几个模块进行编制，主要包括

定义变量模块、读取原始数据程序模块、观测数据组成法方程模块、法方程解算模块、精度评定模块和结果格式输出模块。程序如下:

```
Private Sub dxpc_Click()        '平面控制网间接平差
    Rem   程序模块 1:定义变量 * * * * * * * * * * * * * * * * *
    Dim zds%, qds%, jds%, gczs%, i%, j%, sm $, zbs%, kk As Boolean
    Dim dmz $ (), dmw $ (), xz # (), yz # (), xw # (), yw # (), gczbs%()
    Dim cz $ (), hs $ (), mb $ (), jdd%, jdf%, jdm#, jd # (), jl # ()
    Dim fi #, B # (), p # (), L # (), x # ()
    Dim dx1 #, dy1 #, dx2 #, dy2 #, s1 #, s2 #
    Dim xj #, yj #, xh #, yh #, xk #, yk #
    Dim BT # (), Btp # (), Nbb # (), BPL # ()
    Dim V # (), QX # (), QV # (), BQX # (), Bx # ()
    Dim Vt # (), Vtp # (), Fai # (), Qvv # (), Q # ()
    Const PI = 3.14159265358979
    Const ru = 206264.806
        Open "d:\sy.txt" For Input As #1
        Open "d:\result.txt" For Output As #2
    Rem   程序模块 2:读取原始数据程序块 * * * * * * * * * *
    Line Input #1, sm $        '读取数据说明字符串
    Input #1, zds, qds, gczs, fi      '网信息说明,总算点数,观测值数,单
位权中误差
        jds = (zds - qds): t = 2 * jds: r = gczs - t
        'jds 为坐标计算点数,t 为参数个数,r 为多余观测数
        ReDim dmz $ (1 To qds), xz # (1 To qds), yz # (1 To qds)
'dmz:起算点点名数组;xz,yz:起算点坐标数组
        ReDim dmw $ (1 To jds), xw # (1 To jds), yw # (1 To jds)
'dmw 待定点点名数组;xw,yw:待定点坐标数组
        ReDim gczbs%(1 To gczs), cz $ (1 To gczs), hs $ (1 To gczs),
mb $ (1 To gczs), jd # (1 To gczs), jl # (1 To gczs)
        ReDim B # (1 To gczs, 1 To 2 * jds), p(1 To gczs, 1 To gczs),
L # (1 To gczs, 1 To 1)
        Rem gczbs 观测值标示;cz $ 、hs $ 、mb $ 为测站、后视、目标点
名;jd 为角度值;jl 为距离值
        Rem B() 为误差方程系数矩阵;P() 为权阵;L() 为误差方程常
```

数项阵

```
        Line Input #1, sm $
         For i = 1 To qds
            Input #1, dmz(i), xz(i), yz(i): dmz(i) = Trim(dmz(i))
         Next i
         Line Input #1, sm $
         For i = 1 To jds
            Input #1, dmw(i), xw(i), yw(i): dmw(i) = Trim(dmw(i))
         Next i
         Input #1, sm $
         For i = 1 To gczs
            Input #1, gczbs(i)
            If gczbs(i) = 0 Then
               Input #1, cz(i), hs(i), mb(i), sm $, p(i, i)
                  jdd = Val(Left $ (sm $ , 3)): jdf = Val(Mid $ (sm $ , 4,
3)): jdm = Val(Mid $ (sm $ , 7, 5))
                  jd(i) = jdd + (jdf / 60#) + (jdm / 3600#): jd(i) = jd(i) *
PI / 180#
            Else
               Input #1, cz(i), mb(i), jl(i), p(i, i)
            End If
         Next i
     Rem    程序模块3:观测数据组成法方程 * * * * * * * * * * * *
            For i = 1 To 2 * jds
               For j = 1 To 2 * jds
                  B(i, j) = 0
               Next j
            Next i
     '* * * * * * * * * * * *
     For i = 1 To gczs
        If gczbs(i) = 0 Then
               p(i, i) = fi * fi / (p(i, i) * p(i, i))
        '* * * * * * * * * * * *角度的三个端点坐标赋值
        For j = 1 To qds
```

```
            If cz(i) = dmz(j) Then
                xj = xz(j)：yj = yz(j)
            End If
            If hs(i) = dmz(j) Then
                xh = xz(j)：yh = yz(j)
            End If
            If mb(i) = dmz(j) Then
                xk = xz(j)：yk = yz(j)
            End If
        Next j
        For j = 1 To jds
            If cz(i) = dmw(j) Then
                xj = xw(j)：yj = yw(j)
            End If
            If hs(i) = dmw(j) Then
                xh = xw(j)：yh = yw(j)
            End If
            If mb(i) = dmw(j) Then
                xk = xw(j)：yk = yw(j)
            End If
        Next j
        '＊＊角度的三个端点坐标赋值完毕,系数矩阵元素计算
        dx1 = xh － xj：dy1 = yh － yj：dx2 = xk － xj：dy2 = yk － yj
        s1 = Sqr(dx1 ＊ dx1 ＋ dy1 ＊ dy1)：s2 = Sqr(dx2 ＊ dx2 ＋
dy2 ＊ dy2)
        For j = 1 To jds
            If cz(i) = dmw(j) Then
            B(i, 2 ＊ j － 1) = (dy2 / (s2 ＊ s2) － dy1 / (s1 ＊
s1)) ＊ ru
            B(i, 2 ＊ j) = (dx2 / (s2 ＊ s2) － dx1 / (s1 ＊ s1)) ＊
ru ＊ (－1＃)
            End If
            If hs(i) = dmw(j) Then
                B(i, 2 ＊ j － 1) = (dy1 / (s1 ＊ s1)) ＊ ru
```

```
            B(i, 2 * j) = (dx1 / (s1 * s1)) * ru * (-1#)
        End If
        If mb(i) = dmw(j) Then
            B(i, 2 * j - 1) = (dy2 / (s2 * s2)) * ru * (-1#)
            B(i, 2 * j) = (dx2 / (s2 * s2)) * ru
        End If
    Next j
    L#(i, 1) = (180 - Sgn(dy2) * 90 - Atn(dx2 / dy2) *
57.29577951308) - (180 - Sgn(dy1) * 90 - Atn(dx1 /
dy1) * 57.29577951308)
        If L#(i, 1) < 0# Then L#(i, 1) = L#(i, 1) + 360#
        L#(i, 1) = jd(i) - L#(i, 1) * PI / 180: L#(i, 1) = L#(i,
1) * ru
    Else
        p(i, i) = fi * fi / (p(i, i) * p(i, i))
'**观测边的两个端点坐标赋值,系数矩阵元素计算
    For j = 1 To qds
        If cz(i) = dmz(j) Then xj = xz(j): yj = yz(j)
        If mb(i) = dmz(j) Then xk = xz(j): yk = yz(j)
    Next j
    For j = 1 To jds
        If cz(i) = dmw(j) Then xj = xw(j): yj = yw(j)
        If mb(i) = dmw(j) Then xk = xw(j): yk = yw(j)
    Next j
    dx1 = xk - xj: dy1 = yk - yj: s1 = Sqr(dx1 * dx1 + dy1 * dy1)
    For j = 1 To jds
        If cz(i) = dmw(j) Then
            B(i, 2 * j - 1) = (dx1/s1) * (-1#)
            B(i, 2 * j) = (dy1/s1) * (-1#)
        End If
        If mb(i) = dmw(j) Then
            B(i, 2 * j - 1) = (dx1/s1)
            B(i, 2 * j) = (dy1/s1)
        End If
```

```
            Next j
            L#(i, 1) = jl(i) - s1
        End If
    Next i                          读取观测数据并组成法方程——程序结束
  Rem    程序模块 4:法方程解算,平差值计算 * * * * * * * * * * * *
    ReDim BT#(1 To 2 * jds, 1 To gczs), Btp#(1 To 2 * jds, 1 To
gczs), Nbb#(1 To 2 * jds, 1 To 2 * jds)
    ReDim BPL#(1 To 2 * jds, 1 To 1), x#(1 To 2 * jds, 1 To 1)
    MatrixTrans B, BT
    Matrix_Multy Btp, BT, p
    Matrix_Multy Nbb, Btp, B
    kk = MRinv(Nbb)
    Matrix_Multy BPL, Btp, L
    Matrix_Multy x, Nbb, BPL
  Rem    程序模块 5:精度评定 * * * * * * * * * * * * * * * * * *
    ReDim V#(1 To gczs, 1 To 1), QX(1 To 2 * jds, 1 To 2 * jds),
QV(1 To gczs, 1 To gczs)
    ReDim BQX(1 To gczs, 1 To 2 * jds), Bx(1 To gczs, 1 To 1)
    Matrix_Multy Bx, B, x
    MatrixMinus V, Bx, L
    '* * * * * * * * * * * * * * * * * 计算单位权中误差
    ReDim Vt(1 To 1, 1 To gczs), Vtp(1 To 1, 1 To gczs), Fai(1 To
1, 1 To 1)
    MatrixTrans V, Vt
    Matrix_Multy Vtp, Vt, p
    Matrix_Multy Fai, Vtp, V: Fai(1, 1) = Fai(1, 1) / r
    Fai(1, 1) = Sqr(Fai(1, 1))
    '* * * * * * * * * * * * * * * * * * * * * * * * * * * *
    Matrix_Multy QX, Btp, B
    kk = MRinv(QX)                    'QX 为参数协因数阵
    '* * * * * * * * * * * * * * * * * * * * * * * * * * * *
    ReDim Qvv(1 To gczs, 1 To gczs)
    Matrix_Multy BQX, B, QX
    Matrix_Multy Qvv, BQX, BT
```

```
        kk = MRinv(p)
        MatrixMinus QV, p, Qvv              'QV 为观测值协因数阵
Rem     程序模块 6:格式输出块 * * * * * * * * * * * * * *
        For i = 1 To 2 * jds
            For j = 1 To 2 * jds
                QX(i, j) = QX(i, j) * Fai(1, 1) * Fai(1, 1) * 1000000 #
            Next j
        Next i
        For i = 1 To gczs
            For j = 1 To gczs
                QV(i, j) = QV(i, j) * Fai(1, 1) * Fai(1, 1)
            Next j
        Next i
        Print #2, "观测值改正数的方差阵(单位:毫米 * 毫米):"
        For i = 1 To gczs
            For j = 1 To gczs
                Print #2, Format $ (QV(i, j), " * * 0.0000"),
            Next j
                Print #2,
        Next i
        Print #2, "计算坐标的方差阵(单位:毫米 * 毫米):"
        For i = 1 To 2 * jds
            For j = 1 To 2 * jds
                Print #2, Format $ (QX(i, j), " * * 0.000"),
            Next j
                Print #2,
        Next i
        Print #2, "平差后坐标 (单位:米):"
        Print #2, "点名    坐标 X 改正数    Y 改正数    坐标 X 平差值
坐标 Y 平差值    坐标 X 中误差    坐标 Y 中误差"
        For i = 1 To jds
            Print #2, dmw(i), Format $ (x(2 * i - 1, 1), " * * * *
0.00000"), Format $ (x(2 * i, 1), " * * * * 0.00000"),
            Print #2, Format $ (xw(i) + x(2 * i - 1, 1), " * * * *
```

＊＊＊＊＊＊＊＊＊0.0000"）, Format $ (yw(i) ＋ x(2 ＊ i, 1), "＊＊＊＊
＊＊＊＊＊＊＊＊0.0000"),

　　　　　Print ＃2, Format $ (Sqr(QX(2 ＊ i － 1, 2 ＊ i － 1))
/ 1000＃, "＊＊＊＊＊＊＊0.0000"), Format $ (Sqr(QX(2 ＊ i, 2 ＊ i))
/ 1000＃, "＊＊＊＊＊＊＊0.0000")

　　　　　Next i

　　'＊＊＊＊＊＊＊＊＊＊＊＊＊＊＊＊＊＊＊＊＊格式输出程序段结束
Close
Text1. Text ＝ "平差计算完毕！"
End Sub

6.6.3　导线网间接平差算例

6.6.3.1　导线网

如图 6-5 所示，A、B、C、D 为坐标已知点，$P_1 \sim P_6$ 为坐标待定点，观测了 14 个角度和 9 条边长。已知角度测量中误差为 $\sigma_\beta = 10''$，测边中误差为 $\sigma_s = \sqrt{S_i}$ (mm)，已知点数据和待定点近似坐标见表 6-2。

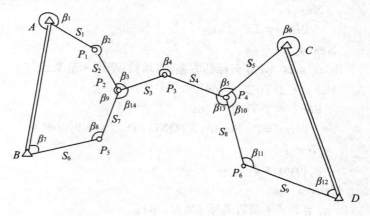

图 6-5　导线网网图

表 6-2 已知点数据和待定点近似坐标

点号	坐标		点号	近似坐标	
	X(m)	Y(m)		X(m)	Y(m)
A	4065871.1893	478220.8223	P_1	4065825.810	478272.250
B	4065632.2173	478179.4811	P_2	4065740.107	478312.579
C	4065840.9400	478533.4018	P_3	4065768.340	478392.230
D	4065663.4750	478570.7100	P_4	4065732.041	478470.885
			P_5	4065681.630	478279.300
			P_6	4065674.567	478506.177

观测数据见表 6-3。

表 6-3 观测数据

编号	角度观测值 (° ′ ″)	编号	角度观测值 (° ′ ″)	编号	边长观测值(m)
1	301 36 31.0	10	118 35 26.3	1	68.582
2	203 22 35.2	11	131 18 15.2	2	94.740
3	95 41 09.1	12	68 22 31.6	3	84.523
4	224 17 27.4	13	146 19 37.1	4	86.668
5	95 05 02.1	14	139 09 15.9	5	125.651
6	318 16 06.5			6	111.449
7	53 51 08.7			7	67.289
8	145 58 18.1			8	67.456
9	125 09 37.5			9	65.484

编制平面控制网间接平差程序,求待定点坐标平差值及点位中误差。

6.6.3.2 数据读取格式

需要输入的数据包括平面控制网中控制点个数、待求坐标点个数、观测值个数、点名、观测值等信息,程序仍然采用文件读取方式,约定数据文件格式如下:

第一部分:控制网总点数,已知点个数,观测值个数,单位权中误差。

第二部分:控制点坐标。

第三部分:待求点近似坐标。

第四部分起为观测值信息,顺序为:观测值标记,起点点号,终点点号,观测值,观测中误差。

按以上数据格式约定,例 6-2 的数据文件如下:

控制网点信息:

10, 4, 23, 10

控制网起始点坐标:

A,4065871.1893, 478220.8223

B,4065632.2173, 478179.4811

C,4065840.9400, 478533.4018

D,4065663.4752, 478570.7100

坐标待定点近似坐标:

P1,4065825.810,478272.250

P2,4065740.107,478312.579

P3,4065768.340,478392.230

P4,4065732.041,478470.885

P5,4065681.630,478279.300

P6,4065674.567,478506.177

观测值:

0,A, B, P1,301 36 31.0, 10

0,P1, A, P2,203 22 35.2, 10

0,P2, P1, P3, 95 41 09.1, 10

0,P3, P2, P4,224 17 27.4, 10

0,P4, P3, C, 95 05 02.1, 10

0,C, P4, D,318 16 06.5, 10

0,B, A, P5, 53 51 08.7, 10

0,P5, B, P2,145 58 18.1, 10

0,P2, P5, P1 ,125 09 37.5, 10

0,P4, C, P6,118 35 26.3, 10

0,P6, P4, D,131 18 15.2, 10

0,D, P6, C, 68 22 31.6, 10

0,P4, P6, P3 ,146 19 37.1, 10

0,P2, P3, P5 ,139 09 15.9, 10

1, A, P1,68.582,0.00828

1，P1，P2，94.740，0.00973

1，P2，P3，84.523，0.00919

1，P3，P4，86.668，0.00931

1，P4，C，125.651，0.01121

1，B，P5，111.449，0.01056

1，P5，P2，67.289，0.00820

1，P4，P6，67.456，0.00821

1，P6，D，65.484，0.00809

6.6.3.3　程序运行结果

由于该算例观测值及参数数目比较多，相应的矩阵维数比较大，观测值方差阵和系数改正数方差阵这里不再给出，仅仅给出计算坐标的方差阵和平差计算结果。结果如下：

计算坐标的方差阵（单位：毫米 * 毫米）：

221.452	−176.457	53.065	−52.387	65.823	−57.522	31.738	−1.841	18.590	−44.012	6.338	3.492
−176.457	236.792	1.083	136.452	−30.480	81.550	−0.334	9.409	13.765	119.068	−0.819	9.440
53.065	1.083	228.644	−12.294	208.340	−91.701	118.302	1.737	83.348	−41.430	24.368	17.573
−52.387	136.452	−12.294	189.018	−28.109	89.621	9.740	17.989	31.919	205.684	−1.097	24.273
65.823	−30.480	208.340	−28.109	261.791	−27.622	181.764	27.312	81.437	−37.039	32.537	60.295
−57.522	81.550	−91.701	89.621	−27.622	399.068	84.163	58.541	−26.453	87.748	11.867	72.864
31.738	−0.334	118.302	9.740	181.764	84.163	196.062	28.060	51.962	8.361	29.908	78.876
−1.841	9.409	1.737	17.989	27.312	58.541	28.060	124.222	5.816	22.875	−13.733	156.724
18.590	13.765	83.348	31.919	81.437	−26.453	51.962	5.816	219.037	154.625	9.420	15.344
−44.012	119.068	−41.430	205.684	−37.039	87.748	8.361	22.875	154.625	360.092	−3.110	32.862
6.338	−0.819	24.368	−1.097	32.537	11.867	29.908	−13.733	9.420	−3.110	66.766	−66.879
3.492	9.440	17.573	24.273	60.295	72.864	78.876	156.724	15.344	32.862	−66.879	301.968

平差后坐标（单位：米）：

点名	X改正数	Y改正数	坐标X平差值	坐标Y平差值	X中误差	Y中误差
P1	0.00899	−0.00427	4065825.8190	478272.2457	0.0149	0.0154
P2	−0.00180	0.00663	4065740.1052	478312.5856	0.0151	0.0137
P3	−0.00659	−0.01028	4065768.3334	478392.2197	0.0162	0.0200
P4	−0.01216	0.00027	4065732.0288	478470.8853	0.0140	0.0111
P5	0.00723	0.02288	4065681.6372	478279.3229	0.0148	0.0190
P6	−0.00321	−0.00216	4065674.5638	478506.1748	0.0082	0.0174

6.6.4　测角网间接平差

6.6.4.1　测 角 网

设有一测角三角网(见图 6-6),A、B、C、D 为已知点,P_1、P_2 为待定点,同精度观测了 18 个角度,按间接平差求平差后 P_1、P_2 点的坐标及精度。已知数据见表 6-4、表 6-5。

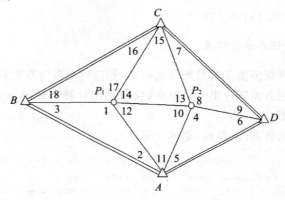

图 6-6　测角网网图

表 6-4　　　　　　　　　　　　　　已知点数据

点名	坐标(m)		边长	方位角
	X(m)	Y(m)		
A	9684.28	43836.82		
B	10649.55	31996.50	11879.60	274°39′38.4″
C	19063.66	37818.86	10232.16	34°40′56.3″
D	17814.63	49923.19	12168.60	95°53′29.1″
A			10156.11	216°49′06.5″

表 6-5 观测数据

角度编号	观测值	角度编号	观测值	角度编号	观测值
1	126°14′24.1″	7	22°02′43.0″	13	46°38′56.4″
2	23°39′46.9″	8	130°03′14.2″	14	66°34′54.7″
3	30°05′46.7″	9	27°53′59.3″	15	66°46′08.2″
4	117°22′46.2″	10	65°55′00.8″	16	29°58′35.5″
5	31°26′50.0″	11	67°02′49.4″	17	120°08′31.1″
6	31°10′22.6″	12	47°02′11.4″	18	29°52′55.4″

6.6.4.2 按格式形成输入数据文件

控制网点信息:

6,4,18,5

控制网起始点坐标:

A,9684.28,43836.82

B,10649.55,31996.50

C,19063.66,37818.86

D,17814.63,49923.19

坐标待定点近似点坐标:

P1,13188.610,37334.970

P2,15578.610,44391.030

观测值:

0,P1,A,B,126 14 24.1,5

0,A,B,P1,23 39 46.9,5

0,B,P1,A,30 05 46.7,5

0,P2,D,A,117 22 46.2,5

0,A,P2,D,31 26 50.0,5

0,D,A,P2,31 10 22.6,5

0,C,D,P2,22 02 43.0,5

0,P2,C,D,130 03 14.2,5

0,D,P2,C,27 53 59.3,5

0,P2,A,P1,65 55 00.8,5

0,A,P1,P2,67 02 49.4,5

0, P1, P2, A,47 02 11.4,5

0, P2, P1, C,46 38 56.4,5

0, P1, C, P2,66 34 54.7,5

0, C, P2, P1,66 46 08.2,5

0, C, P1, B,29 58 35.5,5

0, P1, B, C, 120 08 31.1,5

0, B, C, P1,29 52 55.4,5

6.6.4.3　调用平差程序进行计算的过程数据

误差方程系数矩阵为：

$$
\begin{bmatrix}
-56.0925 & 1.7369 & 0.0000 & 0.0000 \\
24.5829 & 13.2495 & 0.0000 & 0.0000 \\
31.5096 & -14.9865 & 0.0000 & 0.0000 \\
0.0000 & 0.0000 & -35.3104 & 47.6408 \\
0.0000 & 0.0000 & 3.2614 & -34.6871 \\
0.0000 & 0.0000 & 32.0490 & -12.9537 \\
0.0000 & 0.0000 & -24.4964 & -12.9898 \\
0.0000 & 0.0000 & 56.5454 & 0.0361 \\
0.0000 & 0.0000 & -32.0490 & 12.9537 \\
26.2237 & -8.8824 & -22.9623 & -25.8047 \\
-24.5829 & -13.2495 & -3.2614 & 34.6871 \\
-1.6408 & 22.1319 & 26.2237 & -8.8824 \\
-26.2237 & 8.8824 & 1.7273 & -21.8722 \\
23.3515 & 25.9897 & -26.2237 & 8.8824 \\
2.8722 & -34.8720 & 24.4964 & 12.9898 \\
-2.8722 & 34.8720 & 0.0000 & 0.0000 \\
34.3818 & -49.8585 & 0.0000 & 0.0000 \\
-31.5096 & 14.9865 & 0.0000 & 0.0000
\end{bmatrix}
$$

　　由于所有角度为等精度观测，观测值权都相等，所以权阵为单位阵，常数项矩阵为：

$L=[0.1680, 0.6289, -3.0969, 0.8770, 0.5142, -2.5912, 3.1118,$
$-8.5034, 1.8916, 1.2607, -2.9517, 3.2909, 3.9656, 8.5577, -13.2234,$
$9.6826, -10.7167, 3.0341]^{T}('')$

组成法方程$(B^T PB)x-B^T Pl=0$,其中,$B^T PB$ 为:

$$\begin{bmatrix} 9462.6737 & -2200.2628 & -1152.3078 & -696.5336 \\ -2200.2628 & 7044.3736 & -692.8905 & -843.3730 \\ -1152.3078 & -692.8905 & 9625.5128 & -2011.4374 \\ -696.5336 & -843.3730 & -2011.4374 & 6651.1824 \end{bmatrix}$$

$(B^T PB)^{-1}$ 为:

$$\begin{bmatrix} 0.000120209 & 0.000042753 & 0.000022664 & 0.000024864 \\ 0.000042753 & 0.000161451 & 0.000023435 & 0.000032036 \\ 0.000022664 & 0.000023435 & 0.000116788 & 0.000040664 \\ 0.000024864 & 0.000032036 & 0.000040664 & 0.000169313 \end{bmatrix}$$

$B^T Pl$ 的值为:

$$B^T Pl=\begin{bmatrix} -425.332902 & 1791.983821 & -1204.523558 & -305.358644 \end{bmatrix}^T$$

计算坐标的方差阵(单位:毫米 * 毫米):

$$\begin{bmatrix} 192.836 & 68.582 & 36.357 & 39.886 \\ 68.582 & 258.995 & 37.593 & 51.392 \\ 36.357 & 37.593 & 187.348 & 65.232 \\ 39.886 & 51.392 & 65.232 & 271.606 \end{bmatrix}$$

平差后坐标(单位:米):

点名	X改正数	Y改正数	X平差值	Y平差值	X中误差	Y中误差
P1	-0.00941	0.23312	13188.6006	37335.2031	0.0139	0.0161
P2	-0.12074	-0.05385	15578.4893	44390.9762	0.0137	0.0165

　　控制网平差计算是测绘学科中的重要内容之一。测量平差的任务:一是求待定量的最佳估值;二是评估观测成果的质量,理论上有较大难度,程序实现较为复杂。本章通过几个示例程序,希望能启发读者的编程思路,以编制出自己需要的计算程序。这对于理解平差理论,进行最小二乘计算,提高程序编制水平,都是大有裨益的。

习　题

　　如图 6-7 所示,A、B 是已知的高程点,P_1、P_2、P_3 是待定点。已知数据与观测数据列于表 6-5 中。

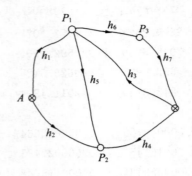

图 6-7

表 6-5　　　　　　　　　　　　　　**已知数据与观测数据**

路线号	观测高差(m)	路线长度(km)	已知高程(m)
1	+1.359	1.1	
2	+2.009	1.7	
3	+0.363	2.3	
4	+1.012	2.7	HA=5.016 HB=6.016
5	+0.657	2.4	
6	+0.238	1.4	
7	-0.595	2.6	

(1)编制程序按条件平差法求高程未知点的高程平差值；

(2)编制程序按间接平差法求高程未知点的高程平差值。

第七章　坐标转换与高斯投影程序设计

7.1　测量工作中的坐标系

建立大地测量坐标系的主要任务是用以描述地面点在地球表面上及卫星在近地空间中的位置。大地测量坐标系的建立有其历史过程。大地测量坐标参考框架是通过大地测量手段确定的固定在地面上的控制网(点)来具体体现的。根据大地测量坐标系坐标原点位置的不同,大地测量坐标系可分为参心坐标系和地心坐标系。采用常规的大地测量手段依据某一局部区域的大地测量资料所建立的大地坐标系,其坐标原点一般不会与地心重合,属于参心坐标系。参心坐标系虽可反映出某区域内点与点之间的相互关系,满足一般工程建设的需要,但无法满足空间技术及全球大地测量资料共享的需求。地心坐标系的原点位于地球(包含海洋和大气层)的质量中心,可以满足不同领域的用户需要,且易于为全球各国用户所接受作为全球统一的大地坐标系。甚长基线干涉测量及卫星定位等空间技术已广泛用于大地坐标系(框架)的建立与维持,利用这些方法所获得的站坐标或基线向量都属于地心坐标系。采用地心坐标系是测绘技术发展的必然趋势。

大地测量坐标系是逐步完善的,新中国成立以后,我国先后使用了 1954 年北京坐标系、1980 年国家大地坐标系和 2000 国家大地坐标系。

7.1.1　1954 年北京坐标系

新中国成立后,在全国范围展开了全面的大地测量工作,鉴于当时工作的急需和历史条件的限制,采用了克拉索夫斯基椭球基本参数(椭球长半轴为

6378245m,扁率为 1/298.3),并与前苏联的坐标系进行联测,建立了我国的大地坐标系,定名为 1954 年北京坐标系。1954 年北京坐标系实际上是前苏联 1942年普尔科沃坐标系在我国的延伸,它属于参心坐标系,大地原点是前苏联的普尔科沃。

1954 年北京坐标系建立之后,我国依据这个坐标系建成了全国天文大地网。几十年来,我国按 1954 年北京坐标系完成了大量测绘工作,在国家经济建设和国防建设各领域发挥了巨大作用。鉴于对已往测绘资料的延续性使用,1954 年北京坐标系在今后较长时期内还将继续使用。

随着测绘科学技术的发展,对地球的认识不断深入,1954 年北京坐标系呈现出如下缺点:椭球参数与现代精确椭球参数相差过大;对应的参考椭球面与我国大地水准面存在着自西向东明显的系统性倾斜等。

7.1.2　1980 年国家大地坐标系(1980 年西安坐标系)

1980 年国家大地坐标系属参心大地坐标系,大地原点在我国中部(陕西省泾阳县永乐镇)。它采用既含几何参数又含物理参数的四个椭球基本参数,数值采用 1975 年国际大地测量与地球物理联合会(IUGG)第 16 届大会的推荐值:

长半轴 $a = (6378140 \pm 5)$m

地球重力场二阶带谐系数 $J_2 = (108263 \pm 1) \times 10^{-8}$(扁率:1/298.257)

地心引力常数 $G_M = (3986005 \pm 3) \times 10^8 \mathrm{m^3/s^2}$

地球自转角速度 $\omega = 7292115 \times 10^{-11} \mathrm{rad/s}$

1980 年国家大地坐标系椭球面同似大地水准面在我国境内最为密合,它是多点定位且定向明确。地球椭球短轴平行于由地球质心指向地极原点 $JYD_{1968.0}$方向,起始大地子午面平行于我国起始天文子午面。大地点高程以 1956 年青岛验潮站求出的黄海平均海水面为基准。

7.1.3　2000 国家大地坐标系

2000 国家大地坐标系(China Geodetic Coordinate System 2000,简称CGCS2000)是一个基于卫星大地测量技术建立的地心坐标系。建立 CGCS2000的主要数据为:①1991~1997 年间施测的全国 GPS 一、二级网 534 点;②1991~1997 年间施测的全国 A、B 级网 818 点;③1988~1998 年间施测的地壳运动监测网;④1999~2001 年间施测的中国现代地壳运动观测网络 1081 点。建立CGCS2000 的资料截至 2001 年底,所有 GPS 观测数据统一平差,其东西方向的精度为 $\sigma_L = \pm 0.52$cm,南北方向的精度为 $\sigma_B = \pm 0.40$cm,高程方向的精度为 $\sigma_H = \pm 2.31$cm,三维点位中误差为 $\sigma_p = \pm 2.42$cm。CGCS2000 的原点为包括海洋和大气的整个地球的质量中心。2000 国家大地坐标系采用的地球椭球参数如下：

长半轴 $a = 6378137\text{m}$

地球重力场二阶带谐系数 $J_2 = 1.082629832258 \times 10^{-3}$

（对应扁率：1/298.257222101）

地心引力常数 $G_M = 3.986004418 \times 10^{14} \text{m}^3/\text{s}^2$

地球自转角速度 $\omega = 7.292115 \times 10^{-5} \text{rad/s}$

7.1.4　WGS-84 坐标系

WGS-84 坐标系（World Geodetic System-1984 Coordinate System）的全称为 1984 年世界大地坐标系统，是美国国防部建立的地心地固坐标系，其坐标系的 Z 轴指向 BIH（国际时间）1984.0 定义的协议地球极（CTP）方向，X 轴指向 BIH 1984.0 的零子午面和 CTP 赤道的交点，Y 轴与 Z 轴、X 轴垂直构成右手坐标系。目前使用的 GPS 卫星的广播星历以 WGS-84 坐标系为坐标参考基准。WGS-84 采用的椭球是国际大地测量与地球物理联合会第 17 届大会大地测量常数推荐值，其四个基本参数为：

长半轴 $a = (6378137 \pm 2)\text{m}$

地球重力场正常化二阶带谐系数 $\overline{C}_{20} = -485.16685 \times 10^{-6} \pm 1.3 \times 10^{-9}$

（对应扁率：1/298.257 223 563）

地心引力常数 $G_M = (3986005 \pm 0.60 \times 10^8)\text{m}^3/\text{s}^2$

地球自转角速度 $\omega = (7292115 \times 10^{-11} \pm 0.1500 \times 10^{-11})\text{rad/s}$

为了提高 WGS-84 参考框架的精度，截至 2004 年 8 月，WGS-84 进行了三次精化，分别是 1994 年的 WGS-84（G730）、1996 年的 WGS-84（G873）和 2001 年的 WGS-84（G1150），其中 G 代表 GPS 周数，WGS-84（G1150）自 GPS 时的第 1150 周开始使用。

7.2　空间直角坐标与大地坐标转换

在大地测量中，经常使用下列两种形式的地球坐标系，即空间直角坐标系和大地坐标系。空间直角坐标系中点位以三维坐标 (X, Y, Z) 表示，在大地坐标系中，点位以大地坐标 (B, L, H) 表示，其中，B 表示大地纬度，L 表示大地经度，H 表示大地高。

采用空间直角坐标系的优点是不涉及参考椭球体的概念，在处理全球性资料时可避免不同参考椭球体之间的转换问题。而且求空间两点间的距离和方向时计算公式简洁。但空间直角坐标系表示点位不很直观,若仅给出一点的(X, Y, Z)很难在图上找到该点的位置。因此在利用卫星进行船舶导航时经常用大地坐标系,它也是大地测量中点坐标表示的主要形式。

如果空间直角坐标系的原点位于椭球中心,Z轴和椭球短半轴重合,指向北极,X轴指向椭球零经度线,Y轴构成右手坐标系,那么同一个点的空间直角坐标和大地坐标之间就有确定的数学转换关系。在转换过程中还需要明确椭球的几何参数。这样,空间直角坐标系和大地坐标系也可以看作属于同一个坐标系统下的两种不同的坐标表示方式。空间直角坐标系和大地坐标系如图 7-1 所示。

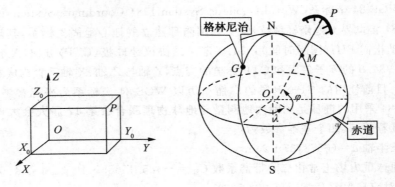

图 7-1　空间直角坐标系和大地坐标系图

7.2.1　大地坐标转换为空间直角坐标的公式

由空间大地坐标(B, L, H)转换为空间大地直角坐标(X, Y, Z)的公式为:

$$\left.\begin{array}{l} X=(N+H)\cos B\cos L \\ Y=(N+H)\cos B\sin L \\ Z=\left[N(1-e^2)+H\right]\sin B \end{array}\right\} \tag{7-1}$$

式中,e^2 为椭球的第一偏心率;N 为椭球的卯酉圈曲率半径,其计算公式为:

$$\left\{\begin{array}{l} e^2=\dfrac{a^2-b^2}{a^2} \\ N=\dfrac{a}{\sqrt{1-e^2\sin^2 B}} \end{array}\right. \tag{7-2}$$

7.2.2　大地坐标转换为空间直角坐标的程序编制

单击主窗口"坐标转换"菜单中的"大地坐标→空间直角坐标"子菜单,将自动弹出大地坐标转换为空间直角坐标窗口,如图 7-2 所示。它具备选择椭球参数、输入大地坐标、显示计算的空间直角坐标等功能。

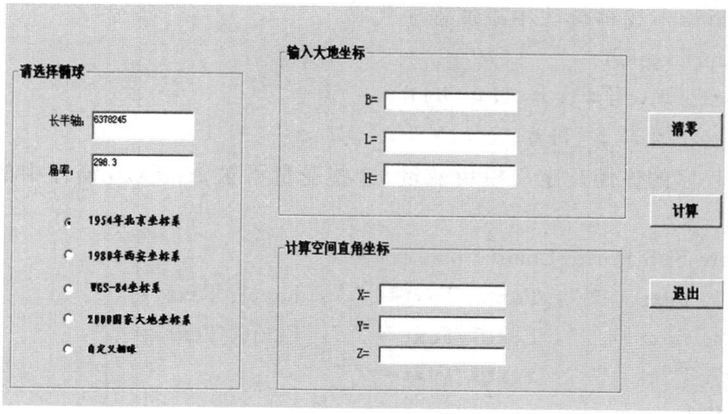

图 7-2 大地坐标转换为空间直角坐标窗口

程序界面的设计过程如下:

(1)在工程中添加一个窗体,窗体的 Caption 属性改为"大地坐标转换为空间直角坐标",窗体的 Name 属性改为 frmbzx。

(2)在窗体中放置三个框架,三个框架的 Caption 属性分别为"请选择椭球""输入大地坐标"和"计算空间直角坐标"。

(3)在"请选择椭球"框架中放置 7 个标签、2 个文本框和 5 个单选按钮,在"输入大地坐标"框架中放置 3 个标签、3 个文本框,在"计算空间直角坐标"框架中放置 3 个标签、3 个文本框。

(4)更改所有标签的 Caption 属性为相应内容,譬如"请选择椭球"框架中的第一个标签的 Caption 属性为"长半轴:",其他依次更改。

(5)在窗体中放置 3 个命令按钮,Caption 属性分别为"清零""计算"和"退出"。

在主窗口模块中添加程序代码为:

```
Private Sub xzb_Click()
    Load frm5xzb
    frm5xzb. Show
    frm5xzb. WindowState=2
    frm5xzb. SetFocus
End Sub
```

本段程序的主要作用是在单击"坐标转换"菜单中的"大地坐标→空间直角

坐标"子菜单时,调用如图 7-2 所示的大地坐标转换空间直角坐标窗体并显示,同时该窗体最大化。

在 frm5xzb 窗体模块中添加程序代码:

```
Option Explicit
Private a#,alf#,e#,N#,ba#
Private B#,L#,H#,X#,Y#,Z#
```

本段程序的作用是定义模块变量,这些变量可被 frm5xzb 窗体中的任何过程使用。

```
Private Sub Form_Load()
Text1. Text =" " : Text2. Text =" " : Text3. Text =" " :
Text4. Text =" " : Text5. Text =" " : Text6. Text =" " :
Text7. Text =" " : Text8. Text =" "
End Sub
```

本段程序的作用是调用窗体时,将所有的文本框内容清空。

```
Private Sub Command1_Click()
Text1. Text =" " : Text2. Text =" " : Text3. Text =" " :
Text4. Text =" " : Text5. Text =" " : Text6. Text =" " :
Text7. Text =" " : Text8. Text =" "
End Sub
```

本段程序的作用是单击"清零"按钮时,将所有的文本框内容清空。

```
Private Sub Command2_Click()
Dim B1#,B2#,B3#,L1#,L2#,L3#
Const pi=3. 14159265368979
B=Text3. Text
L=Text4. Text
H=Text5. Text
'* * * * * * * * * * * * * * * * * * * * * * * * * * * * *
B1=Fix(B): B2=Fix((B−B1) * 100#)
B3=(B−B1) * 100# −B2: B3=B3 * 100#
B=B1+(B2/60#)+(B3/3600#)
B=B * pi/180#
L1=Fix(L): L2=Fix((L−L1) * 100#)
L3=(L−L1) * 100# −L2: L3=L3 * 100#
L=L1+(L2/60#)+(L3/3600#)
```

L＝L * pi/180♯

'* *

alf＝1/alf：ba＝a－alf * a

e＝Sqr((a * a－ba * ba)/(a * a))

N＝a/Sqr(1－e * e * sin(B) * sin(B))

X＝(N＋H) * cos(B) * cos(L)

Y＝(N＋H) * cos(B) * sin(L)

Z＝(N * (1－e * e)＋H) * sin(B)

Text6. Text＝X

Text7. Text＝Y

Text8. Text＝Z

End Sub

本段程序是计算主体程序,将大地坐标输入到相应文本框,单击"计算"按钮,运行该段程序,计算出空间直角坐标,显示在相应的文本框。

Private Sub Command3_Click()

frmxzb. Hide

End

End Sub

本段程序的作用是单击"退出"按钮,隐藏运行的窗口,结束程序。

Private Sub Option1_Click()

a＝6378245♯

alf＝298. 3

Text1. Text＝a：Text2. Text＝alf

End Sub

Private Sub Option2_Click()

a＝6378140♯

alf＝298. 257

Text1. Text＝a：Text2. Text＝alf

End Sub

Private Sub Option3_Click()

a＝6378137♯

alf＝298. 257223563

Text1. Text＝a：Text2. Text＝alf

End Sub

Private Sub Option4_Click()

a＝6378137♯

alf＝298.257222101

Text1.Text＝a：Text2.Text＝alf

End Sub

Private Sub Option5_Click()

Text1.Text＝6378000♯；Text2.Text＝298♯

a＝Text1.Text

alf＝(Text2.Text)

End Sub

以上 5 个子程序段的作用是选择不同的选项,椭球参数选用相应的值。由于在窗体模块中定义了模块变量,这些变量可以在这些子程序中不经声明直接使用。

7.2.3　空间直角坐标转换为大地坐标的公式

由空间大地直角坐标(X,Y,Z)转换为空间大地坐标(B,L,H)的公式为:

$$\begin{cases} L＝\arctan \dfrac{Y}{X} \\[2mm] B＝\arctan \left(\dfrac{Z+e^2 N\sin B}{\sqrt{X^2+Y^2}} \right) \\[3mm] H＝\dfrac{\sqrt{X^2+Y^2}}{\cos B}-N \end{cases} \tag{7-3}$$

大地经度 L 可直接计算求出,大地纬度 B 的算式右边仍然是 B 的函数,必须采用迭代的方法逐步趋近解算 B,再求大地高 H。

由空间大地直角坐标(X,Y,Z)转换为空间大地坐标(B,L,H)也可以采用直接算法:

$$\begin{cases} L＝\arctan \dfrac{Y}{X} \\[2mm] B＝\arctan \left(\dfrac{Z+e'^2 b\sin^3 \theta}{\sqrt{X^2+Y^2}-e^2 a\cos^3 \theta} \right) \\[3mm] H＝\dfrac{\sqrt{X^2+Y^2}}{\cos B}-N \end{cases} \tag{7-4}$$

式中,$e'^2 = \dfrac{a^2 - b^2}{b^2}$;$\theta = \arctan\left(\dfrac{Z \cdot a}{\sqrt{X^2 + Y^2} \cdot b}\right)$。

7.2.4　空间直角坐标转换为大地坐标的程序编制

　　单击主窗口"坐标转换"菜单中的"空间直角坐标→大地坐标"子菜单,将自动弹出空间直角坐标转换为大地坐标窗口,如图 7-3 所示。它具备选择椭球参数、输入空间直角坐标、显示计算的大地坐标等功能。

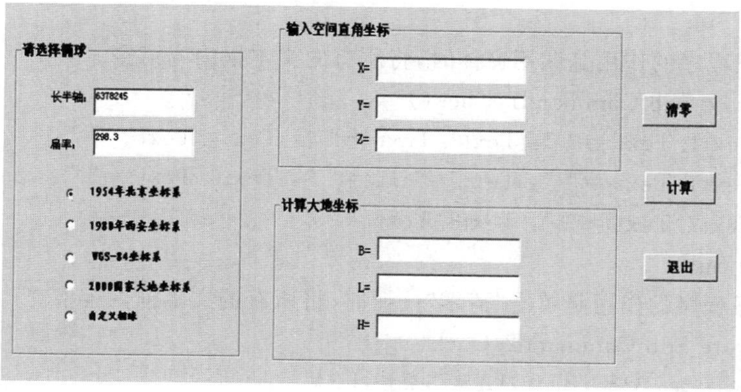

图 7-3　空间直角坐标转换大地坐标窗口

　　程序界面可参考大地坐标转换为空间直角坐标的设计过程,读者可自行进行设计。

　　在主窗口模块中添加程序代码为:

```
Private Sub bzx_Click()
    Load frm6bzx
    frm6bzx. Show
    frm6bzx. WindowState=2
    frm6bzx. SetFocus
End Sub
```

　　本段程序的主要作用是在单击"坐标转换"菜单中的"空间直角坐标→大地坐标"子菜单时,调用如图 7-3 所示的空间直角坐标转换大地坐标窗体并显示,同时该窗体最大化。

　　在 frm6bzx 窗体模块中添加程序代码:

```
Option Explicit
Private a#,alf#,e#,N#,ba#
```

Private B♯，L♯，H♯，X♯，Y♯，Z♯

本段程序的作用是定义模块变量，这些变量可被 frm6bzx 窗体中的任何过程使用。

Private Sub Form_Load()

    Text1. Text =" "：Text2. Text =" "：Text3. Text =" "：

    Text4. Text =" "：Text5. Text =" "：Text6. Text =" "：

    Text7. Text =" "：Text8. Text =" "

End Sub

本段程序的作用是调用窗体时，将所有的文本框内容清空。

Private Sub Command1_Click()

    Text1. Text =" "：Text2. Text =" "：Text3. Text =" "：

    Text4. Text =" "：Text5. Text =" "：Text6. Text =" "：

    Text7. Text =" "：Text8. Text =" "

End Sub

本段程序的作用是单击"清零"按钮时，将所有的文本框内容清空。

Private Sub Command2_Click()

Dim B1♯，B2♯，B3♯，L1♯，L2♯，L3♯

Dim k♯

Const pi＝3. 14159265368979

X＝Text3. Text

Y＝Text4. Text

Z＝Text5. Text

'＊ ＊

alf＝1/alf：ba＝a－alf ＊ a

e＝Sqr((a ＊ a－ba ＊ ba)/(a ＊ a))

L＝Atn(Y/X)：B1＝Atn(Z/Sqr(X ＊ X＋Y ＊ Y))

Do

N＝a/Sqr(1－e ＊ e ＊ sin(B1) ＊ sin(B1))

B＝Atn((Z＋e ＊ e ＊ N ＊ sin(B1))/Sqr(X ＊ X＋Y ＊ Y))

k＝B－B1：k＝Abs(k)

B1＝B

Loop While k ＞ 0. 00000001

H＝(Sqr(X ＊ X＋Y ＊ Y)/cos(B))－N

```
If L ＜ 0 Then L＝pi＋L
L＝L * 180/pi
L1＝Fix(L)
L2＝(L－L1) * 60
L2＝Fix(L2)
L3＝((L－L1) * 60－L2) * 60
L＝L1＋L2/100 ♯ ＋L3/10000 ♯
B＝B * 180/pi
B1＝Fix(B)
B2＝(B－B1) * 60
B2＝Fix(B2)
B3＝((B－B1) * 60－B2) * 60
B＝B1＋B2/100 ♯ ＋B3/10000 ♯
'* * * * * * * * * * * * * * * * * * * * * * * * * * * *
Text6. Text＝B
Text7. Text＝L
Text8. Text＝H
End Sub
```

本段程序是计算主体程序,将空间直角坐标输入到相应文本框,单击"计算"按钮,运行该段程序,计算出大地坐标,显示在相应的文本框。

```
Private Sub Command3_Click()
frmxzb. Hide
End
End Sub
```

本段程序的作用是单击"退出"按钮,隐藏运行的窗口,结束程序。

```
Private Sub Option1_Click()
a＝6378245 ♯
alf＝298. 3
Text1. Text＝a：Text2. Text＝alf
End Sub

Private Sub Option2_Click()
a＝6378140 ♯
alf＝298. 257
Text1. Text＝a：Text2. Text＝alf
```

End Sub

Private Sub Option3_Click()

a＝6378137＃

alf＝298.257223563

Text1.Text＝a：Text2.Text＝alf

End Sub

Private Sub Option4_Click()

a＝6378137＃

alf＝298.257222101

Text1.Text＝a：Text2.Text＝alf

End Sub

Private Sub Option5_Click()

Text1.Text＝6378000＃：Text2.Text＝298＃

a＝Text1.Text

alf＝(Text2.Text)

End Sub

以上 5 个子程序段的作用是选择不同的选项，椭球参数选用相应的值。由于在窗体模块中定义了模块变量，这些变量可以在这些子程序中不经声明直接使用。

7.2.5　程序运行计算

利用 GPS 接收机接收到的某点的大地坐标为：

$$B=36.320442276\text{N} \qquad L=116.474152683\text{E} \qquad H=51.612$$

利用大地坐标转换为空间直角坐标的程序计算，在 WGS-84 椭球下得到空间直角坐标的结果为：

$$X=-2313020.465 \qquad Y=4580021.422 \qquad Z=3776047.604$$

将得到的空间直角坐标再转换为大地坐标为：

$$B=36.320442275\text{N} \qquad L=116.474152684\text{E} \qquad H=51.612$$

忽略计算过程中取位误差的影响，程序计算得到正确的结果。如果需要计算的点数较多，程序也可以设计为在文件中读取数据，把结果保存在文件中的模式。

7.3　高斯投影

7.3.1　投影与变形

地图投影就是将椭球面元素（包括坐标、方向和长度）按一定的数学法则投影到平面上。研究这个问题的专门学科叫地图投影学，数学法则可用下面两个方程式（坐标投影公式）表示：

$$\left.\begin{aligned} x &= F_1(L, B) \\ y &= F_2(L, B) \end{aligned}\right\}$$

式中，L,B 是椭球面上某点的大地坐标，而 x,y 是该点投影后的平面直角坐标。

椭球面是一个凸起的、不可展平的曲面，将这个曲面上的元素（距离、角度、图形）投影到平面上，就会和原来的距离、角度、图形呈现差异，这一差异称为投影变形。投影变形的形式有长度变形、方向变形、角度变形和面积变形。在地图投影中，尽管投影变形是不可避免的，但是可以根据需要来掌握和控制变形。这就产生了许多种类的投影：按变形的性质可分为等角投影（正形投影）、等距投影和等积投影；按经纬网投影形状可分为方位投影、圆锥投影和圆柱投影。

7.3.2　高斯投影

7.3.2.1　基本概念

高斯投影是等角投影，是高斯在 1820～1830 年间为解决汉诺威地区大地测量问题提出的一种投影方法。1912 年起，德国学者克吕格把高斯投影公式加以整理和扩充，并求出实用公式，所以高斯投影又名"高斯-克吕格"投影。现在世界上许多国家都采用高斯-克吕格投影，如中国、德国、英国、希腊、奥地利等。

从几何意义上讲，高斯-克吕格投影是一种横轴切椭圆柱正形投影，如图 7-4 所示。假想有一个椭圆柱面横套在地球椭球体外面，并与某一条子午线（此子午线称为中央子午线或轴子午线）相切，椭圆柱的中心轴通过椭球体中心，然后用一定的投影方法，将中央子午线两侧各一定经差范围内的地区投影到椭圆柱面上，再将此柱面展开即成为投影面，此投影为高斯投影。

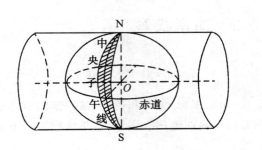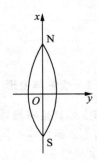

图 7-4　高斯投影示意图

7.3.2.2　分带投影

我国规定按经差 6°或 3°进行投影分带,小比例尺地形图一般采用 6°分带,大比例测图和工程测量采用 3°分带,在特殊情况下,工程测量控制网也可采用 1.5°分带或者任意带。

高斯投影 6°带:自 0°子午线起每隔经差 6°自西向东分带,依次编号 1,2,3,…我国 6°带中央子午线的经度,由 75°起每隔 6°而至 135°,共计 11 带(13～23 带),带号用 n 表示,中央子午线的经度用 L_0 表示,它们的关系是 $L_0 = 6n - 3$,如图 7-5 所示。

高斯投影 3°带:它的中央子午线一部分同 6°带中央子午线重合,一部分同 6°带的分界子午线重合,如用 n' 表示 3°带的带号,L 表示 3°带中央子午线经度,它们的关系为 $L = 3n'$,如图 7-5 所示。我国的 3°带共计 22 带(24～45 带)。

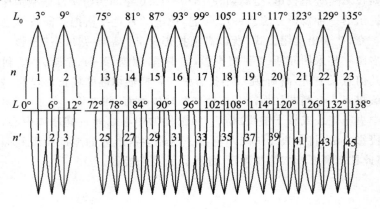

图 7-5　高斯分带投影

7.3.2.3　高斯平面直角坐标系

在投影面上,中央子午线和赤道的投影都是直线,并且以中央子午线和赤道的交点 O 作为坐标原点,以中央子午线的投影为纵坐标 x 轴,以赤道的投影为横坐标 y 轴,形成高斯平面直角坐标系,如图 7-6 所示。

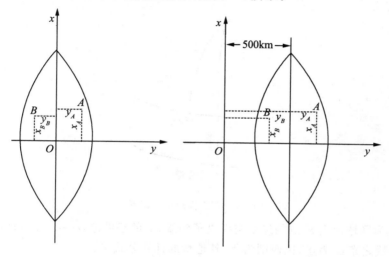

图 7-6　高斯平面直角坐标系

在我国,x 坐标都是正的,y 坐标的最大值(在赤道上)约为 330km。为了避免出现负的横坐标,可在横坐标上加上 500km。此外,还应在坐标前面再冠以带号。这种坐标称为国家统一坐标。例如,有一点 $y＝19123456.789$m,该点位在 19°带内,其相对于中央子午线而言的横坐标则是:首先去掉带号,再减去 500000m,最后得 $y＝－376543.211$m。

高斯投影是正形投影,保证了投影角度的不变性、图形保持相似;中央子午线无变形,离中央子午线越远,变形越大。

7.3.3　高斯投影坐标正算和反算公式

7.3.3.1　高斯投影坐标正算公式

已知椭球面上 P 点的大地坐标 (L,B),求该点在高斯投影平面上的直角坐标 (x,y),即 $(L,B) \Rightarrow (x,y)$ 的坐标变换,称为高斯投影坐标正算,如图 7-7 所示。精度精确至 0.5mm 时的公式为:

$$x = X + \frac{N}{2} \sin B \cos B l^2 + \frac{N}{24} \sin B \cos^3 B (5 - t^2 + 9\eta^2 + 4\eta^4) l^4 + \frac{N}{720} \sin B \cos^5 B$$
$$\cdot (61 - 58t^2 + t^4) l^6 + \cdots$$

$$y = N \cos B l + \frac{N}{6} \cos^3 B (1 - t^2 + \eta^2) l^3 + \frac{N}{120} \cos^5 B (5 - 18t^2 + t^4 + 14\eta^2$$
$$- 58t^2 \eta^2) l^5$$

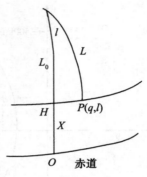

图 7-7　高斯投影坐标正算

式中,l 为椭球面上 P 点的经度与中央子午线 L_0 的经度差:$l = L - L_0$,P 点在中央子午线之东,l 为正,在西则为负,其他量的计算公式为:

$$\begin{cases} t = \tan B \\ \eta^2 = e'^2 \cos^2 B \\ e'^2 = \dfrac{a^2 - b^2}{b^2} \\ N = \sqrt{a^2 / (1 - e^2 \sin^2 B)} \\ e^2 = \dfrac{a^2 - b^2}{a^2} \end{cases}$$

7.3.3.2　子午线弧长的计算

高斯投影坐标正算公式中,子午线弧长 X 的计算较复杂。设有子午线上的两点 O 和 H,O 在赤道上,H 的纬度为 B,则 O 和 H 间的子午线弧长 X 的计算公式为:

$$X = a(1 - e^2) [A'(B/\rho) - B' \sin 2B + C' \sin 4B - D' \sin 6B + E' \sin 8B - F' \sin 10B + G' \sin 12B]$$

$$A' = 1 + \frac{3}{4}e^2 + \frac{45}{64}e^4 + \frac{175}{256}e^6 + \frac{11025}{16384}e^8 + \frac{43659}{65536}e^{10} + \frac{693693}{1048576}e^{12}$$

$$B' = \quad \frac{3}{8}e^2 + \frac{15}{32}e^4 + \frac{525}{1024}e^6 + \frac{2205}{4096}e^8 + \frac{72765}{131072}e^{10} + \frac{297297}{524288}e^{12}$$

$$C' = \qquad \frac{15}{256}e^4 + \frac{105}{1024}e^6 + \frac{2205}{16384}e^8 + \frac{10395}{65536}e^{10} + \frac{1486485}{8388608}e^{12}$$

$$D' = \qquad\qquad \frac{35}{3072}e^6 + \frac{105}{4096}e^8 + \frac{10395}{262144}e^{10} + \frac{55055}{1048576}e^{12}$$

$$E' = \qquad\qquad\qquad \frac{315}{131072}e^8 + \frac{3465}{524288}e^{10} + \frac{99099}{8388608}e^{12}$$

$$F' = \qquad\qquad\qquad\qquad \frac{693}{1310720}e^{10} + \frac{9009}{5242880}e^{12}$$

$$G' = \qquad\qquad\qquad\qquad\qquad\qquad \frac{1001}{8388608}e^{12}$$

7.3.3.3　高斯投影坐标反算公式

已知某点的高斯投影平面上的直角坐标(x,y),求该点在椭球面上的大地坐标(L,B),即$(x,y) \Rightarrow (L,B)$的坐标变换,如图7-8所示。当$l < 3.5°$时,精确至$0.0001''$的公式为:

$$l = \frac{1}{N_f \cos B_f}y - \frac{1}{6N_f^3 \cos B_f}(1 + 2t_f^2 + \eta_f^2)y^3 + \frac{1}{120N_f^5 \cos B_f}(5 + 28t_f^2 + 24t_f^4 + 6\eta_f^2 + 8\eta_f^2 t_f^2)y^5$$

$$B = B_f - \frac{t_f}{2M_f N_f}y^2 + \frac{t_f}{24M_f N_f^3}(5 + 3t_f^2 + \eta_f^2 - 9\eta_f^2 t_f^2)y^4 - \frac{t_f}{720M_f N_f^5}(61 + 90t_f^2 + 45t_f^4)y^6$$

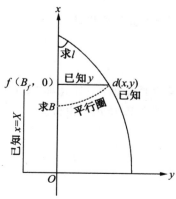

图 7-8　高斯投影坐标反算

式中,l 为椭球面上 P 点的经度与中央子午线 L_0 的经度差;B_f 为底点的大地纬度,它是根据纵坐标 x 的值由子午线弧长公式反解求得,编程计算中,底点纬度 B_f 一般采用迭代方法计算,计算公式为:

$$B_0 = \frac{X}{a(1-e^2)A}$$

$$B_{i+1} = B_i + \frac{X-F(B_i)}{F'(B_i)}$$

$B_{i-1} - B_i$ 小于某一个指定数值时,即可停止迭代。

式中:$F(B) = a(1-e^2)(A' \text{arc}B - B' \sin 2B + C' \sin 4B - D' \sin 6B + E' \sin 8B$
$\qquad - F' \sin 10B + G' \sin 12B)$

$\qquad F'(B) = a(1-e^2)(A' - 2B' \cos 2B + 4C' \cos 4B - 6D' \cos 6B$
$\qquad\qquad + 8E' \cos 8B - 10F' \cos 10B + 12G' \cos 12B)$

下标为 f 的项需要基于底点纬度计算,其他量的计算公式为:

$$\begin{cases} W_f = \sqrt{1 - e^2 \sin^2 B_f} \\[2mm] M_f = \dfrac{a(1-e^2)}{W_f^3} = \dfrac{c}{V^3} \\[2mm] t_f = \tan B_f \\[2mm] \eta_f^2 = e'^2 \cos^2 B_f \\[2mm] e'^2 = \sqrt{\dfrac{a^2 - b^2}{b^2}} \\[2mm] N_f = \sqrt{a^2/(1 - e^2 \sin^2 B_f)} \end{cases}$$

式中,M_f 为子午圈曲率半径,N_f 为卯酉圈曲率半径。按底点纬度 B_f 和以上参数按公式计算经差 l 和大地纬度 B,并得到大地坐标 (L,B)。

7.3.4　高斯投影坐标正反算程序设计

7.3.4.1　程序设计思路

主程序运行后,单击菜单栏中的"坐标转换"菜单,弹出下拉子菜单,单击"高斯投影",弹出如图 7-9、图 7-10 所示子窗口。

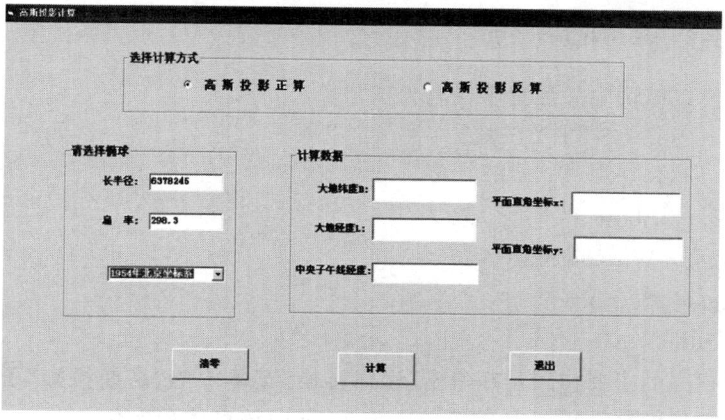

图 7-9　高斯投影正算程序窗口

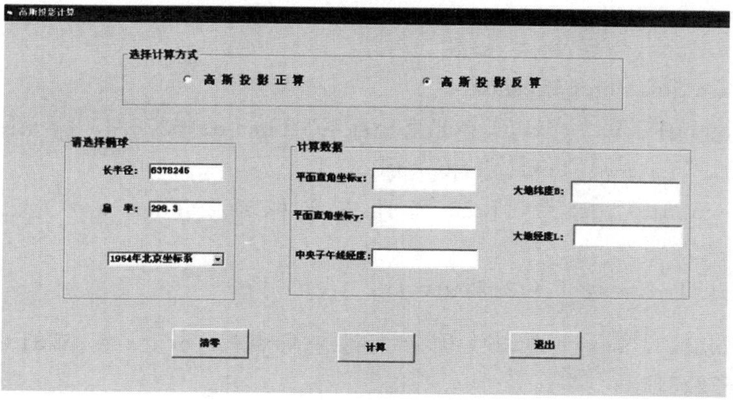

图 7-10　高斯投影反算程序窗口

　　窗体中包含"选择计算方式""请选择椭球"和"计算数据"三个框架和"清零""计算"和"退出"三个命令按钮,窗体上端为选择计算方式框架,框架中包含两个单选按钮,对应两种计算方式,分别为高斯投影正算和高斯投影反算。当选择高斯投影正算时,"计算数据"框架中需要输入的数据为大地纬度 B、大地经度 L 和中央子午线经度,结果数据为平面直角坐标 x 和平面直角坐标 y;当选择高斯投影反算时,"计算数据"框架中需要输入的数据为平面直角坐标 x 和平面直角坐标 y 和中央子午线经度,结果数据为大地纬度 B、大地经度 L。当单击"清零"按钮时,所有选项和数据都被清除,接受重新输入数据,输入数据后单击"计算"按钮,进行计算并显示结果。计算完毕单击"退出"按钮,程序退出。

7.3.4.2　程序代码

在主窗口模块中添加程序代码为：

```
Private Sub GSTY_Click()
Load frm4gsty
frm4gsty. Show
frm4gsty. WindowState=2
frm4gsty. SetFocus
End Sub
```

本段程序的主要作用是在单击"坐标转换"菜单中的"高斯投影"子菜单时，调用如图 7-9 和图 7-10 所示的窗体并显示，同时该窗体最大化。

在窗口（frmgsty）模块中添加程序代码为：

```
Option Explicit
Private a♯,alf♯,ba♯,kz$
Private Sub Combo1_click()
If Combo1. Text="1954 年北京坐标系" Then a=6378245♯：alf=298.3
Text1. Text=a：Text2. Text=alf
If Combo1. Text=" 1980 年 西 安 坐 标 系 " Then a = 6378140 ♯：alf =298. 257
Text1. Text=a：Text2. Text=alf

If Combo1. Text=" 2000 国 家 大 地 坐 标 系 " Then a = 6378137 ♯：alf =298. 257223563
Text1. Text=a：Text2. Text=alf

If Combo1. Text=" WGS-84 坐 标 系 " Then a = 6378137 ♯：alf =298. 257222101
Text1. Text=a：Text2. Text=alf
If Combo1. Text="自定义坐标系" Then a=6378000♯：alf=298
Text1. Text=a：Text2. Text=alf
End Sub
```

该程序段的作用是利用组合框选择椭球参数。

```
Private Sub Form_Load()
Text1. Text="": Text2. Text="": Text3. Text="":
Text4. Text="": Text5. Text="": Text6. Text="":
```

```
Text7. Text＝""：
Command1. Caption＝"清零"
Command2. Caption＝"计算"
Command3. Caption＝"退出"
Combo1. AddItem "1954 年北京坐标系"
Combo1. AddItem "1980 年西安坐标系"
Combo1. AddItem "2000 国家大地坐标系"
Combo1. AddItem "WGS-84 坐标系"
Combo1. AddItem "自定义坐标系"
Combo1. Text ＝ " 2000 国 家 大 地 坐 标 系"：a ＝ 6378137 ♯：alf
＝298. 257223563
Text1. Text＝a：Text2. Text＝alf
End Sub
```

该程序段的作用是窗体调用时文本框内容清空、命令按钮修改属性、组合框增加项目。

```
Private Sub Command1_Click()
Text1. Text＝""：Text2. Text＝""：Text3. Text＝""：
Text4. Text＝""：Text5. Text＝""：Text6. Text＝""：
Text7. Text＝""：
End Sub
```

该程序段的作用是单击"清零"按钮时，文本框内容清空。

```
Private Sub Command2_Click()
Dim B♯,L♯,ZYL♯,X♯,Y♯,Jd1♯,Jd2♯,Jd3♯
Dim N♯,E♯,t♯,et♯
Dim ZWH♯,lc♯,ap♯,bp♯,cp♯,dp♯,ep♯,fp♯,gp♯
Dim b1,k,Fb,Fb1
Dim Wf,Mf
Const pi＝3. 14159265358979
Const ru＝206264. 806
If kz＝"正算"Then
'＊＊＊＊＊＊＊＊＊＊＊＊＊＊＊＊＊＊＊＊＊＊＊高斯投影正算程序
a＝Text1. Text：alf＝Text2. Text
B＝Val(Text3. Text)：L＝Val(Text4. Text)：ZYL♯＝Val(Text5. Text)
'＊＊＊＊＊＊＊＊＊＊＊＊＊＊经纬度及中央子午线经度变为弧度
```

Jd1＝Fix(B)：Jd2＝Fix((B－Jd1) * 100＃)

Jd3＝(B－Jd1) * 100＃－Jd2：Jd3＝Jd3 * 100＃

B＝Jd1＋(Jd2/60＃)＋(Jd3/3600＃)

B＝B * pi/180＃

Jd1＝Fix(L)：Jd2＝Fix((L－Jd1) * 100＃)

Jd3＝(L－Jd1) * 100＃－Jd2：Jd3＝Jd3 * 100＃

L＝Jd1＋(Jd2/60＃)＋(Jd3/3600＃)

L＝L * pi/180＃

Jd1＝Fix(ZYL)：Jd2＝Fix((ZYL－Jd1) * 100＃)

Jd3＝(ZYL－Jd1) * 100＃－Jd2：Jd3＝Jd3 * 100＃

ZYL＝Jd1＋(Jd2/60＃)＋(Jd3/3600＃)

ZYL＝ZYL * pi/180＃

'* 参数计算

alf＝1/alf：ba＝a－alf * a

E＝Sqr((a * a－ba * ba)/(a * a))

N＝a/Sqr(1－E * E * sin(B) * sin(B))

et＝((a * a－ba * ba)/(ba * ba)) * cos(B) * cos(B)：et＝Sqr(et)

t＝Tan(B)：lc＝L－ZYL

'* * * * * * * * * * * * * * * * * * * 子午线弧长计算

ap＝1＋(3/4) * E^2＋(45/64) * E^4＋(175/256) * E^6＋(11025/16384) * E^8

ap＝ap＋(43659/65536) * E^{10}＋(693693/1048576) * E^{12}

bp＝(3/8) * E^2＋(15/32) * E^4＋(525/1024) * E^6

bp＝bp＋(2205/4096) * E^8＋(72765/131072) * E^{10}＋(297297/524288) * E^{12}

cp＝(15/256) * E^4＋(105/1024) * E^6

cp＝cp＋(2205/16384) * E^8＋(10395/65536) * E^{10}＋(1486485/8388608) * E^{12}

dp＝(35/3072) * E^6

dp＝dp＋(105/4096) * E^8＋(10395/262144) * E^{10}＋(55055/1048576) * E^{12}

ep＝(315/131072) * E^8＋(3465/524288) * E^{10}＋(99099/8388608) * E^{12}

fp＝(693/1310720) * E^{10}＋(9009/5242880) * E^{12}

gp＝(1001/8388608) * E^{12}

ZWH＝ap * B－bp * sin(2 * B)＋cp * sin(4 * B)－dp * sin(6 * B)＋ep * sin(8 * B)－fp * sin(10 * B)＋gp * sin(12 * B)

ZWH＝ZWH＊a＊(1－E＊E)

'＊＊＊＊＊＊＊＊＊＊＊＊＊＊＊＊＊＊＊＊＊＊坐标计算

X＝ZWH＋(N/2)＊sin(B)＊cos(B)＊lc^2

X＝X＋(N/24)＊sin(B)＊(cos(B))^3＊(5－t＊t＋9＊et＊et＋4＊et^4)＊lc^4

X＝X＋(N/720)＊sin(B)＊(cos(B))^5＊(61－58＊t＊t＋t^4)＊lc^6

Y＝N＊cos(B)＊lc

Y＝Y＋(N/6)＊(cos(B))^3＊(1－t＊t＋et＊et)＊lc^3

Y＝Y＋(N/120)＊(cos(B))^5＊(5－18＊t＊t＋t^4＋14＊et＊et－58＊t ＊t＊et＊et)＊lc^5

Y＝Y＋500000♯

Text6. Text＝X：Text7. Text＝Y'＊＊＊＊＊＊高斯投影正算程序结束

Else

'＊＊＊＊＊＊＊＊＊＊＊＊＊＊＊＊＊＊＊＊＊高斯投影反算程序

a＝Text1. Text：alf＝Text2. Text

X＝Val(Text3. Text)：Y＝Val(Text4. Text)：ZYL♯＝Val(Text5. Text)：Y＝Y－500000♯

'＊＊＊＊＊＊＊＊＊＊＊＊＊＊＊＊＊＊＊＊＊＊＊＊参数计算

alf＝1/alf：ba＝a－alf＊a

E＝Sqr((a＊a－ba＊ba)/(a＊a))

ap＝1＋(3/4)＊E^2＋(45/64)＊E^4＋(175/256)＊E^6＋(11025/16384)＊E^8

ap＝ap＋(43659/65536)＊E^10＋(693693/1048576)＊E^12

ap＝1＋(3/4)＊E^2＋(45/64)＊E^4＋(175/256)＊E^6＋(11025/16384)＊E^8

ap＝ap＋(43659/65536)＊E^10＋(693693/1048576)＊E^12

bp＝(3/8)＊E^2＋(15/32)＊E^4＋(525/1024)＊E^6

bp＝bp＋(2205/4096)＊E^8＋(72765/131072)＊E^10＋(297297/524288)＊E^12

cp＝(15/256)＊E^4＋(105/1024)＊E^6

cp＝cp＋(2205/16384)＊E^8＋(10395/65536)＊E^10＋(1486485/8388608)＊E^12

dp＝(35/3072)＊E^6

dp＝dp＋(105/4096)＊E^8＋(10395/262144)＊E^10＋(55055/1048576)＊E^12

ep＝(315/131072)＊E^8＋(3465/524288)＊E^10＋(99099/8388608)＊E^12

fp＝(693/1310720)＊E^10＋(9009/5242880)＊E^12

gp＝(1001/8388608) ＊ E^12

B＝X/(a ＊ (1－E ＊ E))：B＝B/ap

Do   '＊＊＊＊＊＊＊＊＊＊＊＊＊＊＊＊迭代计算底点纬度

Fb＝ap ＊ B－bp ＊ sin(2 ＊ B)＋cp ＊ sin(4 ＊ B)－dp ＊ sin(6 ＊ B)
Fb＝Fb＋ep ＊ sin(8 ＊ B)－fp ＊ sin(10 ＊ B)＋gp ＊ sin(12 ＊ B)
Fb＝a ＊ (1－E ＊ E) ＊ Fb

Fb1＝ap－2 ＊ bp ＊ cos(2 ＊ B)＋4 ＊ cp ＊ cos(4 ＊ B)－6 ＊ dp ＊ cos(6 ＊ B)
Fb1＝Fb1＋8 ＊ ep ＊ cos(8 ＊ B)－10 ＊ fp ＊ cos(10 ＊ B)＋12 ＊ gp ＊ cos(12 ＊ B)
Fb1＝a ＊ (1－E ＊ E) ＊ Fb1

b1＝B＋(X－Fb)/Fb1

k＝B－b1：k＝Abs(k)：B＝b1
Loop While k ＞ 0.00000001   '＊＊＊＊＊＊＊＊迭代计算结束
'＊＊＊＊＊＊＊＊＊＊＊＊＊＊＊有关底点纬度的参数计算
Wf＝Sqr(1－E ＊ E ＊ sin(B) ＊ sin(B))
Mf＝a ＊ (1－E ＊ E)/Wf^3
t＝Tan(B)
et＝Sqr((a ＊ a－ba ＊ ba)/(ba ＊ ba))：et＝et ＊ cos(B)
N＝a/Wf
'＊＊＊＊＊＊＊＊＊＊＊＊＊＊＊＊＊＊＊＊＊大地坐标计算
lc＝(1/(N ＊ cos(B))) ＊ Y－(1/(6 ＊ N^3 ＊ cos(B))) ＊ (1＋2 ＊ t^2＋et^2) ＊ Y^3
lc＝lc＋(1/(120 ＊ N^5 ＊ cos(B))) ＊ (5＋28 ＊ t^2＋24 ＊ t^4＋6 ＊ et^2＋8
＊ et^2 ＊ t^2) ＊ Y^5

L＝lc＋ZYL ＊ pi/180

B＝B－t/(2 ＊ Mf ＊ N) ＊ Y^2＋t/(24 ＊ Mf ＊ N^3) ＊ (5＋3 ＊ t^2＋et^2－9
＊ et^2 ＊ t^2) ＊ Y^4
B＝B－t/(720 ＊ Mf ＊ N^5) ＊ (61＋90 ＊ t^2＋45 ＊ t^4) ＊ Y^6

L＝L ＊ 180/pi：B＝B ＊ 180/pi   '＊＊＊＊＊＊＊＊＊＊ 弧度变为角度

Jd1＝Fix(L)：Jd2＝(L－Jd1) ＊ 60
Jd3＝(Jd2－Fix(Jd2)) ＊ 60
L＝Jd1＋Fix(Jd2)/100＃＋Jd3/10000＃

Jd1＝Fix(B)：Jd2＝(B－Jd1) ＊ 60

```
Jd3＝(Jd2－Fix(Jd2))＊60
B＝Jd1＋Fix(Jd2)/100♯＋Jd3/10000♯

Text6.Text＝B：Text7.Text＝L    '＊＊＊高斯投影反算程序结束
End If
End Sub

Private Sub Command3_Click()
Close
End
End Sub

Private Sub Option1_Click()
Label5.Caption＝"大地纬度 B："
Label6.Caption＝"大地经度 L："
Label8.Caption＝"平面直角坐标 x："
Label9.Caption＝"面直角坐标 y："
kz＝"正算"
End Sub
```

选择正算时,标签的 Caption 重新赋值。

```
Private Sub Option2_Click()
Label5.Caption＝"平面直角坐标 x："
Label6.Caption＝"平面直角坐标 y："
Label8.Caption＝"大地纬度 B："
Label9.Caption＝"大地经度 L："
kz＝"反算"
End Sub
```

选择反算时,标签的 Caption 重新赋值。

7.3.4.3　算例

已知某点经纬度为 $B = 21°58'47.0845''$, $L = 113°25'31.4880''$,求该点在 1954 年北京坐标系(克拉索夫斯基椭球)下 6°带的高斯平面直角坐标,并用反算进行检核。

该点位于 6°分带的第 19°带,中央子午线为 111°,运行高斯投影计算程序,选择高斯投影正算,在选择椭球中选取 1954 年北京坐标系,将经纬度输入相应的文本框,并输入中央子午线经度 111°,点击计算,高斯投影正算的结果平面直角坐标 X：2433586.69225265，平面直角坐标 Y：750547.403161446 显示出来，运行界面如图 7-11 所示。

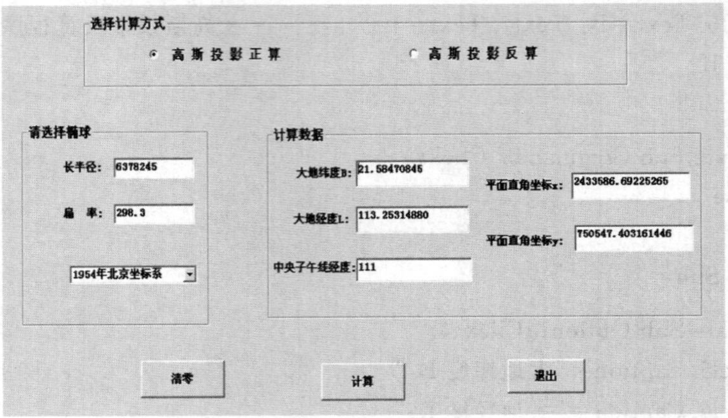

图 7-11　高斯投影正算程序界面

再进行高斯投影反算的检核：运行高斯投影计算程序，选择高斯投影反算，在选择椭球中选取 1954 年北京坐标系，将平面直角坐标 X：2433586.69225，平面直角坐标 Y：750547.403161 输入相应的文本框，并输入中央子午线经度 111°，点击计算，高斯投影正算的结果大地纬度 B：21.5847084500461，大地经度 L：113.253148801340 显示出来，运行界面如图 7-12 所示。

图 7-12　高斯投影反算程序界面

至此，高斯投影正反算计算完毕，经检核，结果正确。

7.3.5 高斯投影相邻带的坐标换算

在高斯投影中，为了限制高斯投影的长度变形，以中央子午线进行分带，把投影范围限制在中央子午线东、西两侧一定的范围内。因而，使得统一的坐标系被分割成各带的独立坐标系。在工程应用中，往往要用到相邻带中的点坐标，有时工程测量中要求采用 3°带、1.5°带或任意带，而国家控制点通常只有 6°带坐标，这时就产生了 6°带同 3°带（或 1.5 带、任意带）之间的相互坐标换算问题。

应用高斯投影正、反算公式进行换带计算实质是把椭球面上的大地坐标作为过渡坐标，计算过程是：首先将某投影带内已知点的平面坐标(x_1, y_1)按高斯投影坐标反算公式求得点在椭球面上的大地坐标(L, B)；然后根据大地经度和所需换算的另一投影带的中央子午线经度 L_0 计算该点在新投影带内的经差 l，再按高斯投影坐标正算公式计算该点在另一投影带内的高斯平面坐标(x_2, y_2)。至此，高斯投影坐标的换带计算问题就完成了。用该方法进行坐标变换，理论简明严密，精度较高，适用于 6°→6°带、3°→3°带以及 6°→3°带之间的邻带坐标换算，也适用于任意带之间的坐标变换。该方法通用性强且计算精度高，是坐标邻带变化的基本方法。

算例：已知某点在 1954 年北京坐标系（克拉索夫斯基椭球）下 6°带的高斯平面直角坐标为：$x_1 = 3275110.535$m，$y_1 = 20735437.233$，求该点相应的 3°带坐标(x_2, y_2)。

根据该点在 6°带的坐标 $y_1 = 20735437.233$，确定该点位于 6°带的第 20 带，中央子午线为 117°，利用高斯投影反算程序进行计算，可得到该点在克拉索夫斯基椭球上的经纬度为：$B = 29°34'16.54119''$，$L = 119°25'45.5443''$。根据该点经度可确定该点位于 3°带的第 40 带，中央子午线为 120°，根据高斯投影反算程序，得到该点在 1954 年北京坐标系 3°带的高斯平面直角坐标为：$x_2 = 3272782.315$m，$y_2 = 40444700.455$m。

7.4 GPS 测量成果的坐标转换

GPS 卫星的星历是基于 WGS-84 坐标系建立的，无论是单点定位的坐标还是相对定位中解算的基线向量，GPS 定位成果都属于 WGS-84 坐标系。但是在工程应用中，测量成果往往属于某一国家坐标系或者地方坐标系（称为参考坐标系）。实际应用中必须研究不同坐标系之间的坐标转换方法，如 WGS-84 坐标系转换为 1980 年西安坐标系。将 GPS 定位成果的 WGS-84 坐标转换为参考坐标系的方法主要有以下几种：利用已知重合点的三维大地坐标进行坐标转换；利用已知重合点的二维大地坐标进行坐标转换；利用已知重合点的三维空间直角坐标进行坐标转换；利用已知重合点的二维高斯平面坐标进行坐标转换。

　　利用三维（或者二维）大地坐标进行坐标转换，需要利用大地主题解算公式求解大地方位角，并利用大地测量微分公式进行大地坐标的转换，转换模型较为复杂。本节仅讨论三维空间直角坐标和二维高斯平面坐标进行坐标转换的算法和程序设计。

7.4.1　平面坐标转换的四参数模型

　　对于平面坐标转换来说，在同一个椭球里的转换都是严密的，而在不同的椭球之间的转换则是不严密的。在 WGS-84 坐标和北京 1954 坐标之间是不存在一套转换参数可以全国通用的，在每个地方会不一样，因为它们是两个不同的椭球基准。平面坐标转换一般应用四参数模型，如图 7-13 所示。

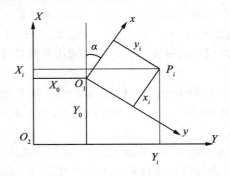

图 7-13　四参数模型

　　经验上，四参数理想的控制范围一般都在 20～30 平方千米以内。参与计算的控制点原则上至少要用两个或两个以上的点，控制点等级的高低和分布直接决定了四参数的计算精度。四参数模型公式为：

$$\begin{bmatrix} x_K \\ y_K \end{bmatrix} = \begin{bmatrix} x_0 \\ y_0 \end{bmatrix} + m \begin{bmatrix} \cos\alpha & -\sin\alpha \\ \sin\alpha & \cos\alpha \end{bmatrix} \begin{bmatrix} x_J \\ y_J \end{bmatrix} \tag{7-5}$$

(x_0, y_0) 称为坐标变换的平移参数，m 称为尺度比参数，α 称为旋转角参数。

7.4.2　计算方法及程序设计

7.4.2.1　四参数模型算法

$$\begin{cases} x_K = x_0 + x_J m \cos\alpha - y_J m \sin\alpha \\ y_K = y_0 + x_J m \sin\alpha + y_J m \cos\alpha \end{cases} \tag{7-6}$$

式(7-6)也可写为：

$$\begin{cases} x_K = x_0 + ax_J - by_J \\ y_K = y_0 + ax_J + by_J \end{cases}$$

(7-7)

如果在区域内的 n 个点上，既有 J 坐标系中的坐标，也有 K 坐标系中的坐标，这 n 个点可称为坐标转换公共点，可依据 n 个公共点按最小二乘原则计算坐标转换四参数。四参数的计算公式为：

$$\begin{cases} x_{K1} = x_0 + ax_{J1} - by_{J1} \\ y_{K1} = y_0 + ax_{J1} + by_{J1} \\ x_{K2} = x_0 + ax_{J2} - by_{J2} \\ y_{K2} = y_0 + ax_{J2} + by_{J2} \\ \vdots \\ x_{Kn} = x_0 + ax_{Jn} - by_{Jn} \\ y_{Kn} = y_0 + ax_{Jn} + by_{Jn} \end{cases} \Rightarrow \begin{bmatrix} 1 & 0 & x_{J1} & y_{J1} \\ 1 & 0 & y_{J1} & x_{J1} \\ & & \vdots & \\ 1 & 0 & x_{Jn} & y_{Jn} \\ 1 & 0 & y_{Jn} & x_{Jn} \end{bmatrix} \begin{bmatrix} x_0 \\ y_0 \\ a \\ b \end{bmatrix} = \begin{bmatrix} x_{K1} \\ y_{K1} \\ \vdots \\ x_{Kn} \\ y_{Kn} \end{bmatrix}$$

(7-8)

式(7-8)写为矩阵形式为：

$$AX = L$$

(7-9)

按最小二乘原则计算的公式为：

$$X = (A^T A)^{-1} A^T L$$

(7-10)

所有坐标系 J 中的坐标可利用求得的四参数按式(7-8)转换到坐标系 K 中，由于公共点的坐标存在误差，求得的转换参数将受其影响。公共点坐标误差对转换参数的影响与点位的几何分布及点数的多少有关，因而，为了求得较好的转换参数，应选择一定数量的精度较高且分布较均匀并有较大覆盖面的公共点。

7.4.2.2 程序设计

建立平面坐标四参数转换的程序窗体，Name 属性命名为"frm7zbzh"，窗体中添加标签、框架、文本框和命令按钮等控件。窗体布置如图 7-14 所示。

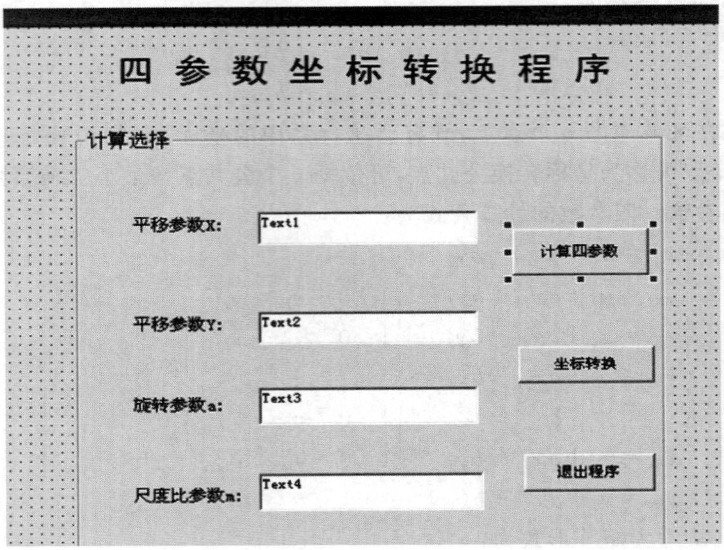

图 7-14　四参数坐标转换程序窗体

在主窗体模块中编写程序代码：

```
Private Sub scs_Click()
Load frm7zbzh
frm7zbzh. Show
frm7zbzh. WindowState＝2
frm7zbzh. SetFocus
End Sub
```

以上代码表示当单击主窗口的"坐标转换"下拉菜单的"平面坐标转换四参数"时，装入平面坐标四参数转换的程序窗体。该窗体模块中的程序代码为：

```
Option Explicit
Public DX＃,DY＃,DZ＃,a1＃,a2＃,a3＃,m,kz＄
Public Xzbc＃ , Yzbc＃
Private Sub Form_Load()
Text1. Text＝" "：Text2. Text＝" "
Text3. Text＝" "：Text4. Text＝" "
End Sub
Private Sub Command1_Click()
Dim dm＄(200)，x1＃(200)，y1＃(200)，x2＃(200)，y2＃(200)，n％,
```

```
i%，j%
    Dim A() As Double，L() As Double，Pa(1 To 4) As Double
    Dim At#()，Naa#()，w#()，kk As Boolean
    '＊＊＊＊＊＊＊＊＊读取控制点数据，并显示在界面
    Open "d:\zb.txt" For Input As ＃1
    Open "d:\zbhsjg.txt" For Output As ＃2
    Line Input ＃1，dm＄(1)：i＝1
    Label2.Caption＝Label2.Caption ＆ dm＄(1) ＆ vbCrLf
    While Not EOF(1) '判断是否到文件尾
    Input ＃1，dm＄(i)，x1(i)，y1(i)，x2(i)，y2(i)
    Label2.Caption＝Label2.Caption ＆ dm＄(i) ＆ "，" ＆ x1(i) ＆ _
    "，" ＆ y1(i) ＆ "，" ＆ x2(i) ＆ "，" ＆ y2(i) ＆ vbCrLf      '向 text1 中
追加从文件中读取的内容
    n＝i：i＝i＋1
    Wend
    Xzbc＝x1(1)：Yzbc＝y1(1)：
    ReDim A(1 To 2＊n，1 To 4) As Double，L(1 To 2＊n) As Double
    ReDim At(1 To 4，1 To 2＊n)，Naa(1 To 4，1 To 4)，w(1 To 4)
    For i＝1 To n
    x1＃(i)＝x1＃(i)－Xzbc：y1＃(i)＝y1＃(i)－Yzbc
    x2＃(i)＝x2＃(i)－Xzbc：y2＃(i)＝y2＃(i)－Yzbc

    A(2＊i－1，1)＝1：A(2＊i－1，2)＝0
    A(2＊i－1，3)＝x1＃(i)：A(2＊i－1，4)＝y1＃(i)：L(2＊i－1)＝x2＃(i)
    A(2＊i，1)＝0：A(2＊i，2)＝1
    A(2＊i，3)＝y1＃(i)：A(2＊i，4)＝x1＃(i)：L(2＊i)＝y2＃(i)
    Next i
    '计算转换参数
    MatrixTrans A，At        '计算系数阵的转置矩阵
    Matrix_Multy Naa，At，A        '计算 AtA
    kk＝MRinv(Naa)
    Matrix_Multy w，At，L    '法方程常数向量
    Matrix_Multy Pa，Naa，w
    '＊＊＊＊＊＊＊＊＊计算四参数显示在界面
    Text1.Text＝Pa(1)：Text2.Text＝Pa(2)
```

```vb
Text3. Text=206264. 806 * Atn(Pa(4)/Pa(3))
Text4. Text=Sqr(Pa(3)^2+Pa(4)^2)
Close
End Sub

Private Sub Command2_Click()
Dim dm$, x1#, y1#, x2#, y2#, Pa#(4)
Open "d:\zbhs. txt" For Input As #1
Open "d:\zbhsjg. txt" For Output As #2
Pa(1)=Val(Text1. Text): Pa(2)=Val(Text2. Text)
Pa(3)=Val(Text3. Text): Pa(4)=Val(Text4. Text)

Pa(3)=Pa(3)/206264. 806
While Not EOF(1)
Input #1, dm$, x1, y1
x1#=x1#-Xzbc: y1#=y1#-Yzbc

x2=Pa(1)+Pa(4) * cos(Pa(3)) * x1-Pa(4) * sin(Pa(3)) * y1
y2=Pa(2)+Pa(4) * sin(Pa(3)) * x1+Pa(4) * cos(Pa(3)) * y1
x2#=x2#+Xzbc: y2#=y2#+Yzbc

Label2. Caption=Label2. Caption & dm$ & ", " & x1 & _
", " & y1 & ", " & x2 & ", " & y2 & vbCrLf '向 text1 中追加从文件中
读取的内容
Print #2, dm$, x1, y1, x2, y2
Wend
Close
End Sub
Private Sub Command3_Click()
Close
End
End Sub
```

7.4.2.3 算例

某市区域内共布设 90 个 GPS 网点（见图 7-15），点间平均距离约为 10km。采用 Leica 双频 GPS 接收机施测，作业方式为经典静态相对定位测量模式。卫星截止高度角为 10°，采样间隔为 15s，每个点位均观测两个时段 6 个小时以上，

基线处理和平差计算采用 GPSuvery 软件进行,控制网在 WGS-84 下无约束平差,点位中误差的数量级为毫米级。GPS 控制网中联测有 4 个一等国家三角点和 9 个二等国家三角点,这 13 个点的 1980 年西安坐标系坐标见表 7-1。试将控制网的所有点坐标通过四参数坐标转换方法转换至 1980 年西安坐标系,并将转换坐标与在二维约束平差得到的 GPS 网点的 1980 年西安坐标系坐标进行比较。

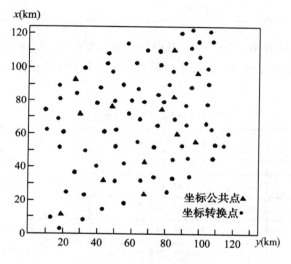

图 7-15　GPS 点分布图

表 7-1　　　　　　　　　　　13 个国家三角点的 1980 年西安坐标系

点名	Xi′an-80X	Xi′an-80Y
GK028	203111.210	85500.120
GK035	196847.430	49545.440
GK038	192317.320	31089.170
GK055	180519.660	87134.370
GK009	231052.990	85373.690
GK018	217588.730	98983.720
GK020	213646.790	27995.330
GK037	195244.790	78206.210
GK056	175923.470	98068.190

续表

点名	WGS-84 坐标 X	WGS-84 坐标 Y
GK060	163317.220	68677.610
GK065	152261.360	44858.140
GK069	131537.920	20088.920
GK075	143832.530	68473.970

(1)将 GPS 观测 WGS-84 坐标系中的大地坐标通过高斯投影正算,转换为 WGS-84 椭球面的平面坐标,在投影过程中,中央子午线的设定为任意,结果列于表 7-2 中。

表 7-2 GPS 控制网点的高斯投影坐标

点名	WGS-84 坐标 X	WGS-84 坐标 Y
G1534	232238.803	95462.057
G1536	228987.195	47368.294
G1544	200221.812	51070.633
G1545	200086.934	79427.356
G1552	189691.756	18216.918
G1555	173467.842	90210.076
G1603	151767.554	51367.080
GC004	145241.863	81857.264
GC006	153585.404	84819.129
GJN82	173844.304	114409.294
GJN86	165370.772	108240.381
GJN88	154482.608	94715.210
GK001	241003.482	89743.880
GK002	243177.015	96164.076
GK003	242179.632	106626.640
GK004	235702.843	99446.254
GK005	236436.879	108072.966

续表

点名	WGS-84 坐标 X	WGS-84 坐标 Y
GK006	235186.485	58697.561
GK007	231009.138	69982.807
GK008	230599.759	77421.248
GK009	231052.016	85490.964
GK010	227079.492	100333.211
GK011	223551.274	92287.774
GK012	220408.337	33680.927
GK013	223161.110	46743.733
GK014	218168.794	49894.778
GK015	223719.809	63883.331
GK016	222307.262	77651.160
GK017	218801.075	85151.360
GK018	217587.729	99100.997
GK019	211034.272	105700.330
GK020	213645.682	28112.415
GK021	210038.070	18851.128
GK022	205195.880	29084.652
GK023	208863.366	42745.718
GK024	210438.484	55790.315
GK025	208068.183	64783.669
GK026	204640.457	76658.835
GK027	210684.291	82591.388
GK028	203110.131	85617.355
GK029	209078.628	95531.313
GK030	197655.456	92624.741
GK031	198364.608	105043.889
GK032	194905.860	10787.307

续表

点名	WGS-84 坐标 X	WGS-84 坐标 Y
GK033	201709.714	19107.516
GK034	199022.227	40803.074
GK035	196846.438	49662.516
GK036	200011.830	68433.632
GK037	195243.683	78323.452
GK038	192316.180	31206.249
GK039	192717.217	59427.641
GK040	183059.060	11623.192
GK041	181373.644	21393.640
GK042	181863.343	45054.221
GK043	189330.986	65802.436
GK044	185676.967	76001.488
GK045	189348.316	85857.799
GK046	185993.298	92726.496
GK047	186684.517	104237.690
GK048	183500.238	107601.570
GK049	180782.973	117361.846
GK050	172304.701	19140.012
GK051	170255.040	34245.754
GK052	172940.880	51576.013
GK053	175615.374	64499.894
GK054	172715.723	74051.129
GK055	180518.411	87251.642
GK056	175922.196	98185.496
GK057	174054.821	109602.953
GK058	156919.083	28122.738
GK059	162224.820	56783.908

续表

点名	WGS-84 坐标 X	WGS-84 坐标 Y
GK060	163315.980	68794.739
GK061	164968.619	85019.876
GK062	165633.651	93603.545
GK063	144793.428	23438.141
GK064	143472.061	33558.184
GK065	152260.118	44975.272
GK066	152179.786	66218.368
GK067	154119.493	74134.980
GK068	129748.381	14271.343
GK069	131536.656	20205.976
GK070	113464.255	11916.495
GK071	123073.072	19766.479
GK072	128538.147	33014.708
GK073	134823.023	44084.588
GK074	138488.701	56654.302
GK075	143831.274	68591.185
GK076	161620.703	40836.144
GK077	182981.190	51943.346
GK078	200783.370	60781.074
GK079	220314.229	105155.246

（2）13 个坐标公共点上同时具有 1980 年西安坐标系和 WGS-84 坐标系两套坐标，求取区域坐标转换四参数。计算文件格式见表 7-3。

表 7-3   求取区域坐标转换四参数的计算文件格式

点名	WGS-84X	WGS-84X	Xi′an-80X	Xi′an-80Y
GK028	203110.131	85617.355	203111.210	85500.120
GK035	196846.438	49662.516	196847.430	49545.440
GK038	192316.180	31206.249	192317.320	31089.170
GK055	180518.411	87251.642	180519.660	87134.370
GK009	231052.016	85490.964	231052.990	85373.690
GK018	217587.729	99100.997	217588.730	98983.720
GK020	213645.682	28112.415	213646.790	27995.330
GK037	195243.683	78323.452	195244.790	78206.210
GK056	175922.196	98185.496	175923.470	98068.190
GK060	163315.980	68794.739	163317.220	68677.610
GK065	152260.118	44975.272	152261.360	44858.140
GK069	131536.656	20205.976	131537.920	20088.920
GK075	143831.274	68591.185	143832.530	68473.970

（3）利用 13 个坐标公共点计算坐标转换四参数，计算界面如图 7-16 所示。

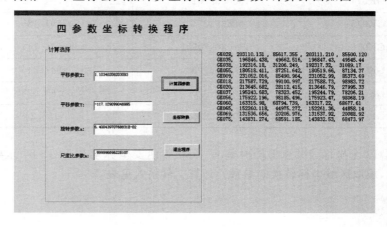

图 7-16   程序运行界面

（4）用计算的四参数将区域内全部 GPS 点的坐标 WGS-84 坐标系坐标转换为 1980 年西安坐标系坐标，并与静态网二维平差坐标比较，结果列于表 7-4 中。

表 7-4 　　　　　　　　　　　　　　计算坐标与平差坐标比较

点名	计算坐标		网平差坐标		坐标差	
	X	Y	X	Y	ΔX	ΔY
G1534	232239.799	95344.780	232239.778	95344.759	0.021	0.021
G1536	228988.202	47251.175	228988.188	47251.154	0.014	0.021
G1544	200222.914	50953.502	200222.806	50953.544	0.108	−0.042
G1545	200088.037	79310.131	200088.027	79310.120	0.010	0.011
G1552	189692.893	18099.895	189692.891	18099.894	0.002	0.001
G1555	173469.033	90092.816	173469.104	90092.798	−0.071	0.018
G1603	151768.816	51249.948	151768.802	51249.937	0.014	0.011
GC004	145243.147	81740.031	145243.145	81740.031	0.002	0.000
GC006	153586.660	84701.886	153586.677	84701.889	−0.017	−0.003
GJN82	173845.493	114291.954	173845.560	114291.890	−0.067	0.064
GJN86	165371.990	108123.061	165372.049	108123.027	−0.059	0.034
GJN88	154483.861	94597.935	154483.896	94597.932	−0.035	0.003
GK001	241004.450	89626.621	241004.429	89626.589	0.021	0.032
GK002	243177.976	96046.796	243177.961	96046.766	0.015	0.03
GK003	242180.596	106509.325	242180.591	106509.300	0.005	0.025
GK004	235703.828	99328.963	235703.812	99328.942	0.016	0.021
GK005	236437.862	107955.647	236437.854	107955.628	0.008	0.019
GK006	235187.471	58580.405	235187.450	58580.380	0.021	0.025
GK007	231010.138	69865.614	231010.113	69865.592	0.025	0.022
GK008	230600.761	77304.030	230600.734	77304.006	0.027	0.024
GK009	231053.016	85373.719	231052.990	85373.690	0.026	0.029
GK010	227080.506	100215.917	227080.482	100215.911	0.024	0.006
GK011	223552.299	92170.506	223552.272	92170.498	0.027	0.008
GK012	220409.373	33563.854	220409.397	33563.826	−0.024	0.028
GK013	223162.136	46626.617	223162.121	46626.601	0.015	0.016
GK014	218169.837	49777.651	218169.812	49777.641	0.025	0.01

续表

点名	计算坐标		网平差坐标		坐标差	
	X	Y	X	Y	ΔX	ΔY
GK015	223720.834	63766.157	223720.811	63766.142	0.023	0.015
GK016	222308.291	77533.941	222308.267	77533.925	0.024	0.016
GK017	218802.116	85034.117	218802.093	85034.106	0.023	0.011
GK018	217588.774	98983.707	217588.730	98983.720	0.044	−0.013
GK019	211035.338	105583.018	211035.322	105583.020	0.016	−0.002
GK020	213646.740	27995.360	213646.790	27995.330	−0.05	0.03
GK021	210039.140	18734.104	210039.159	18734.085	−0.019	0.019
GK022	205196.966	28967.594	205196.985	28967.577	−0.019	0.017
GK023	208864.440	42628.614	208864.412	42628.614	0.028	0
GK024	210439.553	55673.169	210439.513	55673.172	0.04	−0.003
GK025	208069.260	64666.493	208069.233	64666.489	0.027	0.004
GK026	204641.544	76541.619	204641.531	76541.612	0.013	0.007
GK027	210685.359	82474.152	210685.344	82474.150	0.015	0.002
GK028	203111.224	85500.110	203111.210	85500.120	0.014	−0.01
GK029	209079.701	95414.035	209079.682	95414.037	0.019	−0.002
GK030	197656.567	92507.472	197656.573	92507.469	−0.006	0.003
GK031	198365.717	104926.580	198365.736	104926.569	−0.019	0.011
GK032	194906.980	10670.309	194906.975	10670.304	0.005	0.005
GK033	201710.811	18990.490	201710.815	18990.481	−0.004	0.009
GK034	199023.333	40685.977	199023.282	40685.992	0.051	−0.015
GK035	196847.551	49545.390	196847.430	49545.440	0.121	−0.05
GK036	200012.933	68316.443	200012.915	68316.437	0.018	0.006
GK037	195244.801	78206.231	195244.790	78206.210	0.011	0.021
GK038	192317.308	31089.183	192317.320	31089.170	−0.012	0.013
GK039	192718.344	59310.483	192718.295	59310.499	0.049	−0.016
GK040	183060.219	11506.192	183060.208	11506.193	0.011	−0.001

续表

点名	计算坐标		网平差坐标		坐标差	
	X	Y	X	Y	ΔX	ΔY
GK041	181374.809	21276.607	181374.803	21276.609	0.006	−0.002
GK042	181864.506	44937.110	181864.476	44937.121	0.03	−0.011
GK043	189332.125	65685.256	189332.110	65685.257	0.015	−0.001
GK044	185678.117	75884.275	185678.129	75884.265	−0.012	0.01
GK045	189349.454	85740.553	189349.481	85740.539	−0.027	0.014
GK046	185994.447	92609.227	185994.504	92609.210	−0.057	0.017
GK047	186685.663	104120.383	186685.714	104120.362	−0.051	0.021
GK048	183501.395	107484.252	183501.455	107484.222	−0.06	0.030
GK049	180784.139	117244.495	180784.202	117244.445	−0.063	0.050
GK050	172305.895	19022.987	172305.881	19022.987	0.014	0.000
GK051	170256.241	34128.678	170256.222	34128.677	0.019	0.001
GK052	172942.072	51458.881	172942.057	51458.888	0.015	−0.007
GK053	175616.557	64382.719	175616.560	64382.732	−0.003	−0.013
GK054	172716.916	73933.922	172716.936	73933.937	−0.02	−0.015
GK055	180519.578	87134.392	180519.660	87134.370	−0.082	0.022
GK056	175923.378	98068.209	175923.470	98068.190	−0.092	0.019
GK057	174056.010	109485.628	174056.076	109485.574	−0.066	0.054
GK058	156920.328	28005.683	156920.306	28005.676	0.022	0.007
GK059	162226.047	56666.758	162226.044	56666.771	0.003	−0.013
GK060	163317.204	68677.550	163317.220	68677.610	−0.016	−0.06
GK061	164969.837	84902.633	164969.873	84902.632	−0.036	0.001
GK062	165634.868	93486.273	165634.928	93486.262	−0.06	0.011
GK063	144794.714	23321.101	144794.674	23321.087	0.04	0.014
GK064	143473.351	33441.111	143473.325	33441.100	0.026	0.011
GK065	152261.378	44858.161	152261.360	44858.140	0.018	0.021
GK066	152181.047	66101.187	152181.033	66101.186	0.014	0.001

续表

点名	计算坐标		网平差坐标		坐标差	
	X	Y	X	Y	ΔX	ΔY
GK067	154120.748	74017.772	154120.748	74017.783	0.000	−0.011
GK068	129749.716	14154.333	129749.657	14154.311	0.059	0.022
GK069	131537.986	20088.947	131537.920	20088.920	0.066	0.027
GK070	113465.644	11799.493	113465.609	11799.482	0.035	0.011
GK071	123074.429	19649.452	123074.375	19649.430	0.054	0.022
GK072	128539.486	32897.637	128539.445	32897.619	0.041	0.018
GK073	134824.341	43967.480	134824.322	43967.471	0.019	0.009
GK074	138490.007	56537.152	138489.990	56537.146	0.017	0.006
GK075	143832.563	68473.996	143832.530	68473.970	0.033	0.026
GK076	161621.933	40719.046	161621.916	40719.036	0.017	0.01
GK077	182982.349	51826.212	182982.310	51826.225	0.039	−0.013
GK078	200784.470	60663.911	200784.424	60663.921	0.046	−0.01
GK079	220315.265	105037.936	220315.235	105037.941	0.030	−0.006

7.4.2.4　结果分析

　　利用 13 个坐标公共点计算区域平面坐标转换四参数,利用四参数模型计算其他点的 1980 年西安坐标;将转换的 1980 年西安坐标系坐标结果与二维约束平差的结果进行比较。转换坐标与二维约束平差值之差的统计结果见表 7-5。

表 7-5　　　　　　　　**转换坐标与二维约束平差值之差的统计结果**　　　　　　单位:m

	点个数	坐标	最大值	最小值	平均值	标准差
坐标公共点	13	X	0.121	−0.092	0.0062	0.0583
		Y	0.029	−0.060	0.0057	0.0302
坐标转换点	77	X	0.108	−0.071	0.0067	0.0331
		Y	0.064	−0.042	0.009	0.0164

7.5 Bursa 七参数模型算法

7.5.1 欧勒角

对于图 7-17 所示的三维空间直角坐标系 $O\text{-}X_1Y_1Z_1$ 和 $O\text{-}X_2Y_2Z_2$，通过三次旋转，可实现 $O\text{-}X_1Y_1Z_1$ 到 $O\text{-}X_2Y_2Z_2$ 的变换，即：

(1)绕 OZ_1 旋转 ε_Z 角，OX、OY_1 旋转至 OX_0、OY_0；

(2)绕 OY_0 旋转 ε_Y 角，OX_0、OZ_1 旋转至 OX_2、OZ_0；

(3)绕 OX_2 旋转 ε_x 角，OY_0、OZ_0 旋转至 OY_2、OZ_2。

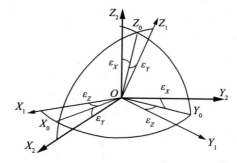

图 7-17 空间直角坐标变换的欧勒角

ε_X、ε_Y、ε_Z 为三维空间直角坐标变换的三个旋转角，也称为欧勒角，与它们相对应的旋转矩阵分别为：

$$R_1(\varepsilon_X)=\begin{bmatrix}1 & 0 & 0 \\ 0 & \cos\varepsilon_X & \sin\varepsilon_X \\ 0 & -\sin\varepsilon_X & \cos\varepsilon_X\end{bmatrix} \qquad (7\text{-}11)$$

$$R_2(\varepsilon_Y)=\begin{bmatrix}\cos\varepsilon_X & 0 & -\sin\varepsilon_X \\ 0 & 1 & 0 \\ \sin\varepsilon_X & 0 & \cos\varepsilon_X\end{bmatrix} \qquad (7\text{-}12)$$

$$R_3(\varepsilon_Z)=\begin{bmatrix}\cos\varepsilon_X & \sin\varepsilon_X & 0 \\ -\sin\varepsilon_X & \cos\varepsilon_X & 0 \\ 0 & 0 & 1\end{bmatrix} \qquad (7\text{-}13)$$

令：

$$R_0=R_1(\varepsilon_X)R_2(\varepsilon_Y)R_3(\varepsilon_Z) \qquad (7\text{-}14)$$

则有：

$$\begin{bmatrix} X_2 \\ Y_2 \\ Z_2 \end{bmatrix} = R_1(\varepsilon_X)R_2(\varepsilon_Y)R_3(\varepsilon_Z)\begin{bmatrix} X_1 \\ Y_1 \\ Z_1 \end{bmatrix} = R_0\begin{bmatrix} X_1 \\ Y_1 \\ Z_1 \end{bmatrix} \tag{7-15}$$

将式(7-11)(7-12)(7-13)代入式(7-14)，得：

$$R_0 = \begin{bmatrix} \cos\varepsilon_Y\cos\varepsilon_Z & \cos\varepsilon_Y\sin\varepsilon_Z & -\sin\varepsilon_Y \\ -\cos\varepsilon_X\sin\varepsilon_Z+\sin\varepsilon_X\sin\varepsilon_Y\cos\varepsilon_Z & \cos\varepsilon_X\cos\varepsilon_Z+\sin\varepsilon_X\sin\varepsilon_Y\sin\varepsilon_Z & \sin\varepsilon_X\cos\varepsilon_Y \\ \sin\varepsilon_X\sin\varepsilon_Z+\cos\varepsilon_X\sin\varepsilon_Y\sin\varepsilon_Z & -\sin\varepsilon_X\cos\varepsilon_Z+\cos\varepsilon_X\sin\varepsilon_Y\sin\varepsilon_Z & \cos\varepsilon_X\cos\varepsilon_Y \end{bmatrix} \tag{7-16}$$

一般 ε_X、ε_Y、ε_Z 为微小转角，可取：

$$\left.\begin{array}{l} \cos\varepsilon_X = \cos\varepsilon_Y = \cos\varepsilon_Z = 1 \\ \sin\varepsilon_X = \varepsilon_X, \sin\varepsilon_Y = \varepsilon_Y, \sin\varepsilon_Z = \varepsilon_Z \\ \sin\varepsilon_X\sin\varepsilon_Y = \sin\varepsilon_X\sin\varepsilon_Z = \sin\varepsilon_Y\sin\varepsilon_Z = 0 \end{array}\right\} \tag{7-17}$$

于是式(7-14)可化简为：

$$R_0 = \begin{bmatrix} 1 & \varepsilon_Z & -\varepsilon_Y \\ -\varepsilon_Z & 1 & \varepsilon_X \\ \varepsilon_Y & -\varepsilon_X & 1 \end{bmatrix} \tag{7-18}$$

式(7-18)也称为微分旋转矩阵。

7.5.2　Bursa 七参数模型算法

两个不同空间直角坐标系之间的坐标转换一般采用布尔萨(Bursa)七参数模型(见图 7-18)，计算时至少需要知道三个以上的重合点的两套坐标值，三个点组成的区域应该覆盖整个测区。七参数的应用范围较大(一般大于 50 平方千米)。

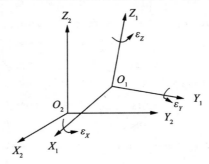

图 7-18　两个不同空间直角坐标系的转换

$$
\begin{bmatrix} X_2 \\ Y_2 \\ Z_2 \end{bmatrix} = (1+m) \begin{bmatrix} 1 & \varepsilon_Z & -\varepsilon_Y \\ -\varepsilon_Z & 1 & \varepsilon_X \\ \varepsilon_Y & -\varepsilon_X & 1 \end{bmatrix} \begin{bmatrix} X_1 \\ Y_1 \\ Z_1 \end{bmatrix} + \begin{bmatrix} \Delta X_0 \\ \Delta Y_0 \\ \Delta Z_0 \end{bmatrix} \tag{7-19}
$$

式(7-19)为两个不同空间直角坐标系的转换模型,包含有 7 个转换参数,即三个坐标轴的平移参数 ΔX_0,ΔY_0,ΔZ_0,三个坐标轴的旋转参数 ε_X,ε_Y,ε_Z,坐标系的尺度比参数 m。为了求得这 7 个转换参数,至少需要 3 个公共点,当多于 3 个公共点时,可按最小二乘法求得 7 个参数的最或然值。

令 $a_1 = m+1$,$a_2 = a_1\varepsilon_X$,$a_3 = a_1\varepsilon_Y$,$a_4 = a_1\varepsilon_Z$,则式(7-19)可写为:

$$
\begin{bmatrix} X_2 \\ Y_2 \\ Z_2 \end{bmatrix}_{\text{转换值}} = \begin{bmatrix} 1 & 0 & 0 & X_1 & 0 & -Z_1 & Y_1 \\ 0 & 1 & 0 & Y_1 & Z_1 & 0 & -X_1 \\ 0 & 0 & 1 & Z_1 & -Y_1 & X_1 & 0 \end{bmatrix} \begin{bmatrix} \Delta X_0 \\ \Delta Y_0 \\ \Delta Z_0 \\ a_1 \\ a_2 \\ a_3 \\ a_4 \end{bmatrix} \tag{7-20}
$$

公共点上两套坐标差为:

$$
\begin{bmatrix} V_{X_2} \\ V_{Y_2} \\ V_{Z_2} \end{bmatrix} \begin{bmatrix} X_2 \\ Y_2 \\ Z_2 \end{bmatrix}_{\text{已知值}} - \begin{bmatrix} X_2 \\ Y_2 \\ Z_2 \end{bmatrix}_{\text{转换值}} \tag{7-21}
$$

则可写出如下形式的误差方程:

$$
\begin{bmatrix} V_{X_1} \\ V_{Y_1} \\ V_{Z_1} \end{bmatrix} = -\begin{bmatrix} 1 & 0 & 0 & X_1 & 0 & -Z_1 & Y_1 \\ 0 & 1 & 0 & Y_1 & Z_1 & 0 & -X_1 \\ 0 & 0 & 1 & Z_1 & -Y_1 & X_1 & 0 \end{bmatrix} \begin{bmatrix} \Delta X_0 \\ \Delta Y_0 \\ \Delta Z_0 \\ a_1 \\ a_2 \\ a_3 \\ a_4 \end{bmatrix} + \begin{bmatrix} X_2 \\ Y_2 \\ Z_2 \end{bmatrix}_{\text{已知值}}
$$

$$\tag{7-22}$$

多个公共点可列多组方程,改写成矩阵形式为:

$$
V = B \cdot \delta X + L \tag{7-23}
$$

$\delta X = (\Delta X_0, \Delta Y_0, \Delta Z_0, a_1, a_2, a_3, a_4)^{\mathrm{T}}$ 为待求的转换参数向量,$V = (V_{X_2}, V_{Y_2}, V_{Z_2})^{\mathrm{T}}$ 为改正数向量,$L = (X_2, Y_2, Z_2)_{\text{已知值}}^{\mathrm{T}}$,$B$ 为系数阵。

根据最小二乘法 $V^{\mathrm{T}} P V = \min$ 的原则,可列出法方程为:

$$
B^{\mathrm{T}} P B \delta X + B^{\mathrm{T}} P L = 0 \tag{7-24}
$$

其解为:

$$\delta X = -(B^{\mathrm{T}} P B)^{-1} B^{\mathrm{T}} P L \qquad (7-25)$$

由 δX 可进一步求得:

$$m = a_1 - 1, \varepsilon_X = \frac{a_2}{a_1}, \varepsilon_Y = \frac{a_3}{a_1}, \varepsilon_Z = \frac{a_4}{a_1}$$

两个不同空间直角坐标系坐标转换的 Bursa 七参数模型使用最小二乘方法计算,程序实现过程与四参数转换模型相似,本书只给出计算方法,读者可自行尝试实现程序过程。

习题

1. 建立如图 7-19 所示的窗体。

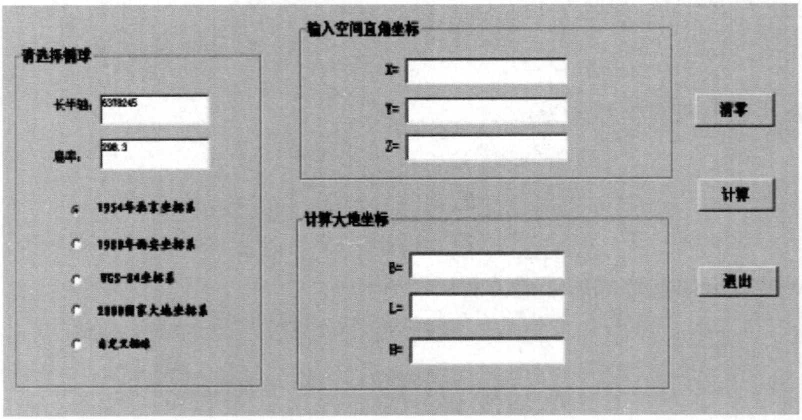

图 7-19

2. 编制程序分别把表 7-6 中的空间直角坐标转换为大地坐标,再将大地坐标转换为空间直角坐标。

表 7-6　　　　　　　　已知的空间直角坐标数据

点名	空间直角坐标		
	X	Y	Z
FZ1	−2040993.213	4633847.470	3867088.739
FZ2	−2041015.419	4633914.985	3866995.527

续表

点名	空间直角坐标		
	X	Y	Z
FZ3	−2041073.792	4633940.835	3866966.983
FZ4	−2040930.492	4633361.372	3867760.450
FZ5	−2040757.148	4633421.611	3867767.726
FZ6	−2038694.374	4630012.294	3872684.218

3. 某工程平面坐标采用 1980 年西安坐标系,中央子午线为 117°,高程采用 1985 国家高程基准。已知测区内 4 个点的坐标和 6 个点的高程,已知点坐标和高程列于表 7-7 中。

表 7-7　　　　　　　　　　工程应用坐标与高程

点名	坐标(1980 年西安坐标系)		实测高程
	X	Y	
KZ04	4044912.085	480533.784	60.106
KZ08	4045270.712	480995.802	59.481
JG05			61.073
JG06			61.393
JG12	4045504.616	481059.554	61.975
JG13	4045525.736	480992.877	62.929

该工程首级平面控制网采用 GPS 静态方式布设,控制网采用无约束三维平差,各点位的三维坐标结果列于表 7-8 中。

表 7-8　　　　　　　　　　控制点三维坐标结果

点名	GPS 三维坐标(WGS-84)		
	X	Y	Z
KZ08	−2312453.869	4580048.895	3776361.937
KZ04	−2312138.790	4580448.193	3776073.196
KZ09	−2312113.669	4580380.473	3776170.275

续表

点名	GPS 三维坐标(WGS-84)		
	X	Y	Z
JG01	−2312297.082	4580267.151	3776196.324
JG02	−2312299.396	4580216.614	3776252.611
JG03	−2312282.907	4580169.517	3776320.852
JG04	−2312249.202	4580108.494	3776416.408
JG05	−2312239.452	4580085.398	3776451.055
JG06	−2312333.386	4580037.931	3776451.629
JG07	−2312345.518	4580064.618	3776410.022
JG08	−2312378.056	4580122.439	3776319.828
JG09	−2312446.135	4580021.149	3776401.271
JG11	−2312436.014	4579911.677	3776540.115
JG10	−2312397.222	4579928.096	3776544.029
JG12	−2312448.430	4579897.803	3776551.460
JG13	−2312383.556	4579917.355	3776568.831

(1)编制相关程序,按四参数法计算所有控制点 1980 年西安坐标系坐标;

(2)编制相关程序,按七参数法计算所有控制点 1980 年西安坐标系坐标和高程。

第八章　道路中线坐标计算程序设计

8.1　道路平面线形

道路是带状构造物,道路中线的空间形状称为路线线形,道路中线在水平面上的投影称为路线的平面线形。道路平面线形由直线、圆曲线和缓和曲线构成。中线测量就是通过直线和曲线的测设,将路线中心线包括起点、交点、转点和终点等的平面位置具体地标定在现场上,并测定路线的实际里程。当地形条件较好、曲线长度很短时,只要测设出曲线的三个主点即能满足工程施工的要求。但当地形变化复杂、曲线较长时,就要在曲线上每隔一定的距离测设一个加桩,以便把曲线的形状和位置详细地表示出来,这个过程称为曲线的细部测设。由于地形条件、精度要求和使用仪器的不同,细部点的测设主要有切线支距法(直角坐标法)、偏角法、极坐标法和坐标测设法等。

GPS、全站仪等测绘新技术及计算机技术在线路测设中越来越多的应用,使得坐标测设法逐渐成为线路中线放样的主要方法。借助于一定数学模型计算出的线路中桩在地面坐标系中的统一坐标,可为整个线路采用灵活方便的放样方法提供基础数据。

道路经规划设计后,其起点、转折点及终点(统称为线路主点)的设计位置均已标注在总平面图上,路线的转折点称为交点(以 JD 表示)。当两相邻转折点之间距离较长或通视条件较差时,则要在其连线或延长线上增设一点(或数点),以传递方向,此增设点称为转点(以 ZD 表示)。在路线的转折处,为了设置曲线通常需要测定转角。所谓转角,就是指路线由一个方向偏转至另一方向时,偏转后的方向与原来方向间的夹角,以 Δ 表示。道路转角如图 8-1 所示。

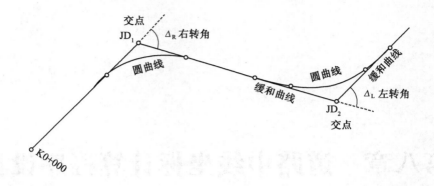

图 8-1　道路转角

　　偏转后的方向位于原来方向右侧时,称为右转角;偏转后的方向位于原来方向左侧时,称为左转角。中线在路转折处要测设曲线,以使线路顺适,行车安全。

　　公路中线测量中加桩一般采用整桩号法,即将曲线上靠近曲线起点的第一个桩的桩号凑成整数桩号,然后按整桩距向曲线的终点连续设桩。

　　道路曲线形式布置多样,常用的有复曲线、反曲线、回头曲线等。复曲线是由两个或两个以上互相衔接的同向单曲线(主要是圆曲线)所组成的曲线,如图8-2 所示。

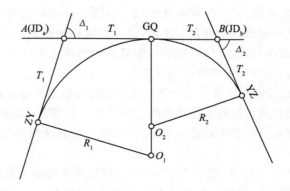

图 8-2　道路复曲线

　　复曲线通常是在地形条件比较复杂,一个单曲线不能适合地形的情况下采用。JD_a、JD_b 为相邻两交点,AB 为公切线,GQ 为主曲线和副曲线相衔接的公切点,它将公切线分为 T_1 和 T_2 两段。其中主曲线切线长 T_1 可根据给定的半径

R_1 和测定的转角 Δ_1 正算得出,则副曲线切线长 $T_2 = D_{AB} - T_1$,然后以 T_2 和转角 Δ_2 依公式反算求出 R_2。

反曲线是由两个方向相反的圆曲线组成的,如图 8-3 所示。在反曲线中,由于两个圆曲线方向相反,为了行车的方便和安全,一般情况下,均在前后两段曲线之间加设一过渡直线段,并且长度不小于 20m。

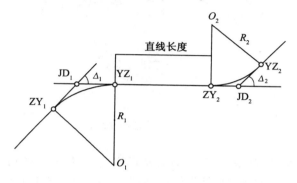

图 8-3 道路反曲线

回头曲线指山区公路为克服高差在同一坡面上回头展线时所采用的曲线。在山区地形中,地面的自然坡度很陡,为了延长路线来降低路线的纵坡度,在同一坡面上回头展线时所采用的回转曲线,偏角一般为 $150° \sim 180°$。

8.2 圆曲线逐桩坐标计算方法

直线、曲线及转角一览表是道路设计的主要成果之一,全面反映路线的平面位置和路线平面线形的各项指标,其主要元素包括交点坐标、交点桩号、转角及曲线要素等,依据一览表元素可以计算道路中线逐桩坐标表和绘制道路平面设计图。当路线由一个方向转到另一个方向时,必须用曲线来连接。曲线的形式较多,其中圆曲线(又称"单曲线")是最常用的一种平曲线,如图 8-4 所示。

圆曲线主点包括起点(直圆点 ZY)、中点(曲中点 QZ)、终点(圆直点 YZ)。圆曲线的起算数据包括直线段方位角、直圆点坐标、线路转角、曲线半径等。曲线要素是圆曲线半径、偏角、切线长、曲线长、外矢距和切曲差。

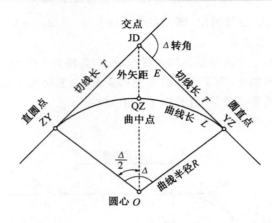

图 8-4　道路圆曲线

　　以圆曲线起点 ZY(或终点 YZ)为坐标原点,以过该点的切线为 x 轴,垂直于切线的方向为 y 轴建立局部坐标系,如图 8-5 所示,圆曲线上某点 P_i 在该局部坐标系中的坐标可依据曲线起点至该点的弧长 l_i 计算。设曲线的半径为 R,l_i 所对的圆心角为 φ_i,则圆曲线上任意一点 P_i 在局部坐标系中的坐标计算公式为:

$$\varphi_i = \frac{l_i \cdot 180°}{R \cdot \pi} \tag{8-1}$$

$$x_i = R \cdot \sin(\varphi_i) \tag{8-2}$$

$$y_i = R \cdot [1 - \cos(\varphi_i)] \tag{8-3}$$

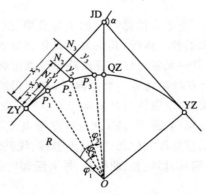

图 8-5　道路圆曲线局部坐标系

在道路放样工作中,需要计算点位在线路统一坐标系中的坐标,由于直圆点和交点在线路统一坐标系中的坐标可由道路设计的成果给出,圆曲线上点 P_i 在线路统一坐标系中的坐标可通过计算加桩与起点的距离和相应连线的方位角,再计算各加桩在线路统一坐标系中的坐标计算,也可通过坐标转换的方式计算。

8.3　带缓和曲线的圆曲线逐桩中线坐标计算

8.3.1　缓和曲线的特征

为了行车更安全、舒适,通常要求在曲线和直线之间设置一段半径由无穷大逐渐变化到圆曲线半径的曲线,这种曲线称为缓和曲线。缓和曲线通过曲率逐渐变化,可更好地适应车辆转向的轨迹。国内外目前基本采用回旋曲线的一部分作为缓和曲线。带缓和曲线的道路平曲线的基本组合为:直线—缓和曲线—圆曲线—缓和曲线—直线。回旋曲线的几何特征是曲线上任何一点的曲率半径 ρ 与该点到曲线起点的长度 l 成反比,用公式表示为:

$$\rho = \frac{c}{l} \tag{8-4}$$

式中,c 为比例参数,我国公路设计规范规定 $c=0.035v^3$,v 是设计的行车速度,以 km/h 计。在缓和曲线的起点,$l=0$,则 $\rho=\infty$;在缓和曲线的终点(与圆曲线衔接处),缓和曲线的全长为 l_h,缓和曲线的半径 ρ 等于圆曲线的半径,即 $\rho=R$。式(8-4)也可写成:

$$c = \rho \cdot l = R \cdot l_h = 0.035v^3 \tag{8-5}$$

则有:

$$l_h = \frac{0.035v^3}{R}$$

8.3.2　缓和曲线的切线角公式

缓和曲线上任意一点 P 的切线与曲线起点 ZH 的切线所组成的夹角为 β,β 称为缓和曲线的切线角。缓和曲线的切线角 β 实际上等于曲线起点 ZH 至曲线上任一点 P 之间的弧长所对的圆心角 β。道路缓和曲线如图 8-6 所示。

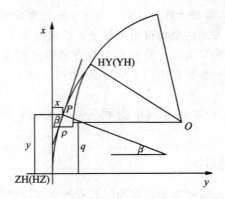

图 8-6　缓和曲线示意图

点 P 处的缓和曲线曲率半径为 r，在 P 点取一微分弧 $\mathrm{d}l$，它所对应的圆心角为 $\mathrm{d}\beta$，则：

$$\mathrm{d}l = r\mathrm{d}\beta \tag{8-6}$$

缓和曲线的切线角 β 的计算公式推导如下：

$$\mathrm{d}\beta = \frac{\mathrm{d}l}{r} \tag{8-7}$$

$$\mathrm{d}\beta = \frac{l\mathrm{d}l}{rl} = \frac{l\mathrm{d}l}{Rl_h} \tag{8-8}$$

$$\beta = \frac{l^2}{2Rl_h} \cdot \frac{180°}{\pi} \tag{8-9}$$

当 $l = l_h$ 时，缓和曲线全长所对的切线角称为缓和曲线角 β_h，其计算公式为：

$$\beta_h = \frac{l_h}{2R} \cdot \frac{180°}{\pi} \tag{8-10}$$

8.3.3　圆曲线的内移和切线的增长

在圆曲线和直线之间增设缓和曲线后，整个曲线发生了变化，为了保证缓和曲线和直线相切，圆曲线应均匀地向圆心方向内移一段距离 ρ，称为圆曲线内移值，也就是插入缓和曲线前的半径为 $R + \rho$，插入缓和曲线后的圆曲线半径为 R。同时切线也应相应地增长 q，称为切线的增长值。计算公式分别为：

圆曲线内移值 ρ 的计算公式为：

$$\rho = \frac{l_h^2}{24R} \tag{8-11}$$

切线的增长值 q 的计算公式为：

$$q = \frac{l_h}{2} - \frac{l_h^3}{240R^2} \tag{8-12}$$

8.3.4　缓和曲线点坐标计算

以缓和曲线起点 ZH（或终点 HZ）为坐标原点，以过该点的切线为 x 轴，垂直于切线的方向为 y 轴建立局部坐标系，设缓和曲线上任意一点 P 处的曲率半径为 r，在 P 点取一微分弧 dl，它所对应的圆心角为 $d\beta$，缓和曲线比例参数为 $c = Rl_h$，则：

$$dl = \gamma d\beta \tag{8-13}$$

$$\begin{cases} dx = dl \cdot \cos\beta \\ dy = dl \cdot \sin\beta \end{cases} \tag{8-14}$$

将 $dl = rd\beta$ 代入，得：

$$\begin{cases} dx = r \cdot \cos\beta d\beta = (c/l)\cos\beta d\beta \\ dy = r \cdot \sin\beta d\beta = (c/l)\sin\beta d\beta \end{cases} \tag{8-15}$$

将上式积分并将 $\cos\beta \cdot \sin\beta$ 用级数展开整理得：

$$\begin{cases} x = l - \dfrac{l^3}{40r^2} + \dfrac{l^5}{3456r^4} - \cdots \\ y = \dfrac{l^2}{6r} - \dfrac{l^4}{336r^3} + \dfrac{l^6}{42240r^5} - \cdots \end{cases} \tag{8-16}$$

式(8-16)即为以缓和曲线起点 ZH 为原点，以过该点的切线为 x 轴，垂直于切线的方向为 y 轴，任一点 P 的坐标计算公式，称为缓和曲线的参数方程。当 $l = l_h$ 时，即得缓和曲线的终点坐标值。

8.3.5　带缓和曲线的圆曲线点坐标计算

对于圆曲线段部分，各点的直角坐标仍和以前计算方法一样，但坐标原点已移至缓和曲线起点(ZH)，因此原坐标必须相应地加圆曲线内移值 ρ 和切线的增长值 q，即

$$\begin{cases} x = x' + q = R\sin\varphi + q \\ y = y' + \rho = R(1 - \cos\varphi) + \rho \end{cases} \tag{8-17}$$

式中，$\varphi = \beta_h + \dfrac{l}{R} \cdot \dfrac{180°}{\pi} = \left(\dfrac{l_h}{2R} + \dfrac{l}{R} \right) \cdot \dfrac{180°}{\pi}$，$l$ 为圆曲线上任一点至 HY 点或 YH 点的曲线长，l_h 为缓和曲线长。

缓和曲线和带缓和曲线的圆曲线上任意点 P_i 在线路统一坐标系中的坐标可根据直圆点和交点在线路统一坐标系中的坐标通过计算加桩与起点的距离和

相应连线的方位角计算,也可通过坐标转换的方式计算。

8.4　道路中线坐标计算的通用模型

8.4.1　任意点切线方位角的计算通用公式

道路中线坐标计算的通用模型将曲线元分为直线元、圆曲线元和缓和曲线元三种。直线上各点曲率均为 0;圆曲线上各点曲率不变,均为圆半径的倒数;而缓和曲线上各点的曲率与该点至缓和曲线起点的弧长成正比。如设曲线元的起点 A 的曲率为 K_A,桩号为 L_A,曲线元的终点 B 的曲率为 K_B,桩号为 L_B,则位于 A 点与 B 点之间的,且桩号为 L 的任意点 i 的曲率 K_i 可由下面的概括模型求得:

$$K_i = K_A + \frac{K_B - K_A}{|L_B - L_A|} |L - L_A| \tag{8-18}$$

考虑到曲线元从起点 A 至终点 B 的桩号并非总是递增的,故对 $L_B - L_A$ 与 $L - L_A$ 加了绝对值符号。式(8-18)仅适用于同一曲线元,A、B 为该曲线的两点,通常为该曲线元与其他曲线元的分界点。

曲线上任意一点 P 的切线与曲线起点的切线所组成的夹角为曲线的切线角 β。

曲线的曲率半径为 r(对于缓和曲线 r 是变化的),曲率为 K,在曲线上取一微分弧 $\mathrm{d}l$,它所对应的圆心角为 $\mathrm{d}\beta$,则:

$$\mathrm{d}\beta = \frac{\mathrm{d}l}{r} = K\mathrm{d}l \tag{8-19}$$

$$\mathrm{d}\beta = \frac{\mathrm{d}l}{r} = K_A + \frac{K_B - K_A}{|L_B - L_A|} |L - L_A| \, \mathrm{d}l \tag{8-20}$$

$$\beta = K_A l + \frac{K_B - K_A}{|L_B - L_A|} \cdot \frac{l^2}{2} \tag{8-21}$$

式中,l 为曲线弧长。

令 $H = \dfrac{K_B - K_A}{2|L_B - L_A|}$,式(8-21)可写为:

$$\beta = K_A l + H \cdot l_2 \tag{8-22}$$

若已知曲线元起点 A 在线路坐标系中的切线方位角 α_A,并顾及到曲线元有左偏和右偏两种情况,则曲线元上任意点切线方位角的计算通式为:

$$\alpha = \alpha_A \pm (K_A l + H \cdot l^2) \tag{8-23}$$

式(8-23)中,曲线左偏时取"$-$",右偏时取"$+$"。该式表明,若已知曲线元起点和终点的曲率和桩号及起点的切线方位角,即可由弧长 l 计算出任意点的切线方位角。

8.4.2 曲线元上任意点坐标的计算通用公式

距曲线起点弧长为 l 的任意点在线路坐标系中的坐标计算通式为:

$$\begin{cases} X = X_A + \displaystyle\int_0^l \cos[\alpha_A \pm (K_A l + H \cdot l^2)]\mathrm{d}l \\ Y = Y_A + \displaystyle\int_0^l \sin[\alpha_A \pm (K_A l + H \cdot l^2)]\mathrm{d}l \end{cases} \tag{8-24}$$

应用三角函数加法定理可得:

$$\begin{cases} X = X_A + x \cdot \cos\alpha_A \pm y \cdot \sin\alpha_A \\ Y = Y_A + x \cdot \sin\alpha_A \mp y \cdot \cos\alpha_A \end{cases} \tag{8-25}$$

其中:
$$\begin{cases} x = \displaystyle\int_0^l \cos(K_A l + H \cdot l^2)\mathrm{d}l \\ y = Y \displaystyle\int_0^l \sin(K_A l + H \cdot l^2)\mathrm{d}l \end{cases} \tag{8-26}$$

x、y 表示曲线上任意点在以起点 A 为坐标原点,以起点 A 的切线方向为 x 轴,与 x 轴相垂直且方向指向曲线内侧(曲线元的曲率中心一侧)的局部坐标系中的坐标。式(8-25)中的"$\pm$"和"$\mp$"表示曲线左偏或右偏时取不同符号。

先对 $\cos(K_A l + H \cdot l^2)$ 及 $\sin(K_A l + H \cdot l^2)$ 用级数展开,再求定积分,即可得到曲线元以弧长 l 为变量的参数方程形式:

$$\begin{cases} x = l - \dfrac{K_A^2}{6}l^3 - \dfrac{HK_A}{4}l^4 + \dfrac{K_A^4 - 12H^2}{120}l^5 + \dfrac{HK_A^3}{36}l^6 + \dfrac{H^2 K_A^2}{28}l^7 + \dfrac{H^3 K_A}{48}l^8 + \dfrac{H^4}{216}l^9 \\ y = \dfrac{K_A}{2}l^2 + \dfrac{H}{3}l^3 - \dfrac{K_A^3}{24}l^4 - \dfrac{HK_A^2}{10}l^5 + \dfrac{K_A^5 - 60H^2 K_A}{720}l^6 + \dfrac{HK_A^4 - 4H^3}{168}l^7 \\ \qquad + \dfrac{H^3 K_A^2}{96}l^8 + \dfrac{H^3 K_A^2}{108}l^9 + \dfrac{H^4 K_A}{240}l^{10} + \dfrac{H^5}{1320}l^{11} \end{cases} \tag{8-27}$$

式(8-25)与式(8-27)即为线路中线坐标计算的通用数学模型。若已知曲线元起点和终点的曲率及起点的切线方位角与坐标,即可由弧长 l 计算出任意点在线路坐标系中的统一坐标。

8.4.3 通用模型应用于各种线形中的分析

8.4.3.1 直线

对于直线,各点曲率为 0,$K_A = K_B = 0$,则 $H = 0$,代入式(8-25),得:

$$\begin{cases} X = X_A + l \cdot \cos\alpha_A \\ Y = Y_A + l \cdot \sin\alpha_A \end{cases} \tag{8-28}$$

式(8-28)即为计算直线上任一点坐标的公式。

8.4.3.2　圆曲线

对于圆曲线，各点曲率半径为 R，$K_A = K_B = 1/R$，则 $H = 0$，代入式(8-27)，得：

$$\begin{cases} x = l - \dfrac{l^3}{6R^2} + \dfrac{l^5}{120R^4} \\ y = \dfrac{l^2}{2R} - \dfrac{l^4}{24R^3} + \dfrac{l^6}{720R^5} \end{cases} \tag{8-29}$$

式(8-29)即为圆曲线在局部坐标系中的参数方程，将式(8-29)代入式(8-25)即得圆曲线在线路统一坐标系中的坐标计算公式。

8.4.3.3　直缓点起算的缓和曲线

连接直线与圆曲线的缓和曲线也称第一缓和曲线，该缓和曲线起点 A 为直缓点，终点 B 为缓圆点，$K_A = 0$，$K_B = 1/R$，则 $H = 1/2Rl_s$，代入式(8-27)，得：

$$\begin{cases} x = l - \dfrac{l^5}{40R^2 l_s^2} + \dfrac{l^9}{3456R^4 l_s^4} \\ y = \dfrac{l^3}{6Rl_s} - \dfrac{l^7}{336R^3 l_s^3} + \dfrac{l^{11}}{42240R^5 l_s^5} \end{cases} \tag{8-30}$$

式(8-30)为缓和曲线在局部坐标系中的参数方程，将式(8-30)代入式(8-25)即得该缓和曲线在地面坐标系中的坐标计算公式。

8.4.3.4　圆缓点起算的缓和曲线

连接圆曲线与直线的缓和曲线也称第二缓和曲线，该缓和曲线起点 A 为圆缓点，终点 B 为缓直点，该缓和曲线一般利用缓和曲线方程，先做坐标转换至以 ZH 为原点的局部坐标系中，再转换为统一坐标系。

利用通用模型可直接给出从 YH 至 HZ 方向计算坐标的公式。该段曲线 $K_A = 1/R$，$K_B = 0$，则 $H = 1/2Rl_s$，代入式(8-27)后得到该缓和曲线段在局部坐标系中的参数方程，再将局部坐标系中的参数方程代入式(8-25)得到该缓和曲线在线路统一坐标系中的坐标计算公式。

线路中线坐标计算通用模型适用于各种曲线元，各种坐标计算公式都是通用数学模型的特例，利用道路中线坐标计算的通用模型编程计算中线坐标，可大大简化复杂的分段计算公式，适应测绘技术发展和实际工作对道路放样工作的要求。

8.5　道路中线坐标计算程序设计

8.5.1　道路中线坐标程序设计思路

主程序运行后,单击菜单栏中的"道路中线坐标计算",弹出子窗口,道路中线直线段和曲线段的任意桩距分别进行计算,对于曲线段,分为第一缓和曲线、圆曲线、第二缓和曲线三部分,统一按带缓和曲线的圆曲线进行计算,圆曲线作为缓和曲线段长度为零的特例。

"道路中线坐标计算"窗体中包含桩距输入、直线段起点和终点坐标输入、曲线段交点坐标输入、曲线元素输入等文本框,设计有"直线段计算""曲线段计算""清零"和"退出"四个命令按钮。计算完毕结果自动保存在文件中。程序界面如图8-7所示。

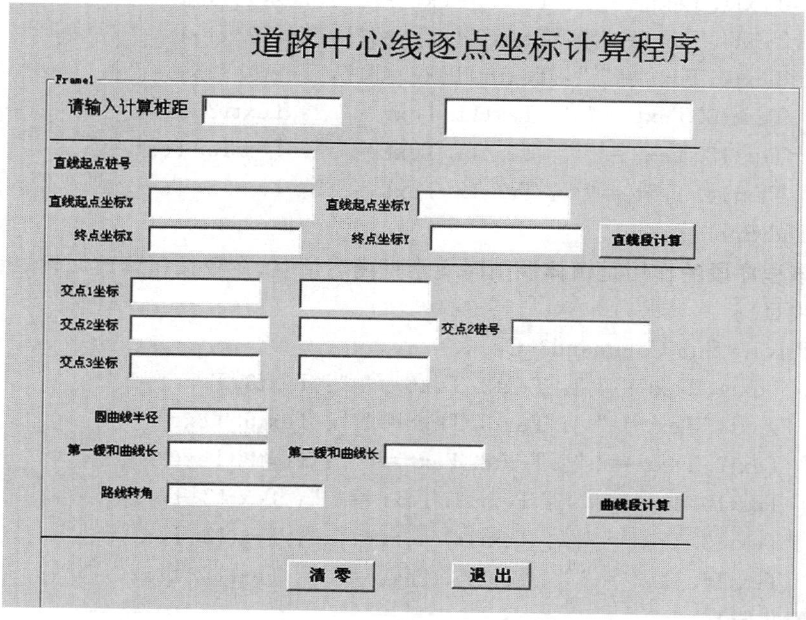

图 8-7　道路中线坐标计算程序界面

8.5.2　程序代码

在主窗口模块中添加程序代码为：

```
Private Sub dlzx_Click()
    Load frm8dlzb
    frm8dlzb. Show
    frm8dlzb. WindowState=2
    frm8dlzb. SetFocus
End Sub
```

本段程序的主要作用是在单击"道路中线坐标计算"菜单时，调用如图 8-7 所示的窗体并显示，同时该窗体最大化。

在窗口(frm8dlzx)模块中添加程序代码为：

```
Private Sub Form_Load()
    Text1. Text =" ": Text2. Text =" ": Text3. Text =" "
    Text4. Text =" ": Text5. Text =" ": Text6. Text =" "
    Text7. Text =" ": Text8. Text =" ": Text9. Text =" "
    Text10. Text =" ": Text11. Text =" ": Text12. Text =" "
    Text13. Text =" ": Text14. Text =" ": Text15. Text =" "
    Text16. Text =" ": Text17. Text =" ": Text18. Text =" "
End Sub
```

该程序段的作用是窗体调用时文本框内容清空、命令按钮修改属性、组合框增加项目。

```
Private Sub Command3_Click()
    Text1. Text =" ": Text2. Text =" ": Text3. Text =" "
    Text4. Text =" ": Text5. Text =" ": Text6. Text =" "
    Text7. Text =" ": Text8. Text =" ": Text9. Text =" "
    Text10. Text =" ": Text11. Text =" ": Text12. Text =" "
    Text13. Text =" ": Text14. Text =" ": Text15. Text =" "
    Text16. Text =" ": Text17. Text =" ": Text18. Text =" "
End Sub
```

该程序段的作用是单击"清零"按钮时，文本框内容清空。

```
Private Sub Command1_Click()
    Dim zhju#, x1#, y1#, x2#, y2#, DX#, DY#, x#, y#
    Dim zh $, qdzh#, jszj#, jszh $
    Dim fwj#, zxl#
```

```
Const pi＝3. 14159265358979
zhju＝Text1. Text
qdzh＝Text2. Text
x1＃＝Text3. Text：y1＃＝Text4. Text
x2＃＝Text5. Text：y2＃＝Text6. Text
Open"d：\result. txt" For Output As ＃2
  DX＝x2－x1
  DY＝y2－y1＋0. 0000001
  fwj＃＝pi－Sgn(DY) ＊ pi / 2＃－Atn(DX / DY)
  zxl＝Sqr(DX ＊ DX＋DY ＊ DY)
  jszj＝zhju－(qdzh－Int(qdzh / zhju) ＊ zhju)
  Print ＃2,"桩号　　　　　　坐标 X　　　　　坐标 Y"
  Print ＃2, qdzh, Format ＄(x1," ＃＃＃＃＃＃＃＃. 000" ), Format
＄(y1," ＃＃＃＃＃＃＃. 000" );" (直线起点)"
    While (jszj ＜ zxl)
    x＝x1＋jszj ＊ Cos(fwj)
    y＝y1＋jszj ＊ Sin(fwj)
    jszh＝Str(Int(jszj＋qdzh＋0. 0001)) ＋" . 000"
    Print ＃2, jszh, Format ＄(x," ＃＃＃＃＃＃＃＃. 000" ), Format
＄(y," ＃＃＃＃＃＃＃. 000" )
    jszj＝jszj＋zhju
  Wend
  zxl＝(Int(zxl ＊ 1000＋0. 5)) / 1000
  Print ＃2, qdzh＋zxl, Format ＄(x2," ＃＃＃＃＃＃＃＃. 000" ),
Format ＄(y2," ＃＃＃＃＃＃＃. 000" );" (直线终点)"
  Close
    Text18. Text ＝" 计算完毕,结果保存在文件中!"
End Sub
```

该程序段的作用是直线段中线坐标计算。

```
Private Sub Command2_Click()
  Dim jx1＃, jy1＃, jx2＃, jy2＃, jx3＃, jy3＃
  Dim zhx＃, zhy＃, hyx＃, hyy＃, yhx＃, yhy＃, hzx＃, hzy＃
  Dim zhzh＃, hyzh＃, yhzh＃, hzzh＃, j2zh＃, zhju＃, jszj＃
  Dim yqr＃, hql1＃, hql2＃, yql＃, yqfi＃
  Dim qxq1＃, nyp1＃, qxt1＃, qxq2＃, nyp2＃, qxt2＃, qxl＃
```

```
Dim fwj1＃，fwj2＃，zjalf＃，DX＃，DY＃，zjd％，zjf％，zjm！
Dim jzx1＃，jzy1＃，jzx2＃，jzy2＃，xcl＃，xjd＃，jzfwj＃
Const pi＝3.14159265368979
zhju＝Text1.Text
jx1＃＝Text7.Text：jy1＃＝Text8.Text
jx2＃＝Text9.Text：jy2＃＝Text10.Text
jx3＃＝Text11.Text：jy3＃＝Text12.Text
j2zh＃＝Text13.Text
j2zh＃＝Text13.Text：yqr＃＝Text14.Text
hql1＃＝Text15.Text：hql2＃＝Text16.Text
Open" d：\result.txt" For Output As ＃2
Print ＃2," 桩号　　　　　坐标 X　　　　　坐标 Y"
'＊＊＊＊＊＊＊＊＊＊＊＊＊＊＊＊＊＊＊路线转角计算
    DX＝jx2－jx1：DY＝jy2－jy1＋0.0000001
    fwj1＝pi－Sgn(DY) ＊ pi / 2＃－Atn(DX / DY)
    DX＝jx3－jx2：DY＝jy3－jy2＋0.0000001
    fwj2＝pi－Sgn(DY) ＊ pi / 2＃－Atn(DX / DY)
    zjalf＝fwj2－fwj1
      If zjalf＞pi Then zjalf＝zjalf－2＃ ＊ pi
      If zjalf ＜ －1＃ ＊ pi Then zjalf＝zjalf＋2＃ ＊ pi
    zjd＝Fix(zjalf ＊ 180 / pi)
    zjf＝Fix(60＃ ＊ (zjalf ＊ 180 / pi－zjd))
    zjm＝(60＃ ＊ (zjalf ＊ 180 / pi－zjd)－zjf) ＊ 60
    Text17.Text＝Str(zjd＋zjf / 100＃＋zjm / 10000＃)
'＊＊＊＊＊＊路线转角计算完毕,开始几何要素计算
    qxq1＝(hql1 / 2＃)－(hql1^3 / (240＃ ＊ yqr ＊ yqr))
    nyp1＝(hql1 ＊ hql1 / (24＃ ＊ yqr))－(hql1^4 / (2384＃ ＊ yqr^3))
    qxq2＝(hql2 / 2＃)－(hql2^3 / (240＃ ＊ yqr ＊ yqr))
    nyp2＝(hql2 ＊ hql2 / (24＃ ＊ yqr))－(hql2^4 / (2384＃ ＊ yqr^3))
    qxt1＝(yqr＋nyp1) ＊ Tan(Abs(zjalf) / 2＃)＋qxq1
    qxt2＝(yqr＋nyp2) ＊ Tan(Abs(zjalf) / 2＃)＋qxq2
    qxl＃＝(Abs(zjalf)－(hql1＋hql2) / yqr / 2) ＊ yqr＋hql1＋hql2
'＊＊＊＊＊计算主点坐标和桩号
    zhx＝jx2＋qxt1 ＊ Cos(fwj1＋pi)
    zhy＝jy2＋qxt1 ＊ Sin(fwj1＋pi)
```

```
hzx=jx2+qxt2 * Cos(fwj2)
hzy=jy2+qxt2 * Sin(fwj2)
zhzh=j2zh-qxt1
hzzh=zhzh+qxl
If hql1 < 0.01 Then
    Print #2, Format$(zhzh,"######.000"), Format$(zhx,"
########.000"), Format$(zhy,"########.000");"(直圆
点)"
Else
    Print #2, Format$(zhzh,"######.000"), Format$(zhx,"
#######.000"), Format$(zhy,"#######.000");"(直缓
点)"
End If
'*******第一缓和曲线段逐点坐标计算
jszj=zhju-(zhzh-Int(zhzh / zhju) * zhju)
While (jszj < hql1)
    jzx1=jszj-(jszj^3 / (40# * yqr^2))+(jszj^5 / (3456# * yqr^4))
    jzy1=jszj^2 / 6 / yqr-(jszj^4 / (336# * yqr^3))+(jszj^6 / (42240
# * yqr^5))
    xcl=Sqr(jzx1 * jzx1+jzy1 * jzy1)
    xjd=Atn(jzy1 / jzx1): xjd=xjd * Abs(zjalf) / zjalf
    jzfwj=fwj1+xjd
    jzx2=zhx+xcl * Cos(jzfwj)
    jzy2=zhy+xcl * Sin(jzfwj)
    jszh=zhzh+jszj
    Print #2, Format$(jszh,"######.000"), Format$(jzx2,"
#######.000"), Format$(jzy2,"#######.000")
    jszj=jszj+zhju
Wend
'**********缓圆点坐标和桩号计算
jzx1=hql1-(hql1^3 / (40# * yqr^2))+(hql1^5 / (3456# * yqr^4))
+0.00000001
    jzy1=hql1^2 / 6 / yqr-(hql1^4 / (336# * yqr^3))+(hql1^6 /
(42240# * yqr^5))
    xcl=Sqr(jzx1 * jzx1+jzy1 * jzy1)
```

```
    xjd＝Atn(jzy1 / jzx1)：xjd＝xjd ＊ Abs(zjalf) / zjalf
    jzfwj＝fwj1＋xjd
    hyx＝zhx＋xcl ＊ Cos(jzfwj)
    hyy＝zhy＋xcl ＊ Sin(jzfwj)
    hyzh＝zhzh＋hql1
  If hql1＞0. 01 Then
    Print ＃2, Format ＄ (hyzh," ＃＃＃＃＃＃.000" ) , Format ＄ (hyx,"
＃＃＃＃＃＃＃＃.000" ) , Format ＄ (hyy," ＃＃＃＃＃＃＃＃.000");" (缓
圆点)"
    Text18. Text ＝"第一缓和曲线段计算完毕,结果保存在文件中!"
  End If
'＊＊＊＊＊＊＊＊圆曲线段逐点坐标计算
    yql＝qxl－hql1－hql2
    jszj＝zhju－(hyzh－Int(hyzh / zhju) ＊ zhju)
  While (jszj ＜ yql)
    yqfi＝(hql1 / 2＃＋jszj) / yqr
    jzx1＝yqr ＊ Sin(yqfi)＋qxq1
    jzy1＝yqr ＊ (1－Cos(yqfi))＋nyp1
    xcl＝Sqr(jzx1 ＊ jzx1＋jzy1 ＊ jzy1)
    xjd＝Atn(jzy1 / jzx1)：xjd＝xjd ＊ Abs(zjalf) / zjalf
    jzfwj＝fwj1＋xjd
    jzx2＝zhx＋xcl ＊ Cos(jzfwj)
    jzy2＝zhy＋xcl ＊ Sin(jzfwj)
    jszh＝zhzh＋hql1＋jszj
    Print ＃2, Format ＄ (jszh," ＃＃＃＃＃＃.000" ) , Format ＄ (jzx2,"
＃＃＃＃＃＃＃.000" ) , Format ＄ (jzy2," ＃＃＃＃＃＃＃.000" )
    jszj＝jszj＋zhju
  Wend
    Text18. Text ＝"圆曲线段计算完毕,结果保存在文件中!"
'＊＊＊＊＊＊＊＊＊缓圆点坐标和桩号计算
    yqfi＝(hql1 / 2＃＋yql) / yqr
    jzx1＝yqr ＊ Sin(yqfi)＋qxq1
    jzy1＝yqr ＊ (1－Cos(yqfi))＋nyp1
    xcl＝Sqr(jzx1 ＊ jzx1＋jzy1 ＊ jzy1)
    xjd＝Atn(jzy1 / jzx1)：xjd＝xjd ＊ Abs(zjalf) / zjalf
```

```
    jzfwj＝fwj1＋xjd
    yhx＝zhx＋xcl ＊ Cos(jzfwj)
    yhy＝zhy＋xcl ＊ Sin(jzfwj)
    yhzh＝hyzh＋yql
 If hql2 ＜ 0.01 Then
    Print ＃2, Format ＄ (hzzh," ＃＃＃＃＃＃.000" ), Format ＄ (hzx,"
＃＃＃＃＃＃＃.000" ), Format ＄ (hzy," ＃＃＃＃＃＃＃.000" );" (圆
直点)"
    Else
    Print ＃2, Format ＄ (yhzh," ＃＃＃＃＃.000"), Format ＄ (yhx," ＃＃
＃＃＃＃.000"), Format ＄ (yhy,"＃＃＃＃＃＃＃.000");" (圆缓点)"
    End If
'＊＊＊＊＊＊＊＊＊第二缓和曲线段逐点坐标计算
 If hql2＞0.01 Then
    jszj＝zhju－(yhzh－Int(yhzh / zhju) ＊ zhju)
    While (jszj ＜ hql2)
    jszj＝hql2－jszj
    jzx1＝jszj－(jszj^3 / (40＃ ＊ yqr^2))＋(jszj^5 / (3456＃ ＊ yqr^4))
    jzy1＝jszj^2 / 6 / yqr－(jszj^4 / (336＃ ＊ yqr^3))＋(jszj^6 / (42240
＃ ＊ yqr^5))
    xcl＝Sqr(jzx1 ＊ jzx1＋jzy1 ＊ jzy1)
    xjd＝Atn(jzy1 / jzx1)
    xjd＝xjd ＊ Abs(zjalf) / zjalf
    jzfwj＝fwj2＋pi－xjd
    jzx2＝hzx＋xcl ＊ Cos(jzfwj)
    jzy2＝hzy＋xcl ＊ Sin(jzfwj)
    jszh＝hzzh－jszj
    Print ＃2, Format ＄ (jszh," ＃＃＃＃＃.000"), Format ＄ (jzx2,"
＃＃＃＃＃＃＃.000" ), Format ＄ (jzy2,"＃＃＃＃＃＃＃.000")
    jszj＝hql2－jszj＋zhju
    Wend
    Print ＃2, Format ＄ (hzzh,"＃＃＃＃＃.000"), Format ＄ (hzx," ＃＃
＃＃＃＃.000"), Format ＄ (hzy," ＃＃＃＃＃＃.000");" (缓直点)"
    End If

 Close
```

Text18. Text =""“计算完毕,结果保存在文件中!”
End Sub

该程序段的作用是曲线段中线坐标计算,包括第一缓和曲线段、圆曲线段、第二缓和曲线段。

8.6 道路中线坐标实例计算

算例:某一公路路线平面图如图 8-8 所示,已知交点 JD_1 为路线起点,里程桩号为 K0＋000,路线交点的坐标分别为:JD_1（41808.204,90033.595)、JD_2(41317.589,90464.099)、JD_3（40796.308,90515.912)、JD_4（40441.519,91219.007)。其中,JD_2 采用半径 $R=800m$ 的圆曲线连接,JD_3 采用带缓和曲线的圆曲线连接,圆曲线半径 $R=250m$,第一、第二缓和曲线长都是 50m,取整桩距为 10.0m。编程序计算道路逐桩坐标表。

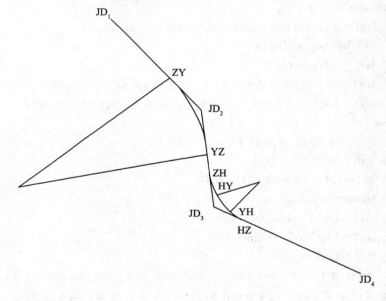

图 8-8 公路路线平面图

8.6.1 直线段计算

路线起点 JD_1 至第一个圆曲线的起点(直圆点)为直线段,首先根据切线长计算出直圆点坐标为(41510.594,90294.741),运行道路中线逐点坐标计算程序,将计算元素键入直线段计算输入框,单击"直线段计算"按钮,计算完成,结果自动保存在"d:\result.txt"文件中,计算界面如图8-9所示。

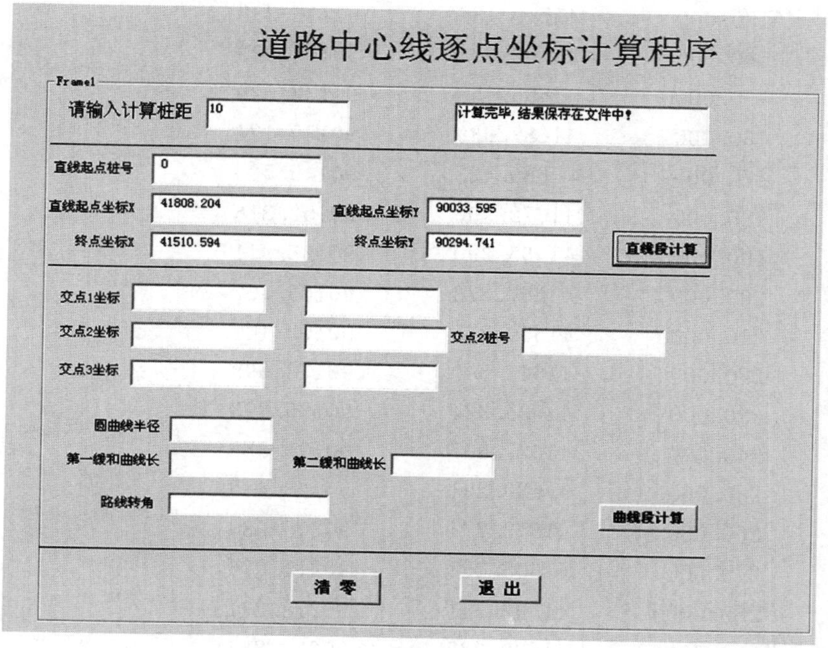

图 8-9 道路中心线直线段计算界面

计算结果为：

桩号	坐标 X	坐标 Y	
0.000	41808.204	90033.595	（直线起点）
10.000	41800.687	90040.191	
20.000	41793.171	90046.786	
30.000	41785.654	90053.382	
40.000	41778.138	90059.977	
50.000	41770.621	90066.573	
60.000	41763.105	90073.169	
70.000	41755.588	90079.764	
80.000	41748.072	90086.360	
90.000	41740.555	90092.955	
100.000	41733.039	90099.551	

110.000	41725.522	90106.146
120.000	41718.006	90112.742
130.000	41710.489	90119.338
140.000	41702.973	90125.933
150.000	41695.456	90132.529
160.000	41687.939	90139.124
170.000	41680.423	90145.720
180.000	41672.906	90152.316
190.000	41665.390	90158.911
200.000	41657.873	90165.507
210.000	41650.357	90172.102
220.000	41642.840	90178.698
230.000	41635.324	90185.293
240.000	41627.807	90191.889
250.000	41620.291	90198.485
260.000	41612.774	90205.080
270.000	41605.258	90211.676
280.000	41597.741	90218.271
290.000	41590.225	90224.867
300.000	41582.708	90231.463
310.000	41575.192	90238.058
320.000	41567.675	90244.654
330.000	41560.158	90251.249
340.000	41552.642	90257.845
350.000	41545.125	90264.440
360.000	41537.609	90271.036
370.000	41530.092	90277.632
380.000	41522.576	90284.227
390.000	41515.059	90290.823
395.941	41510.594	90294.741 （直线终点）

8.6.2　圆曲线段计算

道路圆曲线段逐点坐标计算需要将计算桩距、三个交点坐标、中间交点的桩号键入曲线段计算输入框，缓和曲线长度均按零输入，路线转角不需要输入，进行程序计算并显示结果，供检核用。单击"曲线段计算"按钮，计算完成，结果自动保存在"d:\result.txt"文件中，计算界面如图8-10所示。

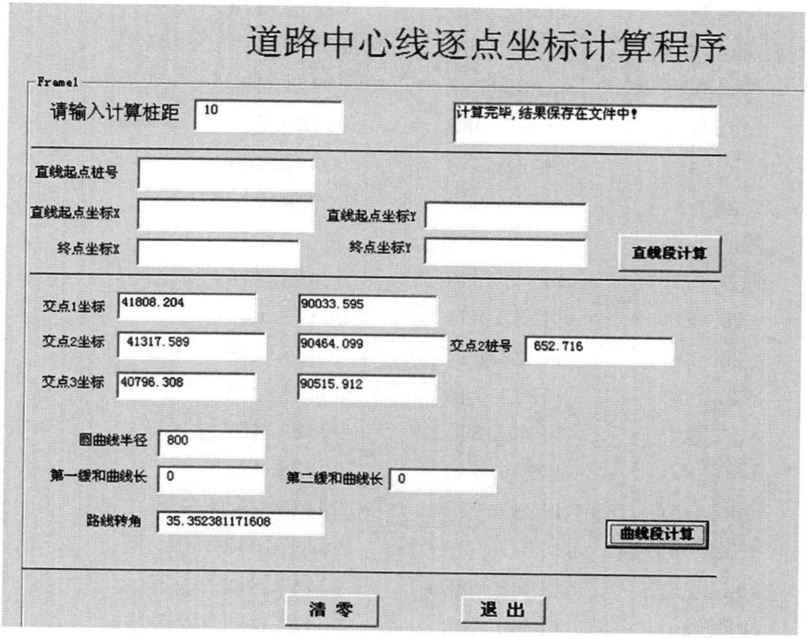

图 8-10　道路中心线圆曲线段计算界面

计算结果为：

桩号	坐标 X	坐标 Y	
395.941	41510.594	90294.741	（直圆点）
400.000	41507.537	90297.410	
410.000	41499.946	90303.920	
420.000	41492.275	90310.335	
430.000	41484.524	90316.653	
440.000	41476.694	90322.874	
450.000	41468.788	90328.996	
460.000	41460.805	90335.020	
470.000	41452.748	90340.943	
480.000	41444.618	90346.764	
490.000	41436.415	90352.484	

500.000	41428.141	90358.101
510.000	41419.798	90363.614
520.000	41411.387	90369.022
530.000	41402.909	90374.324
540.000	41394.365	90379.520
550.000	41385.757	90384.609
560.000	41377.085	90389.590
570.000	41368.353	90394.463
580.000	41359.560	90399.225
590.000	41350.708	90403.878
600.000	41341.799	90408.419
610.000	41332.834	90412.849
620.000	41323.814	90417.166
630.000	41314.740	90421.370
640.000	41305.615	90425.461
650.000	41296.440	90429.437
660.000	41287.215	90433.298
670.000	41277.943	90437.043
680.000	41268.625	90440.672
690.000	41259.262	90444.185
700.000	41249.856	90447.580
710.000	41240.409	90450.858
720.000	41230.921	90454.017
730.000	41221.394	90457.057
740.000	41211.831	90459.978
750.000	41202.231	90462.779
760.000	41192.597	90465.460
770.000	41182.930	90468.020
780.000	41173.233	90470.459
790.000	41163.505	90472.777
800.000	41153.749	90474.973
810.000	41143.967	90477.047
820.000	41134.159	90478.998
830.000	41124.328	90480.827
840.000	41114.474	90482.533

850.000	41104.600	90484.115
860.000	41094.707	90485.574
870.000	41084.797	90486.909
880.000	41074.871	90488.120
890.000	41064.930	90489.207
892.871	41062.074	90489.496　（圆直点）

8.6.3　带缓和曲线的圆曲线段计算

道路圆曲线段逐点坐标计算需要将计算桩距、三个交点坐标、中间交点的桩号、第一和第二缓和曲线长度键入曲线段计算输入框，路线转角不需要输入，进行程序计算并显示结果。单击"曲线段计算"按钮，计算完成，结果自动保存在"d:\result.txt"文件中，计算界面如图8-11所示。

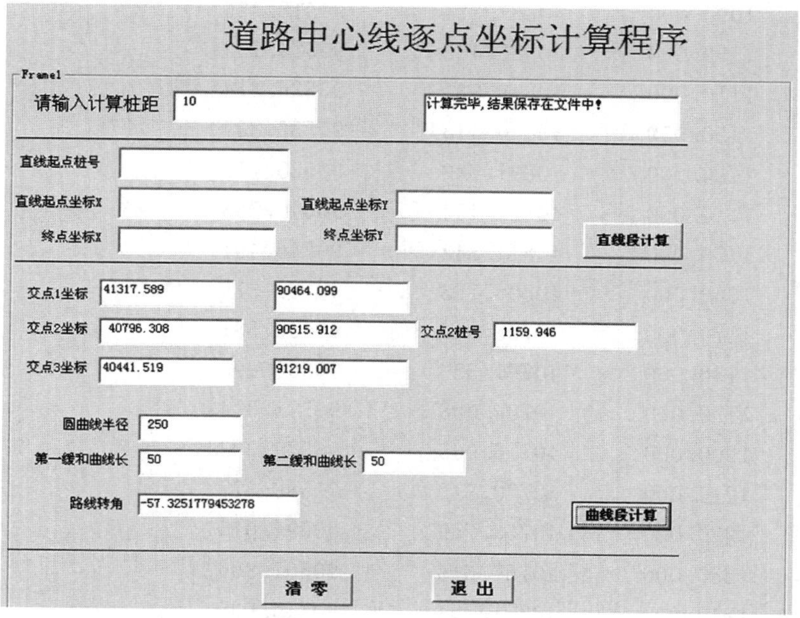

图 8-11　道路中心线带缓和曲线的圆曲线段计算界面

计算结果为：

桩号	坐标 X	坐标 Y	
997.435	40958.022	90499.838	（直缓点）
1000.000	40955.470	90500.096	
1010.000	40945.530	90501.186	
1020.000	40935.606	90502.407	
1030.000	40925.700	90503.761	
1040.000	40915.816	90505.247	
1047.435	40908.481	90506.436	（缓圆点）
1050.000	40905.970	90506.956	
1060.000	40896.233	90509.229	
1070.000	40886.594	90511.890	
1080.000	40877.069	90514.934	
1090.000	40867.674	90518.356	
1100.000	40858.422	90522.152	
1110.000	40849.331	90526.314	
1120.000	40840.413	90530.837	
1130.000	40831.682	90535.712	
1140.000	40823.154	90540.933	
1150.000	40814.842	90546.491	
1160.000	40806.758	90552.376	
1170.000	40798.916	90558.581	
1180.000	40791.329	90565.093	
1190.000	40784.008	90571.904	
1200.000	40776.965	90579.003	
1210.000	40770.212	90586.377	
1220.000	40763.759	90594.015	
1230.000	40757.616	90601.906	
1240.000	40751.794	90610.035	
1248.535	40747.086	90617.153	（圆缓点）
1250.000	40746.342	90618.415	
1260.000	40741.330	90627.061	
1270.000	40736.432	90635.775	
1280.000	40731.650	90644.555	

| 1290.000 | 40726.985 | 90653.400 | |
| 1298.535 | 40723.096 | 90660.997 | （缓直点） |

至此,道路的三种平面线形已计算完毕,计算精度好于 1.0mm,对于线路中 JD_2 至 JD_3 之间的 K0+892.871 至 K0+997.435 直线段,可根据圆直点坐标 (41062.074,90489.496) 和直缓点坐标(40958.022,90499.838)按直线段计算。

习题

1.已知 JD_5 点的坐标为(3828248.873，538324.628)， JD_6 点的坐标为 (3829326.526，538166.796),ZY 点的桩号为 K5+098.47,偏角为 $\Delta = 40°21'10''$,设圆曲线的半径为 $R = 100m$,取整桩距为 5.0m。试编写程序计算曲线各桩点的坐标。

2.如图 8-12 所示,某一高速公路的设计行车速度为 120km/h,已知 JD_7 点的坐标为(3828068.952，542428.180),交点 JD_8 的坐标为(3828248.873，540324.628),ZH 点的里程桩号为 K9+658.86,转角为 $\Delta = 20°18'26''$,半径为 $R = 600m$,取整桩距为 5.0m。试编写程序计算曲线各桩点的坐标(取缓和曲线的长度 $L_h = 100m$)。

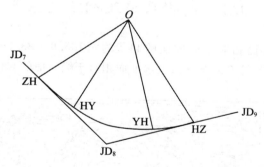

图 8-12

第九章　GPS 高程测量程序设计

随着 GPS(全球定位系统)技术在测绘领域的广泛应用，GPS 测量在平面控制中发挥了巨大作用。工程测量中的高程控制仍沿用传统的水准测量方法，这是因为 GPS 技术获得的高程信息是相对于 WGS-84 椭球的大地高，而法定高程系统是以(似)大地水准面为基准的正(常)高。采用适当的拟合方法，将 GPS 大地高转换为正常高，从而代替劳动强度大、效率低的水准测量，在工程应用中具有重要意义。

9.1　高程系统及相互关系

全球大地水准面相对于椭球面的起伏为 $-105.9 \sim 83.7$ m，图 9-1 为利用 EGM96 重力场模型计算的全球大地水准面相对于椭球面的起伏。

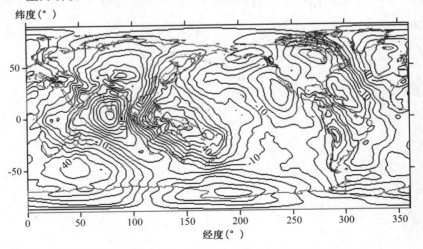

图 9-1　EGM96 重力场模型计算的全球大地水准面异常图

9.1.1　大地高

大地高是以参考椭球面为基准的高程系统,地面点的大地高定义为由地面点沿过该点的椭球法线到参考椭球面的距离。大地高高程是一个几何量,不具有物理意义,不同定义的椭球大地坐标系,也构成不同的大地高程系统。GPS定位测量获得的是 WGS-84 椭球大地坐标系中的成果,是相对于 WGS-84 椭球的大地高高程。椭球面和(似)大地水准面的关系如图 9-2 所示。

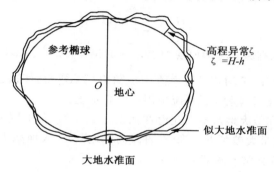

图 9-2　椭球面和(似)大地水准面的关系

9.1.2　正高

水准测量是求得高差的主要方法,水准测量测定的高差 Δh 是以水准仪的视线(过视准轴的水准面的切线)为依据的。由于水准面之间的不平行性,水准测量所测得的高差随着水准路线的不同而不同,也就是说,几何水准高差是多值的,必须加入水准面不平行性的改正才能将它化为唯一的数值,即正高。

正高系统是以大地水准面为基准的高程系统,地面点的正高 H_g 定义为由地面点沿铅垂线至大地水准面的距离。大地水准面是一簇重力等位面中最接近平均海水面的一个。由于水准面之间的不平行性,过一点并与水准面相垂直的铅垂线实际是一条曲线。正高的计算公式为:

$$H_g = \frac{1}{g_m} \int g dH \tag{9-1}$$

式中, $\int g dH$ 是水准原点和地面观测点之间的位差; g_m 为由地面点沿铅垂线至大地水准面的平均重力加速度。由于 g_m 与地壳密度有关,故必须假定地壳密度,才可以近似求得。g_m 无法直接测定,所以从严格意义上说,正高是不能精确确定的。正高具有明确的物理意义。大地高 H 可以分解为正高 H_g 和大地水准

面差距 N 两部分,即

$$H = H_g + N \tag{9-2}$$

式(9-2)中的正高 H_g 是由地面至大地水准面的距离,大地水准面差距 N 是大地水准面到参考椭球体的距离。

9.1.3　正常高

由于正高无法精确确定,为了使用方便,建立了正常高系统,其定义为:

$$H_r = \frac{1}{r_m} \int g \mathrm{d}H \tag{9-3}$$

式中,$\int g \mathrm{d}H$ 是水准原点和地面观测点之间的位差;r_m 为由地面点沿铅垂线至似大地水准面之间的平均正常重力值。r_m 可以精确求得,所以正常高是可以精确确定的。现在我国国家高程系统采用正常高系统。

大地水准面和似大地水准面在海洋面上是重合的,在平原地区相差几个厘米,在山区理论上最大差可近 4 米(在青藏高原地区)。大地高 H 还可以分解为正常高 H_γ 和高程异常 ζ 两部分,即:

$$H = H_\gamma + \zeta \tag{9-4}$$

式中,正常高 H_γ 是地面点至似大地水准面的距离;高程异常 ζ 是似大地水准面至参考椭球体的距离。大地高与正常高和正高的关系如图 9-3 所示。

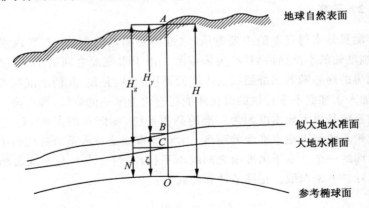

图 9-3　大地高与正常高和正高的关系

9.1.4　地区力高

若将正常高应用于同一个重力位水准面上的两点 A 和 B,由于 r_m^A 不等于

r_m^B,所以同一重力位水准面上的正常高是不相等的,其差值在大范围内可能达到较大的数值而超过测量限差,给工程建设带来不便。为解决这个矛盾,可以采用地区力高系统,其定义为:

$$H_d = \frac{1}{r_\varphi} \int g \mathrm{d}H \tag{9-5}$$

式中,γ_φ 为测量地区的平均纬度或纬度 45°处的正常重力。由于 γ_φ 是常数,所以同一重力位水准面上力高处处相等。

用地面上的水准测量和重力测量数据可以求得两点间的重力位差,用重力位差除以不同类型的重力就得到不同的高程。对于高精度、大范围的水准测量来说,不配以重力数据的高差是没有意义的。

9.2　高精度、高分辨率似大地水准面精化

确定全球和区域(似)大地水准面是物理大地测量学要解决的主要问题之一。精化区域(似)大地水准面是一个国家或地区建立现代高程基准的主要任务。将 GPS 技术与高精度、高分辨率(似)大地水准面模型相结合,就可以测定正(常)高,真正实现 GPS 技术在几何和物理意义上的三维定位功能。与国际先进水平相比,我国似大地水准面总体精度还有相当大的差距。我国是一个幅员辽阔、地形起伏很大的国家,各省市经济发展很不平衡,重力场的变化也较复杂,特别是中西部地区重力场的短波成分很复杂,要全面实现厘米级(似)大地水准面的目标,还需长期的努力。

9.2.1　似大地水准面精化理论与方法

Molodensky 边值问题是一个非线性自由边值问题,其中重力和重力位都是地球自然表面上的非线性函数,需要采用线性化方法建立线性边值条件。通过引入已知的似地球表面和正常重力位,将自由边值问题转化为固定边值问题,并应用 Taylor 级数顾及它们与地球表面和重力位的线性项来解算扰动位。由于边界面(似地球表面)比较复杂,扰动位根据积分方程用逐次趋近法解算,Molodensky 球近似下的级数解可表示为:

$$\zeta = \zeta_0 + \zeta_1 + \zeta_2 + \cdots \tag{9-6}$$

式(9-6)中:

$$
\begin{cases}
\zeta_0 = \dfrac{R}{4\pi\gamma} \iint_\sigma G_0 S(\varphi)\,\mathrm{d}\sigma \\[2mm]
\zeta_1 = \dfrac{R}{4\pi\gamma} \iint_\sigma G_1 S(\varphi)\,\mathrm{d}\sigma \\[2mm]
\zeta_2 = \dfrac{R}{4\pi\gamma} \iint_\sigma G_2 S(\varphi)\,\mathrm{d}\sigma - \dfrac{R^2}{2\gamma} \iint_\sigma \dfrac{(h-h_p)^2}{l_0^3} x_0\,\mathrm{d}\sigma \\[2mm]
\qquad\qquad\cdots
\end{cases}
\tag{9-7}
$$

式(9-7)中各项的含义为：

$$
\begin{cases}
G_0 = \Delta g \\[2mm]
G_1 = R^2 \iint_\sigma \dfrac{(h-h_p)}{l_0^3} x_0\,\mathrm{d}\sigma \\[2mm]
G_2 = R^2 \iint_\sigma \dfrac{(h-h_p)}{l_0^3} x_1\,\mathrm{d}\sigma - \dfrac{3R}{4}\dfrac{(h-h_p)^2}{l_0^3} x_0\,\mathrm{d}\sigma + 2\pi x_0 \tan^2\beta \\[2mm]
\qquad\qquad\cdots
\end{cases}
\tag{9-8}
$$

9.2.2　似大地水准面精化的移去-恢复方法

计算似大地水准面要进行全球积分，这意味着每计算一点的高程异常就需要全球的重力数据。由于远区的重力异常只影响高程异常的长波项，远区的重力异常可用高精度的全球重力场位系数计算的模型重力异常代替。

移去-恢复技术是重力(似)大地水准面确定中广泛应用的技术，这种方法是利用重力场的可叠加性原理，分别处理不同波长成分的贡献。首先利用高阶地球重力场模型作为参考场，从观测重力异常中移去模型重力异常值，模型重力异常代表长波部分；再利用数字高程模型(DEM)移去地形起伏对重力观测影响的短波分量，将剩余的残差重力异常进行拟合推估，内插形成格网数据，应用残差重力异常格网数据按 Stokes 公式和 Molodensky 公式计算残差大地水准面高和高程异常，重力(似)大地水准面结果为位模型(似)大地水准面高加上 DEM 数据和残差重力异常对(似)大地水准面的贡献。移去-恢复方法的实质是利用高分辨率的重力观测数据和数字高程模型(DEM)数据改进由位模型确定的(似)大地水准面，主要改进短波分量。

9.2.3　区域似大地水准面精化数据

9.2.3.1　地球重力场模型

地球外部引力位是球外调和函数,同时是一个在无穷远处的正则函数,可以用完全规格化的球谐函数级数形式表达。常用的全球重力场模型是 EIGEN-CG01C、EIGEN-CG03C 和 IGG05B、EGM96、EGM2008 重力场模型等。

9.2.3.2　格网化地面重力观测值

将地球表面重力点上的重力观测值归算成大地水准面上相应点的重力值,拟合内插形成格网数据。

9.2.3.3　数字高程模型(DEM)

数字高程模型(DEM)在进行重力归化和格网化插值和计算 Molodensky 级数一阶项(似大地水准面确定)中将引起模型误差。DEM 引起高程异常的误差没有具体的计算公式,低分辨率的 DEM 损失部分高频信息。对于山区(似)大地水准面的计算,应尽可能使用较高分辨率的 DEM,用于计算地形改正的 DEM 的分辨率应至少是要计算(似)大地水准面分辨率的 2~5 倍。

9.2.3.4　GPS/水准数据

我国法定的高程系统是正常高系统,参考面是似大地水准面,这个面相对参考椭球面的起伏为高程异常,高程异常是大地高与正常高的差异。GPS 基线向量经过网平差得到高精度的大地高程,再通过精密水准测量获得 GPS 网点的正常高程,这样就得到离散的 GPS/水准点作为高程异常控制点。

组合法确定高精度、高分辨率(似)大地水准面的过程,是将利用重力数据计算的高分辨率重力似大地水准面拟合到高精度但分辨率较低的以 GPS/水准点为控制的似大地水准面上,形成可应用模型。区域似大地水准面等值线模型如图 9-4 所示。

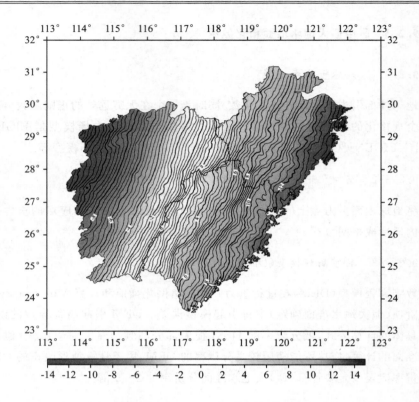

图 9-4　区域似大地水准面等值线模型

9.3　GPS 高程测量的曲面拟合法

在高程异常比较平缓的平原地区,利用分布均匀的 GPS/水准点,通过拟合方法可以得到满足四等及以下水准精度要求的正常高,但起伏较大的丘陵和山区,由于似大地水准面变化较为复杂,拟合方法得到的正常高精度较低。有效地利用地球重力场模型和数字高程模型中(似)大地水准面起伏的有效信息,可提高 GPS 测定的大地高向正常高转换的精度。

9.3.1　GPS 高程拟合的移去-恢复法

正常高 h 和大地高 H 之间的转换关系为:

$$h = H - \zeta \tag{9-9}$$

式中,ζ 是高程异常。提高待测点高程异常 ζ 的精度是提高 GPS 大地高向正常高转换精度的关键。地面点的高程异常可表示为：

$$\zeta = \zeta_M + \zeta_{TC} + \Delta\zeta \tag{9-10}$$

式中，ζ_M 是由地球重力场模型计算的模型高程异常，对应高程异常的中长波部分；ζ_{TC} 是局部地形起伏引起高程异常的变化，对应高程异常的短波部分；$\Delta\zeta$ 是残差高程异常。

在高程异常变化较大的地区，直接根据离散点的高程异常对未知点的高程异常进行拟合内插，会出现较大偏差。如果首先由 GPS/水准点的实测高程异常 ζ 减去 GPS/水准点上的 ζ_M(或 ζ_{TC}、$\zeta_M + \zeta_{TC}$)，获得平滑度较高的残差高程异常场，这个过程称为移去；然后由离散的 GPS/水准点残差高程异常由局部拟合法计算待定高程点的残差高程异常 ζ，再加上相应点的 ζ_M(或 ζ_{TC}、$\zeta_M + \zeta_{TC}$)，得到待定高程点的高程异常 ζ，这个过程称为恢复。拟合得到的高程待定点高程异常 ζ 和由 GPS 观测得到的大地高即可按式(9-8)得到以似大地水准面为基准的正常高。移去-恢复法的实质是拟合内插平滑度较高的残差高程异常场，来提高高程异常的计算精度。

9.3.2　模型高程异常的计算

根据布隆斯(Bruns)公式，地球表面上任一点 $A(\rho, \theta, \lambda)$ 的高程异常 ζ 为：

$$\zeta = \frac{T_A}{\gamma'} = \frac{W_A - U_A}{\gamma'} \tag{9-11}$$

式中，T_A 为地面点 A 的扰动位；W_A 和 U_A 分别为点 A 的重力位 W_A 与正常位 U_A；γ' 为点 A 在似地形面上对应的点正常重力值。

采用 GRS80(WGS-84)椭球作为参考椭球，地面任一点 A 的重力位 W_A 的地球引力位的级数式为：

$$W_{(\rho, \theta, \lambda)} = \frac{f_M}{R} \left[1 + \sum_{n=2}^{\infty} \sum_{k=0}^{n} \left(\frac{a}{R}\right)^n (\overline{C}_{nk} \cos k\lambda + \overline{S}_{nk} \sin k\lambda) \overline{P}_{nk} \cos\theta \right] \tag{9-12}$$

式中，R 为矢径；θ 为极距；λ 为地心经度；f_M 为地球引力常数；$\overline{P}_{nk}(\cos\theta)$ 为完全规格化的伴随勒让德多项式；$\overline{C}_{nk}$ 和 $\overline{S}_{nk}$ 为完全规格化的地球重力场球谐系数。常用的全球重力场模型有 EGM96、WDM94 和重力卫星数据构建的 EIGEN-CG01C 模型、EGM2008 模型等。EGM96 重力场模型前 5 阶次的位系数如下：

n	k	C_{nk}	S_{nk}
2	0	$-0.484165371736\mathrm{E}-03$	$0.000000000000\mathrm{E}+00$
2	1	$-0.186987635955\mathrm{E}-09$	$0.119528012031\mathrm{E}-08$
2	2	$0.243914352398\mathrm{E}-05$	$-0.140016683654\mathrm{E}-05$
3	0	$0.957254173792\mathrm{E}-06$	$0.000000000000\mathrm{E}+00$

3	1	0.202998882184E−05	0.248513158716E−06
3	2	0.904627768605E−06	−0.619025944205E−06
3	3	0.721072657057E−06	0.141435626958E−05
4	0	0.539873863789E−06	0.000000000000E+00
4	1	−0.536321616971E−06	−0.473440265853E−06
4	2	0.350694105785E−06	0.662671572540E−06
4	3	0.990771803829E−06	−0.200928369177E−06
4	4	−0.188560802735E−06	0.308853169333E−06
5	0	0.685323475630E−07	0.000000000000E+00
5	1	−0.621012128528E−07	−0.944226127525E−07
5	2	0.652438297612E−06	−0.323349612668E−06
5	3	−0.451955406071E−06	−0.214847190624E−06
5	4	−0.295301647654E−06	0.496658876769E−07
5	5	0.174971983203E−06	−0.669384278219E−06

9.3.3　GPS 高程测量的曲面拟合法

　　如果一个区域内部分 GPS 控制网点上进行了水准测量，在这些点既有 WGS-84 大地高，也有正常高，可计算高程异常 ζ，作为 GPS/水准控制点，将这些点上的高程异常 ζ（或减去重力场模型高程异常的高程异常残差 $\Delta\zeta$）视为"观测值"，利用曲面拟合法计算其余 GPS/水准点的高程异常（或残差）。假设区域内高程异常（或残差）与大地坐标之间存在如下数学模型：

$$\zeta_i = a_0 + a_1 B_i + a_2 L_i + a_3 B_i^2 + \cdots + a_9 L_i^3 \qquad i = 1, 2, \cdots, 17 \qquad (9\text{-}13)$$

式中，$a_0, a_1, a_2, a_3, a_4, a_5, \cdots$ 为多项式系数。

　　误差方程式形式为：

$$v_i = a_0 + a_1 B_i + a_2 L_i + a_3 B_i^2 + \cdots + a_9 L_i^3 - \Delta\zeta_i \qquad i = 1, 2, \cdots, 17 \quad (9\text{-}14)$$

写为矩阵形式为：

$$V = XA - \Delta\zeta \qquad (9\text{-}15)$$

式中，$V = \begin{bmatrix} v_1 \\ v_2 \\ \vdots \\ v_{17} \end{bmatrix}$；$A = \begin{bmatrix} a_1 \\ a_2 \\ \vdots \\ a_9 \end{bmatrix}$；$X = \begin{bmatrix} 1 & B_1 & L_1 & \cdots & L_1^3 \\ 1 & B_2 & L_2 & \cdots & L_2^3 \\ \vdots & \vdots & \vdots & \vdots & \vdots \\ 1 & B_{17} & L_{17} & \cdots & L_{17} \end{bmatrix}$；$\Delta\zeta = \begin{bmatrix} \Delta\zeta_1 \\ \Delta\zeta_2 \\ \vdots \\ \Delta\zeta_{17} \end{bmatrix}$。

　　根据最小二乘原理 $V^\mathrm{T} PV = \min$ 求解拟合方程系数，可得：

$$A = (X^\mathrm{T} PX)^{-1} X^\mathrm{T} P\zeta \qquad (9\text{-}16)$$

式中，P 为高程异常（或残差）的权阵，与 GPS 和水准观测精度有关，如果所有

GPS/水准点均为等精度观测,则 P 为单位阵。

利用计算得到的曲面拟合系数可按式(9-12)计算区域内任意一点的高程异常(或残差),利用待定高程点的高程异常与 GPS 观测得到的大地高可以计算 GPS 观测点的正常高。

9.4　曲面拟合法 GPS 高程测量的程序设计

9.4.1　GPS 高程测量数据格式

设区域内 GPS 网点的正常高和大地高是已知的,其高程异常可以计算,平面坐标可以为大地坐标,也可以为高斯投影坐标,数据格式为:

点名,	坐标 X,	坐标 Y,	正常高,	大地高
C034,	4082239.778,	435344.759,	27.582,	15.3146
C005,	4086437.854,	447955.628,	24.409,	12.5735
C002,	4093177.961,	436046.766,	25.095,	12.7967
……				

高程待定的 GPS 网点的大地高和平面坐标是已知的,数据格式为:

点名,	坐标 X,	坐标 Y,	大地高
W004,	4085703.812,	439328.942,	14.3050
W009,	4081052.990,	425373.690,	14.5581
……			

按二次曲面拟合计算以上点的高程异常,并计算正常高。

9.4.2　程序编制

在 Visual Basic 6.0 中,通用对话框是一种 ActivX 控件,它随同 Visual Basic 提供给程序设计人员。在一般情况下,启动 Visual Basic 后,在工具箱中没有通用对话框控件,要按以下步骤添加在工具箱中:

(1)执行"工程"菜单中的"部件"命令,打开"部件"对话框。

(2)在对话框中选择"控件"选项卡,然后在控件列表框中选择"Microsoft Common Dialog Contral 6.0"。

(3)单击"确定",通用对话框即被加到工具箱中。

通用对话框控件为程序设计人员提供几种不同类型的对话框,例如打开文件、保存文件、打印文件等。这些对话框与 Windows 商业应用程序具有相同的风格。在设计阶段,通用对话框按钮以图标形式显示,不能调整大小,程序运行后消失。程序代码如下：

```
Private Sub qmnh_Click()
    Dim dm(500) As String, i%, n%, S%
        'dm:点名, i, n, s:整型循环变量
    Dim x#(500), y#(500), ddh#(500), zch#(500), hyc#(500), xp#, yp#
        'x,y:平面坐标, ddh:大地高, zch:正常高, hyc:高程异常
    Dim a() As Double, L() As Double, pa(1 To 6) As Double
        'A:系数矩阵, L:向量, cs
    Dim At#(), Naa#(), w#(), Xzbc#, Yzbc#
        Rem At:系数矩阵的转置, Naa:中间矩阵, W:中间向量
'* * * * * * * * * * * * * * 打开文件对话框
    CommonDialog1. FileName = " "
    CommonDialog1. Flags=8200
    CommonDialog1. Filter = "all files| * . * | ( * . dat) | * . dat | ( * . txt)
| * . txt|"
    CommonDialog1. FilterIndex=3
    CommonDialog1. DialogTitle = "open file( * . txt)"
    CommonDialog1. Action=1
    If CommonDialog1. FileName = " " Then
        MsgBox"请正确选择数据文件…", 37, "checking"
    Else
    Open CommonDialog1. FileName For Input As #1
    End If
'* * * * * * * * * * * 保存文件对话框
    CommonDialog2. CancelError=True
    CommonDialog2. DefaultExt = "txt"
    CommonDialog2. FileName = " "
    CommonDialog2. Filter = "all files| * . * | ( * . dat) | * . dat | ( * . txt)
| * . txt|"
    CommonDialog2. FilterIndex=3
    CommonDialog2. DialogTitle = " ."save file as( * . txt)"
    CommonDialog2. Flags=8200
    CommonDialog2. Action=2
    If CommonDialog1. FileName = " " Then
```

```
            MsgBox"请正确设置结果文件…"，37，"checking"
    Else
            Open CommonDialog2. FileName For Output As ＃2
    End If
'＊＊＊＊＊＊＊＊＊＊读取控制点数据
    Input ＃1，n，S
    Line Input ＃1，dm＄(1)
    ReDim a(1 To n，1 To 6) As Double，L(1 To n) As Double
    ReDim At(1 To 6，1 To n)，Naa(1 To 6，1 To 6)，w(1 To 6)
    For i＝1 To n
        Input ＃1，dm＄(i)，x(i)，y(i)，zch(i)，ddh(i)
    Next i
    Xzbc＝x(1)：Yzbc＝y(1)
'＊＊＊＊＊＊＊＊＊＊矩阵赋值
    For i＝1 To n
        x＃(i)＝x＃(i)－Xzbc：y＃(i)＝y＃(i)－Yzbc
        a(i，1)＝1
        a(i，2)＝x＃(i)
        a(i，3)＝y＃(i)
        a(i，4)＝x＃(i) ＊ x＃(i)
        a(i，5)＝x＃(i) ＊ y＃(i)
        a(i，6)＝y＃(i) ＊ y＃(i)
        L(i)＝ddh(i)－zch(i)
    Next i
'＊＊＊＊＊＊＊＊＊＊矩阵计算转换参数
    MatrixTrans a，At              '求系数阵的转置矩阵
    Matrix_Multy Naa，At，a         '求 AtA
    kk＝MRinv(Naa)
    Matrix_Multy w，At，L           '法方程常数向量
    Matrix_Multy pa，Naa，w
    Print ＃2，pa(1)，pa(2)，pa(3)，pa(4)，pa(5)，pa(6)
六参数求解完成输出
```

```
'＊＊＊＊＊＊＊＊＊GPS 高程转换
    Line Input ＃1, dm＄(1)
    For i＝1 To S
        Input ＃1, dm＄(i), x＃(i), y＃(i), ddh＃(i)
        x＃(i)＝x＃(i)－Xzbc：y＃(i)＝y＃(i)－Yzbc
        hyc＃(i)＝pa(1)＋pa(2) ＊ x＃(i)＋pa(3) ＊ y＃(i)＋pa(4) ＊ x＃(i)
＊ x＃(i)＋pa(5) ＊ x＃(i) ＊ y＃(i)＋pa(6)＊ y＃(i) ＊ y＃(i)
        zch(i)＝ddh(i)－hyc(i)
        Print ＃2, dm(i), Format＄(x＃(i)＋Xzbc,"＃＃＃＃＃＃＃＃
0.000"), Format＄(y＃(i)＋Xzbc,"＃＃＃＃＃＃＃＃0.000"), Format
＄(ddh(i),"＃＃＃＃＃.000"), Format＄(zch(i),"＃＃＃＃＃.000")
    Next i
    Text1. Text ＝"高程转换计算完成"
    Close
End Sub
```

9.5 GPS 高程测量实例计算

9.5.1 曲面拟合法 GPS 高程计算

某区域进行了 C 级 GPS 控制网的布设,该区域地形比较平坦,没有大的起伏,面积约为 8000km² 。在该区域内共布设 C 级 GPS 网点 81 点,点间平均距离为 10km。C 级 GPS 网采用双频 GPS 接收机施测,作业方式为经典静态相对定位测量模式。卫星截止高度角为 10°,采样间隔为 15s,每个点位均观测两个时段共 6 个小时以上,控制网在 WGS-84 下无约束平差,点位中误差的数量级为毫米级。每个 C 级 GPS 点均以三等精度进行了水准观测,高程系统采用 1985 国家高程基准,平差后最大高程中误差为±0.023m。该区 GPS 网点点位示意图如图 9-5 所示。

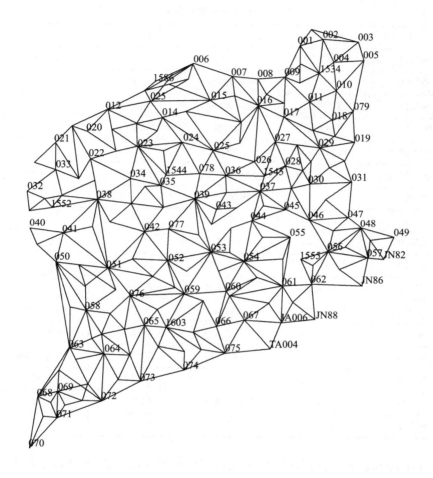

图 9-5　GPS 网点点位示意图

选取网内均匀分布的 17 个点 003、006 、011、014、019、021、025、030、040、042、044、049、058、059、062、068 和 073 为已知 GPS 高程计算控制点，即 GPS/水准点。在 17 个高程起算点上的计算结果见表 9-1。

表 9-1　　　　　　　　　**17 个 GPS/水准点坐标和高程**　　　　　　　　单位：m

点名	坐标 X	坐标 Y	正常高	大地高
SC003	242180.591	106509.300	24.463	12.5736
SC006	235187.45	58580.380	34.144	20.2595
SC011	223552.272	92170.498	28.105	15.7206
SC014	218169.812	49777.641	33.960	19.8176
SC019	211035.322	105583.020	26.023	14.4161
SC021	210039.159	18734.085	35.949	20.6987
SC025	208069.233	64666.489	32.931	19.4425
SC030	197656.573	92507.469	28.239	16.1279
SC040	183060.208	11506.193	41.729	26.1800
SC042	181864.476	44937.121	34.720	20.5233
SC044	185678.129	75884.265	31.802	19.0921
SC049	180784.202	117244.445	34.767	24.1161
SC058	156920.306	28005.676	39.587	24.6434
SC059	162226.044	56666.771	35.827	22.3356
SC062	165634.928	93486.262	34.822	23.1547
SC068	129749.657	14154.311	44.805	29.2769
SC073	134824.322	43967.471	42.744	28.6293

　　利用二次曲面拟合计算 GPS 控制网其他点的高程异常，并计算正常高，计算的数据格式为：

17,74

点名，	坐标 X，	坐标 Y，	正常高，	大地高
SC003，	242180.591，	106509.300，	24.463，	12.5736
SC006，	235187.450，	58580.380，	34.144，	20.2595
SC011，	223552.272，	92170.498，	28.105，	15.7206
SC014，	218169.812，	49777.641，	33.960，	19.8176
SC019，	211035.322，	105583.020，	26.023，	14.4161
SC021，	210039.159，	18734.085，	35.949，	20.6987
SC025，	208069.233，	64666.489，	32.931，	19.4425

SC030，	197656.573，	92507.469，	28.239，	16.1279
SC040，	183060.208，	11506.193，	41.729，	26.1800
SC042，	181864.476，	44937.121，	34.720，	20.5233
SC044，	185678.129，	75884.265，	31.802，	19.0921
SC049，	180784.202，	117244.445，	34.767，	24.1161
SC058，	156920.306，	28005.676，	39.587，	24.6434
SC059，	162226.044，	56666.771，	35.827，	22.3356
SC062，	165634.928，	93486.262，	34.822，	23.1547
SC068，	129749.657，	14154.311，	44.805，	29.2769
SC073，	134824.322，	43967.471，	42.744，	28.6293

GPS 网计算高程点数据为：

C006，	153586.677，	84701.889，	31.9114
SC001，	241004.429，	89626.589，	12.9448
SC002，	243177.961，	96046.766，	12.7967
SC003，	242180.591，	106509.300，	12.5736
SC004，	235703.812，	99328.942，	14.3050
SC005，	236437.854，	107955.628，	12.5735
SC006，	235187.450，	58580.380，	20.2595
SC007，	231010.113，	69865.592，	17.4050
SC008，	230600.734，	77304.006，	17.9792
SC009，	231052.990，	85373.690，	14.5581
SC010，	227080.482，	100215.911，	13.3351
SC011，	223552.272，	92170.498，	15.7206
SC012，	220409.397，	33563.826，	22.0256
SC013，	223162.121，	46626.601，	20.1424
SC014，	218169.812，	49777.641，	19.8176
SC015，	223720.811，	63766.142，	18.6345
SC016，	222308.267，	77533.925，	15.5760
SC017，	218802.093，	85034.106，	15.4669
SC018，	217588.730，	98983.720，	17.0836
SC019，	211035.322，	105583.020，	14.4161
SC020，	213646.790，	27995.330，	22.6364
SC021，	210039.159，	18734.085，	20.6987
SC022，	205196.985，	28967.577，	24.2437

SC023，	208864.412，	42628.614，	21.4581
SC024，	210439.513，	55673.172，	18.9392
SC025，	208069.233，	64666.489，	19.4425
SC026，	204641.531，	76541.612，	18.1641
SC027，	210685.344，	82474.150，	16.4605
SC028，	203111.210，	85500.120，	17.9165
SC029，	209079.682，	95414.037，	15.0745
SC030，	197656.573，	92507.469，	16.1279
SC031，	198365.736，	104926.569，	15.7210
SC032，	194906.975，	10670.304，	23.6366
SC033，	201710.815，	18990.481，	24.1167
SC034，	199023.282，	40685.992，	21.8198
SC035，	196847.430，	49545.440，	20.9583
SC036，	200012.915，	68316.437，	18.5252
SC037，	195244.790，	78206.210，	18.2391
SC040，	183060.208，	11506.193，	26.1800
SC041，	181374.803，	21276.609，	24.5514
SC042，	181864.476，	44937.121，	20.5233
SC043，	189332.110，	65685.257，	18.8898
SC044，	185678.129，	75884.265，	19.0921
SC045，	189349.481，	85740.539，	18.1189
SC046，	185994.504，	92609.210，	18.5054
SC047，	186685.714，	104120.362，	18.4107
SC048，	183501.455，	107484.222，	19.2776
SC049，	180784.202，	117244.445，	24.1161
SC051，	170256.222，	34128.677，	23.9217
SC052，	172942.057，	51458.888，	22.1426
SC053，	175616.560，	64382.732，	20.4003
SC055，	180519.660，	87134.370，	20.6998
SC056，	175923.470，	98068.190，	22.2696
SC057，	174056.076，	109485.574，	24.7752
SC058，	156920.306，	28005.676，	24.6434
SC059，	162226.044，	56666.771，	22.3356
SC060，	163317.220，	68677.610，	23.0840

SC061，	164969.873，	84902.632，	22.6508
SC062，	165634.928，	93486.262，	23.1547
SC063，	144794.674，	23321.087，	26.6511
SC064，	143473.325，	33441.100，	25.4321
SC065，	152261.360，	44858.140，	23.9933
SC066，	152181.033，	66101.186，	24.9434
SC067，	154120.748，	74017.783，	24.3789
SC068，	129749.657，	14154.311，	29.2769
SC069，	131537.920，	20088.920，	29.4494
SC071，	123074.375，	19649.430，	29.9561
SC072，	128539.445，	32897.619，	30.2960
SC073，	134824.322，	43967.471，	28.6293
SC074，	138489.990，	56537.146，	28.2916
SC076，	161621.916，	40719.036，	22.6486
SC077，	182982.310，	51826.225，	21.5758
SC078，	200784.424，	60663.921，	19.1047
SC079，	220315.235，	105037.941，	13.1108

GPS 网计算高程点结果见表 9-2。

表 9-2　　　　　　　　　**GPS 网计算高程点结果**　　　　　　　　单位：m

点名	坐标 X	坐标 Y	水准高程	计算高程	高程差
C006	153586.677	84701.889	43.937	43.979	−0.042
SC001	241004.429	89626.589	25.483	25.602	−0.119
SC002	243177.961	96046.766	25.095	25.205	−0.11
SC003	242180.591	106509.300	24.463	24.514	−0.051
SC004	235703.812	99328.942	26.429	26.485	−0.056
SC005	236437.854	107955.628	24.409	24.376	0.033
SC006	235187.450	58580.380	34.144	34.122	0.022
SC007	231010.113	69865.592	30.776	30.793	−0.017
SC008	230600.734	77304.006	30.995	31.057	−0.062
SC009	231052.990	85373.690	27.251	27.298	−0.047
SC010	227080.482	100215.911	25.412	25.376	0.036

续表

点名	坐标 X	坐标 Y	水准高程	计算高程	高程差
SC011	223552.272	92170.498	28.105	28.087	0.018
SC012	220409.397	33563.826	36.78	36.773	0.007
SC013	223162.121	46626.601	34.45	34.406	0.044
SC014	218169.812	49777.641	33.96	33.937	0.023
SC015	223720.811	63766.142	32.238	32.221	0.017
SC016	222308.267	77533.925	28.54	28.575	−0.035
SC017	218802.093	85034.106	28.121	28.106	0.015
SC018	217588.730	98983.720	29.128	29.072	0.056
SC019	211035.322	105583.020	26.023	26.012	0.011
SC020	213646.790	27995.330	37.553	37.578	−0.025
SC021	210039.159	18734.085	35.949	35.978	−0.029
SC022	205196.985	28967.577	39.137	39.138	−0.001
SC023	208864.412	42628.614	35.868	35.826	0.042
SC024	210439.513	55673.172	32.773	32.782	−0.009
SC025	208069.233	64666.489	32.931	32.891	0.04
SC026	204641.531	76541.612	31.019	31.062	−0.043
SC027	210685.344	82474.150	29.161	29.14	0.021
SC028	203111.210	85500.120	30.361	30.388	−0.027
SC029	209079.682	95414.037	27.188	27.137	0.051
SC030	197656.573	92507.469	28.239	28.211	0.028
SC031	198365.736	104926.569	27.259	27.197	0.062
SC032	194906.975	10670.304	39.186	39.223	−0.037
SC033	201710.815	18990.481	39.36	39.388	−0.028
SC034	199023.282	40685.992	36.288	36.236	0.052
SC035	196847.430	49545.440	35.051	34.996	0.055
SC036	200012.915	68316.437	31.824	31.76	0.064
SC037	195244.790	78206.210	30.937	30.984	−0.047

续表

点名	坐标 X	坐标 Y	水准高程	计算高程	高程差
SC040	183060.208	11506.193	41.729	41.751	−0.022
SC041	181374.803	21276.609	39.658	39.734	−0.076
SC042	181864.476	44937.121	34.72	34.705	0.015
SC043	189332.110	65685.257	32.233	32.174	0.059
SC044	185678.129	75884.265	31.802	31.871	−0.069
SC045	189349.481	85740.539	30.427	30.452	−0.025
SC046	185994.504	92609.210	30.55	30.465	0.085
SC047	186685.714	104120.362	29.91	29.789	0.121
SC048	183501.455	107484.222	30.462	30.442	0.02
SC049	180784.202	117244.445	34.767	34.721	0.046
SC051	170256.222	34128.677	38.555	38.551	0.004
SC052	172942.057	51458.888	36.011	35.996	0.015
SC053	175616.560	64382.732	33.642	33.661	−0.019
SC055	180519.660	87134.370	32.827	32.882	−0.055
SC056	175923.470	98068.190	33.849	33.843	0.006
SC057	174056.076	109485.574	35.783	35.716	0.067
SC058	156920.306	28005.676	39.587	39.53	0.057
SC059	162226.044	56666.771	35.827	35.895	−0.068
SC060	163317.220	68677.610	35.989	36.057	−0.068
SC061	164969.873	84902.632	34.765	34.807	−0.042
SC062	165634.928	93486.262	34.822	34.864	−0.042
SC063	144794.674	23321.087	41.771	41.748	0.023
SC064	143473.325	33441.100	40.098	40.053	0.045
SC065	152261.360	44858.140	38.05	38.085	−0.035
SC066	152181.033	66101.186	38.016	37.978	0.038
SC067	154120.748	74017.783	37.028	37.017	0.011
SC068	129749.657	14154.311	44.805	44.813	−0.008

续表

点名	坐标 X	坐标 Y	水准高程	计算高程	高程差
SC069	131537.920	20088.920	44.7	44.703	−0.003
SC071	123074.375	19649.430	45.265	45.238	0.027
SC072	128539.445	32897.619	44.904	44.926	−0.022
SC073	134824.322	43967.471	42.744	42.715	0.029
SC074	138489.990	56537.146	41.798	41.747	0.051
SC076	161621.916	40719.036	37.008	36.962	0.046
SC077	182982.310	51826.225	35.512	35.455	0.057
SC078	200784.424	60663.921	32.752	32.683	0.069
SC079	220315.235	105037.941	24.878	24.847	0.031

　　从以上比较可以看出，在地势较为平坦的地区，利用密度适宜、分布均匀的已知高程异常点，选择合适的拟合方法，计算高程异常的精度可达厘米级，可以达到四等及四等以下几何水准测量的精度要求。在 GPS/水准点的数量和 GPS/水准观测质量没有明显改善的情况下，提高拟合多项式的次数并不能提高拟合高程异常的精度。

9.5.2　基于移去-恢复法的曲面拟合实例分析

　　采用移去-恢复法进行 GPS 高程计算时，需要利用适合本地区的高阶全球重力场模型。EGM96 重力场模型是美国国家宇航局利用卫星跟踪数据、海洋卫星测高观测值以及各国的地面重力观测数据联合计算的 360 阶全球重力场模型。EIGEN-CG01C 是德国地球科学中心最新推出的 360 阶重力场模型，它是采用 GRACE 和 CHAMP 卫星重力探测数据、卫星测高数据和地面重力测量数据联合解算得到的全球重力场模型。

　　选取某山区 C 级 GPS 控制网数据进行计算分析，该区域最高海拔为 1500 多米，相对高度为 1400 米，区域内大部分为山区地形。GPS 控制网共有 51 个 GPS/水准点可以利用。GPS/水准点的分布如图 9-6 所示。

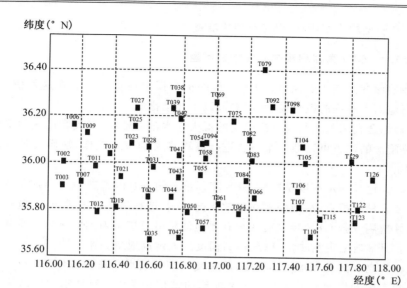

图 9-6　GPS/水准点的分布图

选取 C 级 GPS 网中均匀分布的 TA003、TA009 、TA012、TA023、TA027、TA029、TA038、TA042、TA057、TA058、TA069、TA084、TA092、TA104、TA110、TA123 和 TA126 共 17 个点作为 GPS/水准控制点,将这些点上的高程异常 ζ(或减去重力场模型高程异常的高程异常残差 $\Delta\zeta$)视为"观测值",利用曲面拟合法计算其余 GPS/水准点的高程异常(或残差)。

利用三次曲面拟合法计算其余 GPS/水准点的高程异常,分别将直接拟合高程异常和顾及 EGM96 和 EIGEN-CG03C 模型的拟合高程异常与 GPS 观测大地高一起计算正常高,并和实测高程进行比较(TA035 和 TA079 三点计算高程与实测高程差别较大,比较结果中未进行统计),比较的统计结果见表 9-3。

表 9-3　　　　　　拟合高程与水准实测高程差统计结果

	比较点个数	最大值(m)	最小值(m)	平均值(m)	均方差(m)
曲面拟合	32	0.163	−0.248	−0.026	0.1066
顾及 EGM96 模型的拟合	32	0.136	−0.223	−0.019	0.0845
顾及 CG03C 模型的拟合	32	0.135	−0.228	−0.019	0.0832

从表 9-3 中的比较数据来看,在丘陵和山区,由于似大地水准面起伏较大,移去重力场模型高程异常,得到平滑度较高的残差高程异常场,进行曲面拟合,然后恢复模型高程异常,精度比直接拟合高程异常有明显提高。EGM96 和

CG03CB 模型均将 GPS 高程转换的精度提高 15%～20%。

9.5.3　GPS 高程测量中应注意的问题

在地形变化较大的地区,GPS 高程的拟合误差往往较大。在这种情况下,要提高地面点高程的拟合精度,应采取以下几项措施:

(1)综合利用测区其他方法确定的似大地水准面资料,尤其在山区和水准测量难以施测的地方可以结合重力法进行高程异常的确定工作,从而改善模型的分辨率。

(2)大地高测定精度是影响 GPS 高程精度的主要因素之一,在 GPS 观测过程中,要合理选择点位,减弱多路径效应的影响,选择最佳的卫星分布,延长观测时间,并选用双频 GPS 接收机观测有效地消除电离层折射的影响等一系列措施来提高 GPS 数据观测质量,以获得高精度的大地高成果。

(3)提高联测几何水准的精度,尽量使用高等级水准来联测 GPS 点。

(4)考虑到似大地水准面与测区地形的密切相关性,对地形起伏较大的地区,应进行地形改正,以获得高精度的高程异常。

(5)根据测区的实际情况,适当地增加 GPS/水准点的数量,并改善其分布,对含有不同趋势地形的大测区,可采取分区拟合计算的办法。

(6)为减少粗差对高程拟合结果的影响,高程拟合应选择多个拟合方案进行。对各方案拟合结果进行比较分析后,剔除影响拟合精度的粗差,选择最佳拟合结果作为最终成果。

习题

1. 叙述曲面拟合法 GPS 高程测量原理。

2. 某区域部分控制点的坐标、正常高和大地高信息如表 9-4 所示。

表 9-4　　　　　　已知点的平面坐标、正常高和大地高

点名	坐标		正常高	大地高
	X	Y		
KK034	4082239.778	435344.759	27.582	15.3146
KK005	4086437.854	447955.628	24.409	12.5735
KK002	4093177.961	436046.766	25.095	12.7967
KK008	4080600.734	417304.006	30.995	17.9792

续表

点名	坐标		正常高	大地高
	X	Y		
KK027	4060685.344	422474.150	29.161	16.4605
KK031	4048365.736	444926.569	27.259	15.7210
KK011	4073552.272	432170.498	28.105	15.7206

编制曲面拟合法 GPS 高程测量程序，计算表 9-5 内高程未知点的高程。

表 9-5   **高程未知点的平面坐标和大地高**

点名	坐标		大地高
	X	Y	
KK004	4085703.812	439328.942	14.3050
KK009	4081052.990	425373.690	14.5581
KK010	4077080.482	440215.911	13.3351
KK011	4073552.272	432170.498	15.7206
KK017	4068802.093	425034.106	15.4669
KK018	4067588.730	438983.720	17.0836

第十章 摄影测量空间后方-前方交会程序算法

摄影测量学是利用摄影机或其他传感器采集被测对象的图像信息，经过加工处理和分析，获取有价值的可靠信息的理论和技术的一门学科。迄今为止，摄影测量经历了模拟摄影测量、解析摄影测量和数字摄影测量三个阶段。

10.1 摄影测量的发展阶段

10.1.1 模拟摄影测量

1839 年，法国 Daguerre 报道了第一张摄影像片的产生，摄影测量学开始了它的发展历程。1851～1859 年，法国陆军上校劳赛达特提出了交会摄影测量并发明了测量仪器，被称为摄影测量的起点。随着飞机的发明、立体像对和立体测图仪器的广泛使用，摄影测量理论与技术逐步成熟，进入模拟摄影测量时代。

模拟摄影测量是用光学或机械的方法模拟摄影时的几何模式，通过摄影过程的几何反转，由像片重建所摄物体的缩小了的几何模型，对该几何模型进行量测即可得到所需的地形图。在模拟摄影测量漫长的发展阶段中，摄影测量科技的发展基本上是围绕昂贵的立体测图仪进行的。

10.1.2 解析摄影测量

随着计算机技术和自动控制技术的发展，著名摄影测量学者 Helava 于1957 年提出摄影测量的一个新概念，即"数字投影"。"数字投影"就是利用计算机实时地进行共线方程解算，从而交会被摄物体的空间位置。这个时期虽然有解析测图仪问世,但没有获得广泛的应用。直到 1976 年召开的国际摄影测量学会大会上,展出了 8 种型号的解析测图仪,解析测图仪才逐步被摄影测量工作者认识并接受。到 20 世纪 80 年代,集成芯片技术、接口技术和微机技术迅速发展,解析测图仪的发展更为迅速。在测量控制点位的加密方面,解析摄影测量利用少量的野外控制点加密测图用的控制点,即解析空中三角测量。在碎步点坐标计算方面,解析摄影测量是依据像点与相应地面点间的数学关系,用计算机解算像点与相应地面点的坐标并进行测图解算。

解析测图仪采用"数字投影"方式,引入计算机辅助作业,免除了一些繁琐的手工作业,但需要用眼观察同名像点,还需要用手去操纵仪器,这个过程只能说是半自动化的。

10.1.3　数字摄影测量

数字摄影测量是基于数字影像和摄影测量的基本原理,应用计算机技术、数字影像处理、影像匹配、模式识别等多学科的理论与方法,提取所摄对象以数字方式表达的几何与物理信息的摄影测量学的分支学科。

数字影像可描述为一个二维的灰度矩阵,每个矩阵元素的行列序号代表它在像片上的位置,元素的值是它的灰度。影像数字化测图是利用计算机对数字影像或者数字化影像进行处理,由计算机视觉代替人眼的立体量测与识别,完成影像几何与物理信息的自动提取。

数字摄影测量研究的基本范畴是确定被摄对象的几何与物理属性,即量测与解译,前者已开始走向实用阶段,后者主要针对影像结构与纹理的分析,对居民地、河流、道路等地面目标自动识别与提取,目前还处于研究阶段。

10.1.4　数字摄影测量的主要产品

数字摄影测量的主要产品为 4D 产品,包括数字正射影像图 DOM、数字高程模型 DEM、数字栅格地图 DRG、数字线划地图 DLG。

10.1.4.1　数字高程模型(DEM)

数字高程模型是现实世界地面山川河流起伏在计算机中的数字化表达。它在计算机中直观地反映现实的地貌情况。DEM 通常用地表规则网格单元构成的高程矩阵表示。

10.1.4.2　数字正射影像(DOM)

数字正射影像图是利用扫描处理的数字化的航空像片影像或数字遥感影

像,经逐像元进行几何改正和镶嵌,按一定图幅范围裁剪生成的数字正射影像集。它是同时具有地图几何精度和影像特征的图像。

10.1.4.3　数字栅格地图(DRG)

数字栅格地图是模拟产品向数字产品过渡的中间品,一般用作背景参照图像,与其他空间信息相关。它可用于数字线划图的数据采集评价和更新,还可与数字正射影像图、数字高程模型等数据集成使用,派生出新的可视信息,从而提取、更新地图数据,绘制纸质地图和作新的地图归档形式。

10.1.4.4　数字线划地图(DLG)

数字线划地图是与现有线划基本一致的各地图要素的矢量数据集,且保存各要素间的空间关系和相关的属性信息。它较全面地描述地表现象,目视效果与同比例尺一致但色彩更为丰富。本产品可满足各种空间分析要求,可随机地进行数据选取和显示,与其他信息叠加,可进行空间分析、决策。其中部分地形核心要素可作为数字正射影像地形图中的线划地形要素。数字线划地图的地图地理内容、分幅、投影、精度、坐标系统与同比例尺地形图一致。图形输出为矢量格式,任意缩放均不变形。

10.2　摄影测量解析基础

地形图在局部范围内是地面的正射投影,而航摄像片是地面的中心投影,如图 10-1 和 10-2 所示。如何建立像点与地面点之间的关系是摄影测量学要解决的主要问题,这就需要建立物方和像方之间的解析关系,即利用数学方法建立像点与地面点之间的关系。

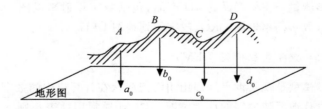

图 10-1　地形图的正射投影

图 10-2　航摄像片中心投影

10.2.1　摄影测量常用坐标系

在摄影测量学中,为了从影像中确定被研究物体的位置、形状、大小及其相互关系,需要建立物方和像方之间的解析关系,这就需要用坐标值来表示像点和地面点,因此首先要建立适当的坐标系。

10.2.1.1　像平面坐标系

像平面坐标系用以表示像点在像平面上的位置,其原点为像主点。对于航空影像,两对边机械框标的连线为 x 轴和 y 轴的坐标系称为框标坐标系,其与航线方向一致的连线为 x 轴,航线方向为正向。像平面坐标系的方向与框标坐标系的方向相同,如图 10-3 所示。

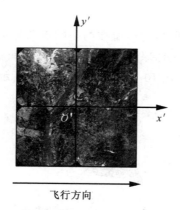

图 10-3　像平面坐标系

10.2.1.2　像空间坐标系

像空间坐标系是一种过渡坐标系,用来表示像点在像方空间位置的空间直角坐标系。该坐标系以摄影站(投影中心)S 为坐标原点,x 轴和 y 轴与像平面坐标系对应轴平行,摄影机的主光轴为 z 轴,形成像空间直角坐标系 $S\text{-}xyz$,在这个坐标系中,x、y 坐标等于像平面坐标系的 x、y 坐标,每个像点的 z 坐标都是 $-f$(f 为摄影机主距),如图 10-4 所示。

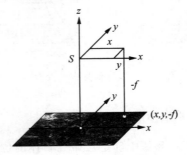

图 10-4　像空间坐标系

10.2.1.3　像空间辅助坐标系

在立体摄影中,考虑到相邻像片或航线中各像片之间的联系,建立与像空间坐标系共原点的像空间辅助坐标系,其轴系的选择可视情况而定。例如取一对像片的左片的像空间坐标系作为像空间辅助坐标系,然后建立与左片的像空间辅助坐标系平行的右片像空间辅助坐标系。

10.2.1.4　物方空间坐标系

物方空间坐标系为所摄物体所在的空间直角坐标系,是空间右手坐标系。它可以地面上任意点为坐标原点,坐标轴系与像空间辅助坐标系对应平行,是一种过渡性的坐标系,如图 10-5 中的 $O_T\text{-}X_TY_TZ_T$ 所示。

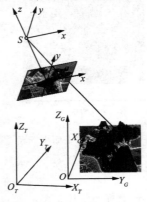

图 10-5　物方空间坐标系与地面坐标系

10.2.1.5　地面坐标系

地面坐标系为地图投影坐标系,其 x、y 坐标指向与高斯-克吕格平面坐标系相同,高程以我国黄海高程系统为基准。地面坐标系为右手坐标系,摄影测量的成果最终转化到该坐标系中,如图 10-5 的 O_G-$X_GY_GZ_G$ 所示。

10.2.2　影像的内外方位元素

10.2.2.1　内方位元素

确定摄影机的镜头中心(严格说,应该是物方节点)和像片相对位置的数据,称为像片的内方位元素。像片的内方位元素包括 3 个参数:像主点相对于影像中心的位置 x_0、y_0 和镜头中心到影像面的垂直距离 f(也称主距)。内方位元素值一般由摄影机检校测定,在航空摄影机的鉴定表中均有记载,是已知的。内方位元素如图 10-6 所示。

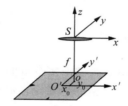

图 10-6　影像的内方位元素

10.2.2.2　外方位元素

确定摄影光束在摄影瞬间的空间位置和姿态的参数叫作航摄像片的外方位元素。一幅像片的外方位元素包括 6 个参数,其中 3 个是线元素,用于描述摄影中心在物方空间坐标系中的位置 (X,Y,Z);另外三个是角元素,用以描述影像面在摄影瞬间的空中姿态(像空系三轴在地辅系中的方向)。

10.2.2.3　共线条件方程

在理想情况下,摄影瞬间像点、投影中心、物点位于同一条直线上,描述这三点共线的数学表达式称为共线条件方程。其目的是建立同一个点在像空间坐标系与地面辅助坐标系中坐标值之间的对应关系。用地面点坐标表示像点坐标的共线条件方程为：

$$
\begin{cases}
x = -f \dfrac{a_1(X-X_S)+b_1(Y-Y_S)+c_1(Z-Z_S)}{a_3(X-X_S)+b_3(Y-Y_S)+c_3(Z-Z_S)} \\[3mm]
y = -f \dfrac{a_2(X-X_S)+b_2(Y-Y_S)+c_2(Z-Z_S)}{a_3(X-X_S)+b_3(Y-Y_S)+c_3(Z-Z_S)}
\end{cases} \tag{10-1}
$$

用像点坐标表示地面点坐标的共线条件方程为：

$$
\begin{cases}
X - X_S = (Z-Z_S)\dfrac{a_1 x + a_2 y - a_3 f}{c_1 x + c_2 y - c_3 f} \\[3mm]
Y - Y_S = (Z-Z_S)\dfrac{b_1 x + b_2 y - b_3 f}{c_1 x + c_2 y - c_3 f}
\end{cases} \tag{10-2}
$$

式中，(x,y) 为像点在像平面坐标系中的坐标；(X,Y,Z) 为地面点在地面空间直角坐标系中的坐标；(X_S,Y_S,Z_S) 为投影中心在地面空间直角坐标系中的坐标，即外方位线元素；$(a_1,a_2,a_3,b_1,b_2,b_3,c_1,c_2,c_3)$ 是与外方位角元素有关的量，这些量组成旋转矩阵 R，旋转矩阵包含三个独立的欧勒角参数。旋转矩阵 R 为：

$$
R = \begin{bmatrix} a_1 & a_2 & a_3 \\ b_1 & b_2 & b_3 \\ c_1 & c_2 & c_3 \end{bmatrix} \tag{10-3}
$$

10.2.3　解析空中三角测量

应用航摄像片测绘地形原图，需要一定数量的地面控制点，譬如像片纠正至少需要 4 个纠正点，立体测图中模型的绝对定向必须至少具备两个平面和高程控制点和一个高程控制点。对于一个航摄测区，全野外测量所有控制点的地面坐标是非常困难的，为了减少野外工作量，在野外只测定少量必要的控制点，在室内应用摄影测量方法借助少量地面控制点，采用严密的数学公式，按最小二乘法原理用计算机进行空中三角测量，求得测图所需的地面控制点坐标，这个过程称为解析空中三角测量。

10.3　单像空间后方交会

内方位元素通过对相机检校获得，是已知的，用同一相机拍摄的影像内方位元素都相同，外方位元素对每张影像则都不一样。获得（恢复）影像的外方位元素的方法一般采用单像空间后方交会。根据影像内一定数量的分布合理的地面控制点（已知其像点和地面点的坐标），利用共线条件方程求解像片外方位元素的过程称为单像空间后方交会。现在也可采取 GPS 和惯性导航系统等获得影像的外方位元素。

10.3.1　单像空间后方交会原理

用地面点坐标表示像点坐标的共线条件方程见式(10-1)，该式是非线性函数，为了便于计算，需按泰勒级数展开，取一次项，使之线性化。

$$\left.\begin{aligned} x &= F_{x_0} + \Delta F_x \\ y &= F_{y_0} + \Delta F_y \end{aligned}\right\} \tag{10-4}$$

式中，F_{x_0} 和 F_{y_0} 是外方位元素的初始值 X_{S_0}、Y_{S_0}、Z_{S_0}、φ_0、ω_0、κ_0 代入严密式(10-1)中所取得的数值，令 $F_{x_0} = (x)$，$F_{y_0} = (y)$，则

$$\left.\begin{aligned} \Delta F_x &= \frac{\partial x}{\partial X_S}\Delta X_S + \frac{\partial x}{\partial Y_S}\Delta Y_S + \frac{\partial x}{\partial Z_S}\Delta Z_S + \frac{\partial x}{\partial \varphi}\Delta\varphi + \frac{\partial x}{\partial \omega}\Delta\omega + \frac{\partial x}{\partial \kappa}\Delta\kappa \\ \Delta F_y &= \frac{\partial y}{\partial X_S}\Delta X_S + \frac{\partial y}{\partial Y_S}\Delta Y_S + \frac{\partial y}{\partial Z_S}\Delta Z_S + \frac{\partial y}{\partial \varphi}\Delta\varphi + \frac{\partial y}{\partial \omega}\Delta\omega + \frac{\partial x}{\partial \kappa}\Delta\kappa \end{aligned}\right\} \tag{10-5}$$

式中，ΔX_S、ΔY_S、ΔZ_S、$\Delta\varphi$、$\Delta\omega$、$\Delta\kappa$ 是像片外方位元素各初始值的相应改正值，为待定未知数；$\dfrac{\partial x}{\partial X_S}, \cdots, \dfrac{\partial x}{\partial \kappa}$ 为共线方程的偏导数。推演偏导数是函数线性化的关键。

对于每一个已知控制点，把量测出的并经系统误差改正后的像点坐标 x、y 和相应点地面坐标 X、Y、Z 代入式(10-4)，就能列出两个方程式，每个方程式中有六个待定改正值。当像幅内有多于三个地面坐标控制点时，应依最小二乘法平差计算外方位元素。此时像点的坐标 x、y 作为观测值看待，加入相应的改正数 v_x 和 v_y，则可列出每个点的误差方程式，一般形式为：

$$\left.\begin{aligned} v_x &= \frac{\partial x}{\partial X_S}\Delta X_S + \frac{\partial x}{\partial Y_S}\Delta Y_S + \frac{\partial x}{\partial Z_S}\Delta Z_S + \frac{\partial x}{\partial \varphi}\Delta\varphi + \frac{\partial x}{\partial \omega}\Delta\omega + \frac{\partial x}{\partial \kappa}\Delta\kappa + (x) - x \\ v_y &= \frac{\partial x}{\partial X_S}\Delta X_S + \frac{\partial x}{\partial Y_S}\Delta Y_S + \frac{\partial x}{\partial Z_S}\Delta Z_S + \frac{\partial x}{\partial \varphi}\Delta\varphi + \frac{\partial x}{\partial \omega}\Delta\omega + \frac{\partial x}{\partial \kappa}\Delta\kappa + (y) - y \end{aligned}\right\} \tag{10-6}$$

或写成：

$$\left.\begin{aligned} v_x &= a_{11}\Delta X_S + a_{12}\Delta Y_S + a_{13}\Delta Z_S + a_{14}\Delta\varphi + a_{15}\Delta\omega + a_{16}\Delta\kappa - l_x \\ v_y &= a_{21}\Delta X_S + a_{22}\Delta Y_S + a_{23}\Delta Z_S + a_{24}\Delta\varphi + a_{25}\Delta\omega + a_{26}\Delta\kappa - l_y \end{aligned}\right\} \tag{10-7}$$

其中：

$$l_x = x - (x), \quad l_y = y - (y) \tag{10-8}$$

用矩阵形式表示：

$$V = BX - L \tag{10-9}$$

其中：

$$V=\begin{bmatrix} v_x & v_y \end{bmatrix}^{\mathrm{T}}$$

$$B=\begin{bmatrix} a_{11} & a_{12} & a_{13} & a_{14} & a_{15} & a_{16} \\ a_{21} & a_{22} & a_{23} & a_{24} & a_{25} & a_{26} \end{bmatrix}$$ （10-10）

$$X=\begin{bmatrix} \Delta X_S & \Delta Y_S & \Delta Z_S & \Delta\varphi & \Delta\omega & \Delta\kappa \end{bmatrix}^{\mathrm{T}}$$

$$L=\begin{bmatrix} l_x & l_y \end{bmatrix}^{\mathrm{T}}$$

根据误差方程式列出法方程式为：

$$B^{\mathrm{T}}PBX-B^{\mathrm{T}}PL=0 \tag{10-11}$$

对所有像点坐标的观测值，一般认为都是等权的（P 为单位矩阵），则

$$X=(B^{\mathrm{T}}B)^{-1}B^{\mathrm{T}}L \tag{10-12}$$

从而求出像片外方位元素初始值的改正数 ΔX_S、ΔY_S、ΔZ_S、$\Delta\varphi$、$\Delta\omega$ 和 $\Delta\kappa$，逐次趋近最后求出六个外方位元素 X_S、Y_S、Z_S、φ、ω 和 κ。

10.3.2　单像空间后方交会程序编制步骤

（1）读取原始数据，包括内方位元素（x_0,y_0,f）、像点坐标（x,y）和相应的地面测量坐标（X,Y,Z）。

（2）确定外方位元素初始值，角元素初始值为零（$\varphi_0=\omega_0=\kappa_0=0$），即认为是竖直摄影，线元素中，$Z_S^0$ 初始值取像片平均高程（$Z=H_0$），X_S^0、Y_S^0 取控制点平均坐标 $\left(X_S^0=\dfrac{\sum X}{N},Y_S^0=\dfrac{\sum Y}{N} \right)$。

（3）利用角元素的近似值计算方向余弦值，计算旋转矩阵。

（4）利用外方位元素近似值计算像点坐标近似值。

（5）组成误差方程式并求解，计算误差方程的系数阵和常数项。

（6）解算外方位元素，判断改正数是否小于给定限差，小于限差则停止计算；否则，将计算结果作为新的近似值迭代计算，直到满足要求为止。

10.4　立体像对空间前方交会

应用单像空间后方交会求得像片的外方位元素后，欲由单张像片上的像点坐标反求相应地面点的坐标，仍然是不可能的。因为虽已知该像片的外方位元素，却只能确定地面点所在的空间方向，而使用立体像对上的同名点，就能得到两条同名射线在空间的方向，两射线的相交处必然是该地面点的空间位置。式（10-1）也可以说明这个问题。在这两个联立方程式中有三个未知数 X、Y、Z，即待定地面点坐标，由待定点在一张像片上的像点坐标 x、y 只能列出两个方程式，使用立体像对上同名像点 x、y 坐标，能列出四个方程式。这样，四个方程式

就可以解算出三个未知数了。

10.4.1　空间前方交会原理

立体像对与所摄地面存在一定的几何关系,可用数学式来描述像点与相应地面点之间的关系。设 S 和 S' 为两个摄影站,摄取了一对像片,任一地面点 A 在像对左、右像片上的像点为 a 和 a'。现已知两张像片的内、外方位元素,设想将像片按内、外方位元素值置于摄影时位置,显然同名射线 Sa 和 Sa' 必然交于地面点 A。这样由立体像片对的两张像片的内、外方位元素和像点坐标来确定该点的物方坐标的方法,称为空间前方交会。

取左、右片像空间辅助坐标系 $S\text{-}uvw$ 和 $S'\text{-}u'v'w'$,其坐标轴分别平行于物方坐标系 $O\text{-}XYZ$ 的坐标轴,因两张像片相对于该像空间辅助坐标系的外方位元素已知,则可把像点 a、a' 的像空间坐标 $(x,y,-f)$、$(x',y',-f')$ 变换到像空间辅助坐标 (u,v,w)、(u',v',w')。即

$$\begin{bmatrix} u \\ v \\ w \end{bmatrix} = \begin{bmatrix} a_1 & a_2 & a_3 \\ b_1 & b_2 & b_3 \\ c_1 & c_2 & c_3 \end{bmatrix} \begin{bmatrix} x \\ y \\ -f \end{bmatrix} \tag{10-13}$$

$$\begin{bmatrix} u' \\ v' \\ w' \end{bmatrix} = \begin{bmatrix} a'_1 & a'_2 & a'_3 \\ b'_1 & b'_2 & b'_3 \\ c'_1 & c'_2 & c'_3 \end{bmatrix} \begin{bmatrix} x' \\ y' \\ -f' \end{bmatrix} \tag{10-14}$$

右摄站 S' 在 $S\text{-}uvw$ 坐标系中的坐标为 B_u、B_v、B_w,即

$$\left. \begin{aligned} B_u &= X'_s - X_s \\ B_v &= Y'_s - Y_s \\ B_w &= Z'_s - Z_s \end{aligned} \right\} \tag{10-15}$$

式中,X_s、Y_s、Z_s 和 X'_s、Y'_s、Z'_s 是摄站 S 和 S' 在物方坐标系的坐标,即左、右像片外方位线元素。

地面点 A 在左右片像空间辅助坐标系中的坐标分别用 U、V、W 和 U'、V'、W' 表示。因左、右像空间辅助坐标系是相互平行的,摄站点、像点、地面点共线,可得:

$$\left. \begin{aligned} \frac{SA}{Sa} &= \frac{U}{u} = \frac{V}{v} = \frac{W}{w} = N \\ \frac{S'A}{S'a'} &= \frac{U'}{u'} = \frac{V'}{v'} = \frac{W'}{w'} = N' \end{aligned} \right\} \tag{10-16}$$

式中,N、N' 称为左、右同名像点的投影系数,则

$$\left.\begin{array}{ll} U=Nu & U'=N'u' \\ V=Nv & V'=N'v' \\ W=Nw & W'=N'w' \end{array}\right\} \tag{10-17}$$

$$\left.\begin{array}{l} U=B_u+U' \\ V=B_v+V' \\ W=B_w+W' \end{array}\right\} \tag{10-18}$$

或写成：

$$\left.\begin{array}{l} Nu=B_u+N'u' \\ Nv=B_v+N'v' \\ Nw=B_w+N'w' \end{array}\right\} \tag{10-19}$$

利用式（10-19）中第一、三两式联立求解得：

$$\left.\begin{array}{l} N=\dfrac{B_u w'-B_w u'}{uw'-u'w} \\[4mm] N'=\dfrac{B_u w'-B_w u'}{uw'-u'w} \end{array}\right\} \tag{10-20}$$

式（10-20）就是利用立体像对确定地面点空间位置的前方交会式。

　　由上可知，前方交会的计算步骤是：由已知的外方位角元素和像点的坐标，求出像点的像空间辅助坐标 u、v、w 和 u'、v'、w'；由已知外方位元素，求出 B_u、B_v、B_w；再求出投影系数 N 和 N'；再由式（10-18）求出地面点在 $S\text{-}uvw$ 像空间辅助坐标系中的坐标 U、V、W。由于坐标系 $S\text{-}uvw$ 平行物方坐标系 $O\text{-}XYZ$，则地面点在物方坐标系的坐标为：

$$\left.\begin{array}{l} X=X_S+U \\ Y=Y_S+V \\ Z=Z_S+W \end{array}\right\} \tag{10-21}$$

10.4.2　空间前方交会编制步骤

　　进行内定向和空间后方交会以后，可求得各像片的内方位元素 x_0、y_0、f，以及外方位元素 X_S、Y_S、Z_S、φ、ω、κ。利用空间前方交会求解待测点地面坐标的计算步骤如下：

　　（1）用各自像片的角元素，计算左右像片的方向余弦和旋转矩阵 R_1、R_2。

　　（2）计算摄影基线分量。根据左右像片的外方位元素计算摄影基线分量 B_X、B_Y、B_Z：

$$\left\{\begin{array}{l} B_X=X_{S2}-X_{S1} \\ B_Y=Y_{S2}-Y_{S1} \\ B_Z=Z_{S2}-Z_{S1} \end{array}\right. \tag{10-22}$$

（3）计算像对的像空间辅助坐标。根据旋转矩阵和内方位元素逐点计算像点的像空间辅助坐标：

$$\begin{bmatrix} X \\ Y \\ Z \end{bmatrix} = \begin{bmatrix} a_1 & a_2 & a_3 \\ b_1 & b_2 & b_3 \\ c_1 & c_2 & c_3 \end{bmatrix} \begin{bmatrix} x_1 \\ y_1 \\ -f \end{bmatrix} \tag{10-23}$$

$$\begin{bmatrix} X' \\ Y' \\ Z' \end{bmatrix} = \begin{bmatrix} a'_1 & a'_2 & a'_3 \\ b'_1 & b'_2 & b'_3 \\ c'_1 & c'_2 & c'_3 \end{bmatrix} \begin{bmatrix} x_2 \\ y_2 \\ -f \end{bmatrix} \tag{10-24}$$

（4）计算点投影系数。

$$\begin{cases} N = \dfrac{B_X Z' - B_Z X'}{XZ' - ZX'} \\ N' = \dfrac{B_X Z - B_Z X}{XZ' - ZX'} \end{cases} \tag{10-25}$$

（5）计算未知点的地面坐标。

$$X_A = X_{S1} + N_1 X_1 = X_{S2} + N_2 X_2$$
$$Y_A = Y_{S1} + N_1 Y_1 = Y_{S2} + N_2 Y_2 \tag{10-26}$$
$$Z_A = Z_{S1} + N_1 Z_1 = Z_{S2} + N_2 Z_2$$

（6）重复步骤（3）～（5），完成所有点的地面坐标的计算。

空间后方交会和空间前方交会是摄影测量学的基础理论，是数字摄影测量软件的核心内容之一。由于在测量实践中一般不会遇到单独的空间后方交会和空间前方交会问题，故本书只给出基本理论和程序编制步骤，没有编制相应的程序代码，感兴趣的读者可以自行尝试编制程序。

习　题

1. 叙述单像空间后方交会原理与程序编制步骤。
2. 叙述立体像对空间前方交会原理与程序编制步骤。

第十一章 Visual Basic 程序调用组件对象模型

Visual Basic for Applications（简称 VBA）是新一代标准宏语言，是基于 Visual Basic for Windows 发展而来的。常见的软件如 Word、Excel、AutoCAD 等均可以利用 VBA 提高使用效率，各软件包利用 Visual Basic 的通用性加上自己的组件对象模型（COM），使得用户的开发更加方便。例如，字处理应用程序可能会提供 Application 对象、Document 对象。

组件对象模型（COM）是软件开发商将自己软件的功能按照标准封装成一些程序块，并提供一定的接口，供调用者使用，这些程序块就叫对象模型。使用组件对象模型（COM）技术，还可以在 Visual Basic 中直接对其他软件进行操作。

11.1　VBA 语言基础

11.1.1　对象变量和声明

Dim 语句用于声明变量并分配存储空间，其语法结构为：

Dim Varname As ［New］type

其中，Varname 为变量的名称，必须遵循标准的变量命名约定；New 是可选项，如果使用 New 来声明对象变量，则在第一次引用该变量时将新建该对象的实例，因此不必使用 Set 语句来给该对象引用赋值；type 可选的变量的数据类型可以是 Integer、Long、Single、Double、String、Object 和用户定义类型等。所声明的每个变量都要一个单独的 As type 子句，例如，下面的语句声明了 Integer 类型的变量：

Dim i As Integer

也可以使用 Dim 语句来声明变量的对象类型。下面的语句为工作表的新建实例声明了一个变量：

Dim X As New Worksheet

如果定义对象变量时没有使用 New 关键字，则在使用该变量之前，必须使用 Set 语句将该引用对象的变量赋值为一个已有对象。在该变量被赋值之前，所声明的对象变量有一个特定值 Nothing，这个值表示该变量没有指向任何一个对象实例。当在过程中使用 Dim 语句时，通常将 Dim 语句放在过程的开始处。

11.1.2　Set 语句

Set 语句用于将对象引用赋给变量，其语法结构为：

Set objectvar＝{[New] objectexpression | Nothing}

其中，objectvar 是必需的变量或属性的名称，遵循标准的变量命名约定；New 是可选的，通常在声明时使用 New，以便可以隐式创建对象。如果 New 与 Set 一起使用，则将创建该类的一个新实例，如果 objectvar 包含了一个对象引用，则在赋新值时释放该引用。

当使用 Set 语句将一个对象引用赋给变量时，并不是为该变量创建该对象的一份副本，而是创建该对象的一个引用，可以有多个对象变量引用同一个对象。因为这些变量只是该对象的引用，而不是对象的副本，因此对该对象的任何改动都会反映到所有引用该对象的变量。不过，如果在 Set 语句中使用 New 关键字，那么实际上就会新建一个该对象的实例。

11.1.3　CreateObject 语句

CreateObject 语句的作用是创建并返回一个对 ActiveX 对象的引用，其语法结构为：

CreateObject(class)

CreateObject 函数的语法中，class 是必需的，以字符串变量给出要创建的应用程序名称和类；class 参数使用 appname.objecttype 这种语法，appname 提供该对象的应用程序名，objecttype 是待创建对象的类型或类。

每个支持自动化的应用程序都至少提供一种对象类型。例如，字处理应用程序可能会提供 Application 对象、Document 对象以及 Toolbar 对象。

11.1.4　创建对象

创建对象首先应声明一个对象变量来存放该对象，再将 CreateObject 返回

的对象赋给一个对象变量。如

Dim ExcelSheet As Object

Set ExcelSheet＝CreateObject("Excel. Sheet")

上述代码将启动 Microsoft Excel 应用程序,创建一个 Microsoft Excel 电子数据表。对象创建后,就可以在代码中使用自定义的对象变量来引用该对象。以下为对象属性和方法操作常用语句:

(1)设置 Application 对象使 Excel 可见的语句为:

ExcelSheet. Application. Visible＝True

(2)在表格的第一个单元中写文本的语句为:

ExcelSheet. Cells(1，1). Value ＝"This is column A，row 1"

(3)将该表格保存到 c:\test. doc 目录的语句为:

ExcelSheet. SaveAs"c:\test. doc"

(4)使用应用程序对象的 Quit 方法关闭 Excel 的语句为:

ExcelSheet. Application. Quit

(5)释放该对象变量的语句为:

Set ExcelSheet＝Nothing

使用 As Object 子句声明对象变量,可以创建一个能包含任何类型对象引用的变量。

11.2　横断面自动绘图程序设计

横断面测量的任务是测定中桩两侧垂直于中线方向的地面起伏,然后绘制横断面图,供路基设计、渠道设计、土石方量计算和施工放边桩用。计算机辅助设计(Computer Aided Design)简称 CAD,CAD 技术为技术人员提供了一种实用、方便的工程设计方法,它把设计人员从复杂、繁重的传统手工绘图中解放出来。CAD 技术的应用从根本上改变了传统的设计过程,改变了人们的思维方式、工作方式和生产管理方式,它具有使用方便、精确度高、易于保存和智能化等特点。

AutoCAD 是 CAD 技术的一种,是美国 Autodesk 公司开发的一种通用 CAD 软件。Autodesk 公司推出了功能和实用性极强的 AutoCAD 系列版本,其设计环境更加宽松、功能更加丰富、设计性能更加优良、图形输出功能更加强大,在测绘和工程设计领域有广泛应用。

11.2.1　创建直线

首先在 Visual Basic 中运行"工程"→"引用",选中 Autocad Type Libray,
引用 acad Object Library 类型库。

创建直线的方法为 AddLine,可直接根据直线的起点和终点坐标创建直线。
创建直线时,需要定义直线的对象变量和坐标变量数组,创建直线语句分别为:

定义直线的对象变量:Dim acadline1 As AcadLine

定义坐标变量数组：Dim pt1(2) As Double

定义坐标变量数组：Dim pt2(2) As Double

创建直线语句:Set acadline1＝acadDoc. ModelSpace. AddLine(pt1, pt2)

11.2.2　创建文字

创建单行文字的方法为 AddText,创建多行文字的方法为 AddMText。创
建文字时,必须给出创建的文本内容、文字的插入点和指定文字高度。

定义文本的对象变量:Dim DimtextStake As AcadText

定义文本内容：Dim textstring As String

定义文本内容插入点数组:Dim pt3(2) As Double

定义文本高度: Dim height As Double

创建文字语句:Set DimtextStake＝acadDoc. ModelSpace. AddText(text-
string, pt2, height)

11.2.3　示例程序

以下用简单的程序说明 Visual Basic 调用 AutoCAD 并绘制直线和写入文
本的过程,示例程序如下:

```
Private Sub DMHT_Click()
Dim AcadApp As AcadApplication
Dim acadDoc As AcadDocument
  Dim pt1(2) As Double
  Dim pt2(2) As Double
  Dim pt3(2) As Double，pt4(2) As Double
  Dim acadline1 As AcadLine
  Dim DimtextStake As AcadText    '定义要标注桩号需要的三个变量
  Dim textstring As String
  Dim height As Double
```

```
    'Dim acMS As AutoCAD. AcadModelSpace
  Set AcadApp＝CreateObject("Autocad. Application")'打开 CAD
    Set acadDoc＝AcadApp. ActiveDocument
    AcadApp. Visible＝True '    显示 CAD
    pt1(0)＝0；pt1(1)＝0；pt1(2)＝0        '定义存放点坐标的数组
    pt2(0)＝500；pt2(1)＝500；pt2(2)＝0
    pt3(0)＝700；pt3(1)＝500；pt3(2)＝0
    pt4(0)＝1000；pt4(1)＝0；pt4(2)＝0
    Set acadline1＝acadDoc. ModelSpace. AddLine(pt1，pt2)  '画线语句
    Set acadline1＝acadDoc. ModelSpace. AddLine(pt2，pt3)
    Set acadline1＝acadDoc. ModelSpace. AddLine(pt3，pt4)
    textstring＝"山东××学院测绘07 年级测量"  '定义文本数组
    height＝25
    pt2(0)＝550；pt2(1)＝500；pt2(2)＝0
    Set DimtextStake＝acadDoc. ModelSpace. AddText("山东××学院测
绘 07 级测量"，pt2，height)     '图上写文本
    ZoomExtents       '显示整个图形
    AcadApp. ActiveDocument. SaveAs"e：\1. dwg"
    AcadApp. Application. Quit
    Set AcadApp＝Nothing
  End Sub
```

该程序首先定义对象变量,自动打开 Autocad 并显示,绘制三段直线,再将文本"山东××学院测绘07级测量"写入,并将图形命名为"1. dwg"保存在指定目录。程序运行图形如图 11-1 所示。

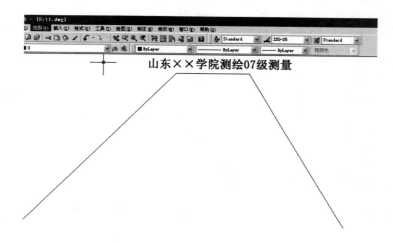

图 11-1　程序运行图形

11.2.4　横断面自动绘图程序

横断面测量中的距离和高差一般精确到 0.1m 即可满足工程的要求。常用标杆皮尺法、水准仪法、全站仪法和 GPS-RTK 法进行横断面测量。全站仪测量横断面记录和成果格式如下：

11.2.4.1　全站仪测量横断面记录

L0＋700

H0＝ 37.00　i＝ 1.520

C$＝L0＋800　Aa＝ 90.0000

S(m)	Aa	H(m)
−5.4	99.4919	2.64
−29.0	93.2617	2.64
−32.4	94.3412	2.64
−54.6	92.2032	2.64
−56.6	91.4423	2.64
−59.7	91.3049	2.64
−61.0	92.2408	2.64
−79.9	91.4910	2.64
−97.3	91.2313	2.64

−99.4	90.4222	2.64
3.5	90.0000	1.52
7.9	99.5931	2.64
19.4	96.0325	2.64
31.8	93.3938	2.64
54.1	91.5902	2.64
70.6	91.2708	2.64
98.3	91.0400	2.64

11.2.4.2　全站仪测量横断面结果

0+700

−99.4	34.66
−97.3	33.52
−79.9	33.34
−61.0	33.32
−59.7	34.30
−56.6	34.16
−54.5	33.65
−32.3	33.30
−29.0	34.14
−5.3	34.96
0.0	37.00
3.5	37.00
7.8	34.51
19.3	33.83
31.7	33.85
54.1	34.01
70.6	34.09
98.3	34.05

以上横断面测量结果为原始数据,进行自动绘图的程序为:

```
Option Explicit
Dim DimID As Long
Dim DimMark1 As Long
```

```
Dim DimMark2 As Long
Dim k As Long
Dim m As Long
Dim DimMarkArray() As String
Dim DimHighArray() As Double
Dim DimScale1 As Long
Dim high As Long        '定义 0 点坐标要用的变量
Private Sub CmbBrowFile_Click()
    CDg1. Filter ="高程点文件(＊.txt)|＊.txt|所有文件(＊.＊)|＊.＊"
    CDg1. Action=1
    txtFileName. Text=CDg1. FileName
  If txtFileName. Text =" " Then
    MsgBox"请选择文件"
Else
    Dim aa As String
    Open txtFileName. Text For Input As ＃1
    While Not EOF(1)
  Line Input ＃1, aa
      If Len(aa) ＞= 3 Then
        If aa Like" ＊ + ＊ " Then
        m=m+1
        End If
      End If
    Wend
    Close ＃1
  End If
End Sub
Private Sub CmdSaveAs_Click()
'首先引用 acad 2009 Object Library 类型库
Dim AcadApp As AutoCAD. AcadApplication
Dim acadDoc As AutoCAD. AcadDocument
On Error Resume Next
Set AcadApp=GetObject("Autocad. Application")'检查 AutoCAD 是否
已经打开
```

```
    If Err <> 0 Then '没有打开
        Err. Clear
        MsgBox"CAD 未打开" '打开 CAD
    Else
            Dim SavePath As String
            Set AcadApp=GetObject(,"AutoCAD. Application")
            Set acadDoc=AcadApp. ActiveDocument
            CDg2. InitDir ="e:\my documents"
            CDg2. Filter ="CAD 文件(*. dwg)|*. dwg|所有文件*.*|*.*"
            CDg2. FilterIndex=2
            CDg2. Action=2
            SavePath=CDg2. FileName
            AcadApp. ActiveDocument. SaveAs SavePath
            SavePath =" "
    End If
    End Sub
    Private Sub CmdZBZ_Click()
    '首先引用 acad 2009 Object Library 类型库
    Dim AcadApp As AutoCAD. AcadApplication
    Dim acadDoc As AutoCAD. AcadDocument
    Dim acMS As AutoCAD. AcadModelSpace
    k=1
    On Error Resume Next
    Set AcadApp=GetObject(,"Autocad. Application")        '检查 AutoCAD
是否已经打开
    If Err <> 0 Then      '没有打开
        Err. Clear
        MsgBox"CAD 未打开"        '打开 CAD
    Else
            Dim Acadlinezb1 As AcadLine
            Dim Acadlinezb2 As AcadLine
            Set AcadApp=GetObject(,"AutoCAD. Application")
            Set acadDoc=AcadApp. ActiveDocument
            Dim Ptzb1(2) As Double
```

```
        Dim Ptzb2(2) As Double
        Dim Ptzb3(2) As Double
            Ptzb1(0)＝－250＋k ＊ DimScale1：Ptzb1(1)＝－150＋Dim-
HighArray(k)：Ptzb1(2)＝0
            Ptzb2(0)＝200＋k ＊ DimScale1：Ptzb2(1)＝－150＋DimHighAr-
ray(k)：Ptzb2(2)＝0
            Ptzb3(0)＝－250＋k ＊ DimScale1：Ptzb3(1)＝100＋DimHighAr-
ray(k)：Ptzb3(2)＝0
            Set Acadlinezb1＝acadDoc. ModelSpace. AddLine(Ptzb1，Ptzb2)
            Set Acadlinezb2＝acadDoc. ModelSpace. AddLine(Ptzb1，Ptzb3)
            Acadlinezb1. Color＝acByLayer
            Acadlinezb2. Color＝acByLayer
            Acadlinezb1. Layer ＝"0"
            Acadlinezb2. Layer ＝"0"
            ZoomExtents        '显示整个图形
    End If
    End Sub
    Private Sub CmdOpenCAD_Click()
    '首先引用 acad 2009 Object Library 类型库
    Dim AcadApp As AutoCAD. AcadApplication
    Dim acadDoc As AutoCAD. AcadDocument
    Dim acMS As AutoCAD. AcadModelSpace
    On Error Resume Next
    Set AcadApp＝GetObject(，"Autocad. Application")        '检查 AutoCAD
是否已经打开
        If Err ＜＞ 0 Then '没有打开
            Err. Clear
            Set AcadApp＝CreateObject("Autocad. Application")    '打开 CAD
            If Err Then
            MsgBox Err. Number &"：" & Err. Description        '打开失败
            Exit Sub
            End If
        End If
    MsgBox"现在运行"＋AcadApp. Name ＋"版本号"＋AcadApp. Version
```

```
        On Error GoTo prcERR
        AcadApp. Visible＝True        '显示 CAD
        Set acadDoc＝AcadApp. ActiveDocument
    prcExit：
      Set AcadDoc＝Nothing
      Set AcadApp＝Nothing
      Exit Sub
    prcERR：
      MsgBox Err. Number &"："& Err. Description，vbCritical，"错误"
      Resume prcExit
    End Sub
    Private Sub CmdGetFile_Click()
    Dim a As String
      If txtFileName. Text ＝" " Then
        MsgBox"请选择文件"
      Else
          Text1. Text ＝" "
          Open txtFileName. Text For Input As ＃1
          While Not EOF(1)        '判断是否到文件尾
          Line Input ＃1，a       '从文件读取一行内容到变量 a
          Text1. Text＝Text1. Text & a & vbCrLf        '向 text1 中追加从文
件中读取的内容
          Wend
          Close ＃1       '关闭文件
      End If
    End Sub
    Private Sub CmdSetLine_Click()
    '首先引用 acad 2009 Object Library 类型库
    Dim AcadApp As AutoCAD. AcadApplication
    Dim AcadDoc As AutoCAD. AcadDocument
    Dim acMS As AutoCAD. AcadModelSpace
    On Error Resume Next
    Set AcadApp＝GetObject(，"Autocad. Application")        '检查 AutoCAD
是否已经打开
```

```
If Err <> 0 Then        '没有打开
    Err. Clear
    MsgBox"CAD 未打开"        '打开 CAD
Else
'如 CAD 已经打开,运行以下语句
Set acadDoc＝AcadApp. ActiveDocument
Dim a(), b(), n As Long
Dim W As Integer
Dim aa As String
Dim j As Long
Dim zhh As Long
If txtFileName. Text ＝" " Then
    MsgBox"请先选择文件"
Else
    Open txtFileName. Text For Input As ＃1
        n＝0：j＝1：W＝0
    Dim aaa，bbb As Double
    Dim inta As Double
    Dim pt1(2) As Double
    Dim pt2(2) As Double
    Dim pt3(2) As Double
    Dim hig(2) As Double
    Dim hig1(2) As Double
    Dim dimScale As Long
    Dim acadline1 As AcadLine
    Dim StakeNum As String
    dimScale＝10
    ReDim DimMarkArray(m) As String
    ReDim DimHighArray(m) As Double
'下面是画断面图的语句
    While Not EOF(1)
    Line Input ＃1, aa
        If Len(aa) ＞＝ 3 Then
            If aa Like" * ＋ * " Then
```

```
                    W＝0
          StakeNum＝aa        将桩号存储在 stakenum 中
             DimID＝50
             DimMark1＝DimMark1＋1
                DimMarkArray(k)＝StakeNum
             k＝k＋1
          Else
             n＝1
             W＝W＋1
             ReDim a(n)
             ReDim b(n)
             a(n)＝Val(Trim(Left(aa, 13)))＋zhh ＊ 2
             b(n)＝Val(Trim(Right(aa, 7))) ＊ dimScale   纵坐标放大了 10 倍
             If W ＞＝ 2 Then
             If a(n)＝0 Then
             high＝b(n)        将 0 点高程定义在 high 中
             DimHighArray(k－1)＝high
             pt1(0)＝a(1)＋DimMark1 ＊ DimScale1：pt1(1)＝b(1)：pt1(2)＝0
             pt2(0)＝aaa：pt2(1)＝bbb：pt2(2)＝0
             Set acadline1＝acadDoc. ModelSpace. AddLine(pt1，pt2)
             Else
                pt1(0)＝a(1)＋DimMark1 ＊ DimScale1：pt1(1)＝b(1)：pt1(2)＝0
                pt2(0)＝aaa：pt2(1)＝bbb：pt2(2)＝0
                Set acadline1＝acadDoc. ModelSpace. AddLine(pt1，pt2)
             End If
          End If
             aaa＝Val(Trim(Left(aa, 13)))＋DimMark1 ＊ DimScale1＋zhh ＊ 2
          bbb ＝Val(Trim(Right(aa, 7))) ＊ DimScale   纵坐标放大了 10 倍
             End If
          End If
       Wend
       Close ＃1
    '下面是画格网线和标注的语句
       Dim x1，y1，x2，y2 As Double
```

```
Dim dimlabel As AcadDimOrdinate
Dim usexaxis As Long
Dim useyaxis As Long
'创建标注(蓝色),1 米(),5 米(),25 米(),图廓(绿色) 图层
'并定义 1 米、5 米层是关闭的,并定义各层线型
Dim labellayer As AcadLayer
Dim fivelayer As AcadLayer
Dim tflayer As AcadLayer
Dim onelayer As AcadLayer
Dim dbtlayer As AcadLayer
Dim tukuolayer As AcadLayer
Set labellayer＝acadDoc. Layers. Add("标注")
Set onelayer＝acadDoc. Layers. Add("1 米")
Set fivelayer＝acadDoc. Layers. Add("5 米")
Set tflayer＝acadDoc. Layers. Add("25 米")
Set tukuolayer＝acadDoc. Layers. Add("图廓")
labellayer. Color＝acBlue        '标注层颜色为蓝色
onelayer. Color＝220        '1 米层颜色为紫色
fivelayer. Color＝240        '5 米层颜色为紫红色
tflayer. Color＝acRed        '25 米层颜色为红色
tukuolayer. Color＝130        '图廓层颜色为浅蓝色
onelayer. LayerOn＝False
fivelayer. LayerOn＝False        '关闭 1 米、5 米图层
DimMark2＝k－1
k＝1
For k＝1 To DimMark2
'标注桩号
Dim DimtextStake As AcadText    '定义要标注桩号需要的三个变量
Dim textstring As String
Dim height As Double
textstring＝DimMarkArray(k)
height＝5
hig1(0)＝0＋k ＊ DimScale1：hig1(1)＝DimHighArray(k)＋1 ＊
dimScale：hig1(2)＝0 '将桩号显示位置定义在 hig1 数组中
```

```
        Set DimtextStake=acadDoc. ModelSpace. AddText(textstring，hig1，
height)
        DimtextStake. Layer="标注"       '将桩号定义到"标注"图层
        DimtextStake. Alignment=acAlignmentMiddleCenter   '定义为中心对齐
        DimtextStake. TextAlignmentPoint=hig1   '定义中心对齐的参考点
        acadDoc. Regen acActiveViewport    '画标注桩号用的三角形
        Dim point1(2) As Double
        Dim point2(2) As Double
        Dim point3(2) As Double
        Dim pointline1 As AcadLine
        Dim pointline2 As AcadLine
        Dim pointline3 As AcadLine
        point1(0)=0+k * DimScale1：point1(1)=DimHighArray(k)：
point1(2)=0
        point2(0)=3+k * DimScale1：point2(1)=DimHighArray(k)+
1. 732 * 3：point2(2)=0
        point3(0)=-3+k * DimScale1：point3(1)=DimHighArray(k)+
1. 732 * 3：point3(2)=0
        Set pointline1=acadDoc. ModelSpace. AddLine(point1，point2)
        Set pointline2=acadDoc. ModelSpace. AddLine(point2，point3)
        Set pointline3=acadDoc. ModelSpace. AddLine(point3，point1)
        pointline1. Layer ="0"
        pointline2. Layer ="0"
        pointline3. Layer ="0"
        usexaxis=5
'画 25m 格网
'画 X 格网
    For y1=-150 To 100 Step 25
        x1=-250
        x2=x1+450
pt1(0)=x1+k * DimScale1：pt1(1)=y1+DimHighArray(k)：pt1(2)=0
pt2(0)=x2+k * DimScale1：pt2(1)=y1+DimHighArray(k)：pt2(2)=0
Set acadline1=acadDoc. ModelSpace. AddLine(pt1，pt2)     '画 X 线
    Set dimlabel= acadDoc. ModelSpace. AddDimOrdinate(pt1，pt1，
```

```
useyaxis)        '标注 Y 轴
        dimlabel. TextOverride＝y1 / dimScale＋DimHighArray(k) / dimScale
    '改正标注值
        dimlabel. Layer＝"标注"
        acadline1. Layer＝"25 米"
        dimlabel. Rotation＝3. 1415926       '指定尺寸线旋转角度
        dimlabel. TextRotation＝3. 1415926      '定义标注文字的旋转角度
    Next y1
    '画 Y 格网
    For x1＝－250 To 200 Step 25
        y1＝－150
        y2＝y1＋250
    pt1(0)＝x1＋k ＊ DimScale1：pt1(1)＝y1＋DimHighArray(k)：pt1(2)＝0
    pt2(0)＝x1＋k ＊ DimScale1：pt2(1)＝y2＋DimHighArray(k)：pt2(2)＝0
    Set acadline1＝acadDoc. ModelSpace. AddLine(pt1, pt2)    '画 Y 线
        Set dimlabel＝acadDoc. ModelSpace. AddDimOrdinate(pt1, pt1,
usexaxis)        '标注 X 轴
        dimlabel. TextOverride＝x1      '改正标注值
        dimlabel. Layer ＝"标注"      '将标注定义到"标注图层"
        acadline1. Layer ＝"25 米"      '将网格线定义到"25 米图层"
        dimlabel. TextRotation＝3. 1415926    '定义标注文字的旋转角度
        dimlabel. Rotation＝3. 1415926       '指定尺寸线旋转角度
    Next x1
    '画 5m 格网
    '画 X 格网
      For y1＝－150 To 100 Step 5
        x1＝－250
        x2＝x1＋450
    pt1(0)＝x1＋k ＊ DimScale1：pt1(1)＝y1＋DimHighArray(k)：pt1(2)＝0
    pt2(0)＝x2＋k ＊ DimScale1：pt2(1)＝y1＋DimHighArray(k)：pt2(2)＝0
    Set acadline1＝acadDoc. ModelSpace. AddLine(pt1, pt2)      '画 X 线
      acadline1. Layer ＝"5 米"
      Next y1
    '画 Y 格网
```

```
For x1＝－250 To 200 Step 5
    y1＝－150
    y2＝y1＋250
pt1(0)＝x1＋k ＊ DimScale1：pt1(1)＝y1＋DimHighArray(k)：pt1(2)＝0
pt2(0)＝x1＋k ＊ DimScale1：pt2(1)＝y2＋DimHighArray(k)：pt2(2)＝0
Set acadline1＝acadDoc. ModelSpace. AddLine(pt1，pt2)        '画 Y 线
    acadline1. Layer ＝"5 米"
    Next x1
'画 1m 格网
'画 X 格网
For y1＝－150 To 100 Step 1
    x1＝－250
    x2＝x1＋450
pt1(0)＝x1＋k ＊ DimScale1：pt1(1)＝y1＋DimHighArray(k)：pt1(2)＝0
pt2(0)＝x2＋k ＊ DimScale1：pt2(1)＝y1＋DimHighArray(k)：pt2(2)＝0
Set acadline1＝acadDoc. ModelSpace. AddLine(pt1，pt2)    '画 X 线
    acadline1. Layer ＝"1 米"
    Next y1
'画 Y 格网
    For x1＝－250 To 200 Step 1
        y1＝－150
        y2＝y1＋250
pt1(0)＝x1＋k ＊ DimScale1：pt1(1)＝y1＋DimHighArray(k)：pt1(2)＝0
pt2(0)＝x1＋k ＊ DimScale1：pt2(1)＝y2＋DimHighArray(k)：pt2(2)＝0
Set acadline1＝acadDoc. ModelSpace. AddLine(pt1，pt2) '画 Y 线
    acadline1. Layer ＝"1 米"
Next x1
'下面是画图廓的语句
Dim acadlinetk1 As AcadLine
Dim acadlinetk2 As AcadLine
Dim acadlinetk3 As AcadLine
Dim acadlinetk4 As AcadLine
Set AcadApp＝GetObject(，"AutoCAD. Application")
Set acadDoc＝AcadApp. ActiveDocument
```

```
Dim pttk1(2) As Double
Dim pttk2(2) As Double
Dim pttk3(2) As Double
Dim pttk4(2) As Double
'画图廓线
pttk1(0)＝－275＋k ＊ DimScale1；pttk1(1)＝－175＋DimHighArray(k)；
pttk1(2)＝0
pttk2(0)＝225＋k ＊ DimScale1；pttk2(1)＝－175＋DimHighArray(k)；
pttk2(2)＝0
pttk3(0)＝－275＋k ＊ DimScale1；pttk3(1)＝125＋DimHighArray(k)；
pttk3(2)＝0
pttk4(0)＝225＋k ＊ DimScale1；pttk4(1)＝125＋DimHighArray(k)；
pttk4(2)＝0
Set acadlinetk1＝acadDoc. ModelSpace. AddLine(pttk1，pttk2)
Set acadlinetk2＝acadDoc. ModelSpace. AddLine(pttk1，pttk3)
Set acadlinetk3＝acadDoc. ModelSpace. AddLine(pttk3，pttk4)
Set acadlinetk4＝acadDoc. ModelSpace. AddLine(pttk2，pttk4)
acadlinetk1. Color＝acByLayer
acadlinetk2. Color＝acByLayer
acadlinetk3. Color＝acByLayer
acadlinetk4. Color＝acByLayer
acadlinetk1. Layer ＝"图廓"
acadlinetk2. Layer ＝"图廓"
acadlinetk3. Layer ＝"图廓"
acadlinetk4. Layer ＝"图廓"
Next k
ZoomExtents '显示整个图形
End If
End If
End Sub
```

程序运行界面如图 11-2 所示。

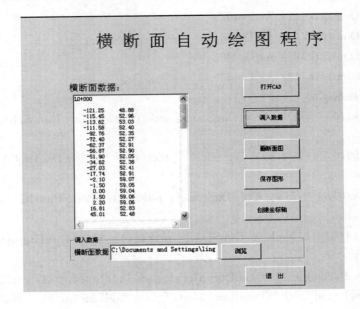

图 11-2　程序运行界面

程序运行过程和图形如图 11-3 所示。

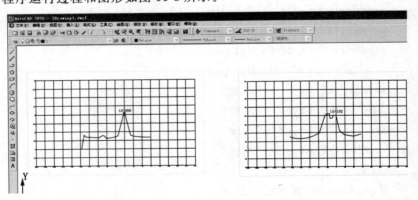

图 11-3　程序运行过程和图形

本章主要介绍 Visual Basic 调用组件对象模型（COM）对其他软件进行操作的语句，以 AutoCAD 为例编制了横断面自动绘图程序，应用此方法 Visual Basic 还可以对微软办公软件 Microsoft Office（如 Word、Excel）操作进行数据整理。希望本章内容能帮助读者在软件操作中替代系列时而重复的动作，使程序设计和开发更加方便快捷，测绘工作变得相对轻松。

习 题

在 VB 6.0 的环境下调用 AutoCAD 软件,编制横断面自动绘图程序。

参考文献

[1]刘炳文. Visual Basic 程序设计教程[M]. 北京:清华大学出版社,2003.

[2]王加松,俞熹,于兵. Visual Basic 通用范例开发金典[M]. 北京:电子工业出版社,2008.

[3]佟彪. VB 语言与测量程序设计[M]. 北京:中国电力出版社,2007.

[4]孔祥元,郭际明,刘宗泉. 大地测量学基础[M]. 武汉:武汉大学出版社,2010.

[5]徐绍铨,张华海,杨志强,等. GPS 测量原理与应用[M]. 武汉:武汉大学出版社,2008.

[6]潘正风,程晓军,成枢,等. 数字测图原理与基础[M]. 武汉:武汉大学出版社,2009.

[7]徐家钰,程家驹. 道路工程[M]. 上海:同济大学出版社,2004.

[8]张剑清,潘励,王树根. 摄影测量学[M]. 武汉:武汉大学出版社,2009.

[9]张晋西,Visual Basic 与 AutoCAD 二次开发[M]. 北京:清华大学出版社,2002.

[10]郭九训. 控制网平差程序设计[M]. 北京:原子能出版社,2004.

[11]李征航,黄劲松. GPS 测量与数据处理[M]. 3 版. 武汉:武汉大学出版社,2016.

[12]宋雷. GPS 高程测量理论方法及工程应用[M]. 北京:人民交通出版社,2018.

[13]吕翠华. VB 语言与测量程序设计[M]. 北京:测绘出版社,2013.

[14]李英冰. 测绘程序设计试题集[M]. 武汉:武汉大学出版社,2017.